Diccionario sentimental del automóvil

Diccionario sentimental del automóvil

LUCA DE MEO

Traducción de Nuria Viver
Dibujos de Alain Bouldouyre

EDICIONES DEUSTO

Título original: *Dictionnaire amoureux de l'automobile*

Deusto es un sello editorial de Centro de Libros PAPF, SLU.
Av. Diagonal, 662-664
08034 Barcelona
www.planetadelibros.com

Diseño de colección: Sylvia Sans Bassat

Primera edición: mayo de 2025
Depósito legal: B. 6.871-2025
ISBN: 978-84-234-3885-3
Composición: Realización Planeta
Impresión y encuadernación: Rotoprint by Domingo, S. L.
Printed in Spain - Impreso en España

PEFC Certificado
Este libro procede de bosques gestionados de forma sostenible
PEFC
PEFC/14-38-00305
www.pefc.es

Un libro para los enamorados
del automóvil, con mi deseo
de que os guste tanto leerlo
como a mí me ha gustado
escribirlo

Los derechos de autor del *Diccionario sentimental del automóvil* se destinarán a la Asociación Candelita, que facilita que las mujeres en riesgo de exclusión obtengan el carnet de conducir, mejorando así sus posibilidades de acceder a un empleo.

A todos los que he conocido
y me han hecho crecer.
A mi familia.

Prólogo

Fue mi regalo de Navidad más bonito, el que me cambió la vida y con el que me decidí a emprender una carrera en el mundo del automóvil. Sólo tenía 7 años, pero después nada me hizo cambiar de opinión. A finales de diciembre de 1973 vivíamos en Abiyán (Costa de Marfil), donde mi familia se había instalado. Desde niño ya me atraían los coches. Para hacerme feliz, mi padre me propuso dar una vuelta en un Lancia Fulvia conducido por Arnaldo Cavallari, el gran piloto italiano, el cual se disponía a participar en el *Rally* de Bandama, un evento que en aquella época reunía a una gran cantidad de estrellas del automóvil. Cavallari y los de su equipo se alojaron en nuestra casa, porque mi padre mantenía buenas relaciones con el grupo Fiat, al que pertenece la marca Lancia. En ese paseo me sentí tremendamente emocionado. Fue como un sueño que se completó cuando el piloto me dio una foto dedicada del coche en el que corría. Todavía la guardo. Empecé entonces a dibujar coches a todas horas, una costumbre que nunca me ha abandonado. Imaginé que sería diseñador, porque pensé, erróneamente, que los diseñadores eran los que fabricaban los coches. Sin embargo, mi deseo de niño se ha cumplido: sólo he trabajado en un sector de actividad, el del automóvil. Al acabar los estudios en la escuela de negocios Bocconi, de Milán, encadené sucesivos trabajos en los mayores grupos europeos del automovilismo en varios países. Hice mis pinitos en Renault, antes de trabajar en Toyota Europa. Fueron como exámenes de prueba antes de convertirme en directivo. En 2002, a los 35 años, entré en la galaxia Fiat. Sus encargados de personal se fijaron en mí. Me sentí satisfecho de unirme a la joya automovilística de mi país, aunque la empresa pasaba por una crisis grave. El primer puesto que ocupé fue el de director general de Lancia. En cuanto llegué, se produjo un acontecimiento destacable. Examinando unos correos y documentos, mi ayudante me llamó la atención sobre el garaje en el que la colección de coches de carreras de la marca se llenaba de polvo. Movido por la curiosidad, me tomé el tiempo de descubrir esos coches que han forjado la historia de Lancia. Imaginé que podríamos exponerlos en un museo. Una vez que entré en ese lugar, disfruté observándolos. Algunos modelos eran puras maravillas, como el Stratos, uno de mis bólidos preferidos. De repente, en el fondo del hangar, vi un modelo Fulvia. Tuve un presentimiento y me acerqué. El corazón se me puso a latir muy deprisa. ¡Increíble! Era él, no cabía duda, el coche de Arnaldo Cavallari en el que me subí de niño. ¡Qué reencuentro! Como mínimo, fue una señal del destino.

En cierta manera, esto me confirmó que una buena estrella velaba por mí. En aquel momento me guiaba más por la pasión que por la ambición. Pero esta pasión movería montañas y me ayudaría en cada instante de mi carrera: en especial, me ha permitido conocer a personajes extraordinarios del mundo del automóvil. Con ellos he aprendido y progresado.

El primero fue Sergio Marchionne, una auténtica gloria en mi país, porque consiguió levantar a la vez Fiat en Italia y Chrysler en Estados Unidos. Él se atrevió a confiarme la dirección de Fiat, el buque insignia del grupo de la familia Agnelli. A su lado, dirigí el exitoso relanzamiento del mítico Cinquecento.

El segundo fue el ingeniero Ferdinand Piëch, en Alemania. Este miembro de la familia Porsche creó la marca Audi. En Volkswagen, donde él era presidente, valoré hasta qué punto es importante interesarse por todos los detalles técnicos de un nuevo vehículo. Lo vi pasar horas observando bajo un sol agobiante, en el desierto de Kalahari de Sudáfrica, la dilatación del caucho en los coches. ¡También era capaz de llegar en un Tesla a una reunión de directivos para sensibilizarlos sobre las innovaciones de la competencia!

El tercer personaje que me marcó fue Jean-Dominique Senard. El antiguo jefe de Michelin —líder mundial del neumático, empresa que dejó al marcharse en muy buenas condiciones— tuvo la audacia de aceptar la presidencia de Renault en un momento en que el grupo francés estaba sumido en una profunda crisis. Su refinamiento, su cortesía, su generosidad y su visión del liderazgo y la dirección me convencieron de aceptar el reto de la recuperación de esta institución. Si él no hubiera estado ahí, no me habría embarcado en esa misión tan peligrosa.

En cada una de las etapas de mi vida profesional, me han llevado a sumergirme en la cultura de varios países, incluida España cuando asumí la dirección de Seat, y me he forjado un sólido conocimiento del automóvil. Es un conocimiento que alimento de forma permanente: mi curiosidad me empuja a saber cada vez más. Tanto sobre los modelos más famosos como sobre los ingenieros, los mecánicos y los empresarios que se han arriesgado para llevar a buen puerto sus ideas. La intención de este *Diccionario sentimental del automóvil* es mostrar hasta qué punto la historia está llena de momentos importantes, de anécdotas sorprendentes y de iniciativas a veces desconocidas que han cambiado el curso de los acontecimientos. Un viaje en el tiempo que cuenta el auge del mundo moderno.

El coche a veces es objeto de críticas. Pero sigue ocupando un lugar central en nuestras vidas, ¡de forma inamovible! Encarna la libertad de marcharse de vacaciones o salir de compras cuando y donde se desee. Como signo de su importancia, es un tema de debate sin fin tanto en los centros del poder como en los platós de televisión o las barras de los bares de moda. En todos los ámbitos, se habla con frecuencia de las limitaciones de velocidad, del estado de las carreteras y los puentes, de las obras que causan embotellamientos, de las tarifas de los peajes, de las rotondas... Veo en ello, sobre todo, muestras de amor hacia el automóvil.

Esta industria nació a finales del siglo XIX por la voluntad de personalidades muy importantes, cuyos nombres todavía resuenan en la actualidad. Supo recuperarse después de las crisis más intensas, como las guerras mundiales, la Gran Depresión de la década de 1930 o las crisis del petróleo. ¡Es una industria que moviliza una multitud de oficios y competencias que convergen en ella! Más que nunca, es el motor de nuestro destino industrial. Para que un coche se produzca en serie, las tecnologías más sofisticadas deben dar muestras de robustez y competitividad. El cambio hacia la propulsión eléctrica, que se acompaña de un aumento de potencia del software y la inteligencia artificial en el diseño de los nuevos vehículos, representa un nuevo reto. La industria del automóvil sigue siendo un sector de futuro que incita al progreso y que, sobre todo, continúa compartiendo el valor que crea con otros protagonistas de la economía.

Compartir es lo que ha motivado mi voluntad de no escribir este libro solo. En primer lugar, Rémy Dessarts, un periodista experimentado, me ha acompañado en este ejercicio nuevo para mí. Su trabajo de investigación para encontrar información desconocida, sacar a la luz documentos históricos olvidados o restituir testimonios cautivadores ha sido determinante para finalizar este proyecto. También he querido que una comunidad de personalidades unidas por la pasión por el automóvil se asociara al proyecto. Una comunidad que se extiende del ámbito de la tecnología (Google, BlaBlaCar) al deporte de motor, a la música y, por supuesto, a mis colegas de la industria del automóvil (Michelin, Porsche, Volkswagen...). Empresarios, dirigentes del deporte automovilístico, antiguos pilotos, publicistas, creadores o diseñadores han aportado su contribución. Fue un placer, por ejemplo, revivir las 24 Horas de Le Mans en la cabina de Jacky Ickx, ver cómo Carlos Sainz sigue la carrera de su hijo en Formula 1, rememorar los anuncios publicitarios que marcaron una época con Maurice Lévy, enterarme de que Jim Farley, el jefe de Ford, se compró su primer Mustang a los catorce años o comprender qué es lo que une a la música y el automóvil con Jean-Michel Jarre. Tanto si cuentan su historia como si aportan su visión del oficio, estas grandes personalidades demuestran que esta aventura es, ante todo, colectiva. Así pues, una gran familia, muy internacional, se ha reunido en este libro para hacer un homenaje al automóvil. Estoy muy orgulloso de formar parte de ella.

2 CV

Deuche, deudeuche, doche, dos patas, tumbona bajo un paraguas y caracol de hierro en el Reino Unido; *2 poils* en Bélgica; *due cavalli* en Italia, o dos caballos en España... Ningún coche en la historia ha tenido tantos apodos como el 2 CV. Esto es una señal de que la «caja de sardinas» (otro nombrecito) formaba realmente parte de la familia. Familias, para ser más exactos, porque el pequeño Citroën era del gusto de todos: del agricultor al médico rural, del empleado a la religiosa, del recién casado al artesano. Sólo aquellos que habían nacido entre algodones no se subían nunca a un 2 CV; y, a pesar de todo, los *hippies* de familia rica también se encapricharon de este vehículo.

Las cifras no mienten: 5,1 millones de ejemplares vendidos y una larga carrera de cuarenta y dos años. Una historia un poco alocada, pero muy significativa sobre los retos y las proezas de la industria del automóvil. La aventura empezó en 1936. Citroën, al borde de la quiebra, acababa de ser adquirido por Michelin. Pierre Boulanger, que ocupaba la dirección de la firma de Clermont-Ferrand, lo tenía claro: quería un coche pequeño popular y sencillo, al menor precio posible. Su nombre de guerra: TPV, de *très petite voiture* («coche muy pequeño»). Para ello encargó un amplio estudio de mercado con 10.000 automovilistas, algo inédito en la época. Su pliego de condiciones decía así, con brevedad pero concisión: «Un coche que pueda transportar a dos agricultores en zuecos, 50 kilos de patatas o una barrica a una velocidad máxima de

60 km/h, [...] y que pueda manejarlo sin problemas una conductora principiante. Su comodidad ha de ser irreprochable: las cestas de huevos colocadas detrás deben llegar intactas. Por último, preciso que su estética importe poco». Todo a un precio tres veces menor que el del Traction. Había que ser un visionario para imaginar esta democratización del mundo del automóvil, puesto que el coche seguía siendo considerado un objeto de lujo. Una prueba más de que los grandes éxitos a menudo se forjan en las grandes rupturas. Y con grandes atrevidos, si se me permite la expresión. Como ocurrió con André Lefebvre (el futuro padre del DS), responsable del proyecto TPV. Con él, se pusieron sobre la mesa las ideas más revolucionarias con el objetivo de hacer este modelo lo más eficaz posible al menor precio. Algo así como un coche *low cost* antes de que existiese este concepto.

Para lograrlo se usó mucha chapa nervada para que la carrocería fuera rígida y se compensara la extrema delgadez del metal —6 décimas de milímetro—, siendo así una garantía de ligereza y ahorro. Con un solo tipo de tornillo utilizado casi para todo. Nada de salpicadero, sólo un cuentakilómetros que movía también los limpiaparabrisas mecánicos. Debajo, una rueda para accionar los soportes del limpiaparabrisas al detenerse. Con un motor pequeño de 375 centímetros cúbicos y 9 CV SAE. Una sola luz (la segunda se introdujo unos meses más tarde antes del lanzamiento). Un techo de tela que descendía hasta el parachoques trasero no para tomar el sol, sino para aligerarlo. Con asientos tipo catre... A veces, la originalidad iba demasiado lejos. Para la suspensión, por ejemplo, la oficina de proyectos montó una máquina infernal con barras de torsión, bloques de caucho, resortes verticales u horizontales e hidroneumático. Esta propuesta se abandonó. Pero no importaba, llovían las ideas y, en el lote, siempre había algunas brillantes. En 1939 empezaron a circular prototipos, seguidos de una preserie de 250 ejemplares. Pero todo se detuvo al declararse la guerra. Los TPV se destruyeron, excepto un puñado de ellos, ocultos en el centro de pruebas de La Ferté-Vidame (en Eure y Loir) o en el sótano de la oficina de proyectos de Citroën, en la calle del Théâtre, en el distrito 15 de París. Durante la ocupación de Francia, los alemanes se enteraron del proyecto y exigieron tener acceso a él. Incluso propusieron a cambio mostrar los planos de su «coche pequeño», el que posteriormente se convertiría en el Escarabajo. Pierre Boulanger se negó a ello y dirigió en secreto la continuación de los estudios del futuro 2 CV. De manera que, al llegar la liberación del país, el proyecto pudo reiniciarse enseguida, a toda máquina.

En 1948, el coche estaba listo para el Salón del Automóvil de París. Se mantuvo en un absoluto secreto, hasta el último momento. A tal extremo de que la opinión pública consideró el proyecto TPV como «nunca visto». Pero valió la pena esperar. El primer día de apertura del Salón, el jefe quitó teatralmente la lona que cubría la estrella del día. ¡Y, entonces, se creó un clima de estupor ante aquella extraña máquina! Una especie de «paraguas sobre cuatro ruedas», un minimalismo llevado al extremo. Muchos observadores incluso lo consideraron una broma. Un periodista neerlandés se burló de aquel «patito feo». Y uno de sus colegas estadounidenses preguntó: «¿El abrelatas está incluido?».

¿Y el público? ¡Pues reaccionó con embeleso! Por primera vez, las familias tenían ante los ojos un coche de tamaño normal, con cuatro auténticas plazas, que asumía sin vergüenza su aspecto utilitario. Al precio increíble de 185.000 francos, es decir, 96.000 francos menos que el modelo más barato del mercado, el Renault 4 CV. Es cierto que la marca de las espigas no mantuvo su promesa y vendió los primeros modelos a 228.000 francos, aunque un 19 por ciento menos que su rival. El éxito fue extraordinario. Incluso excesivo, porque la fabricación no iría a la par de su popularidad. A finales de 1949, sólo se habían fabricado 876 ejemplares. Habría que esperar seis años para poder disponer de un 2 CV. Y, para poder reducir un poco la espera, era necesario demostrar la necesidad de circular en 2 CV. Las solicitudes más fundamentadas venían de los agricultores, las enfermeras, los curas rurales... A pesar de esto, Francia se estaba enamorando del dos patas. Gustaba mucho su excelente sujeción en carretera; su palanca de cambios fácil de manejar;

las suspensiones ondulantes, pero muy cómodas en las carreteras en pésimo estado de la posguerra; la robustez; el fácil mantenimiento. Los aspectos prácticos: «lleva, trae y transporta cualquier cosa», como diría la publicidad. Por último, también destacaba su imagen atractiva, su aspecto simpático, accesible a todos, y lúdico, como una bofetada en la boca a los coches burgueses. Este aspecto de «revancha social» se inmortalizó en la película de culto de Gérard Oury *El hombre del Cadillac*. Bourvil, al volante de su 2 CV, choca con Louis de Funès y su Rolls-Royce Silver Cloud. Un choque de carrocerías que es también un choque de culturas. Y, por supuesto, al final, el buen Bourvil se toma la revancha.

Se le perdonaban muchos defectos como los que a continuación se indican: el motor anémico de 9 CV SAE, que pasó a 12 CV en 1954 y, después, a 26 CV muchos años más tarde (el 2 CV es el único coche del mundo cuya potencia se triplicó a lo largo de su historia); su manera de renquear en cada arranque, por la falta de juntas homocinéticas en los cardanes; las puertas delanteras «suicidas», que se abrían en sentido contrario, de delante atrás; la mitad del vidrio delantero elevable, que siempre caía sobre el brazo; el medidor de gasolina, que no era eléctrico, sino que había que sacar del depósito una varilla graduada para conocer el nivel; el maletero trasero, cerrado con una simple tela; su único color, el gris. Ante estas deficiencias, la marca de las espigas mantuvo una actitud bastante desconcertante, un tanto insolente, dirían algunos: mejoró su coche a cuentagotas, desde principios de la década de 1960. ¿Para qué gastar dinero, debía de pensar la dirección, si las ventas son buenas? Por supuesto, el proyecto se acomodó un poco con el paso de los años. Pero no demasiado. La gama superior estaría asegurada por el Dyane, lanzado en 1967. Sin embargo, éste nunca cuajó y desapareció del catálogo en 1983. Esto fue antes de la retirada del 2 CV, que, decididamente, se mantenía en forma mientras se multiplicaban las series especiales: Charleston, Spot, 007 (James Bond)...

Hasta el 27 de noviembre de 1990, cuando el último ejemplar salió de la fábrica portuguesa de Mangualde a las cuatro y media de la tarde. Desde entonces, muchos dirigentes de la industria automovilística sólo sueñan con una cosa: encontrar la fórmula mágica del coche capaz de sobrevivir más de cuatro decenios sin cambiar casi nada, como ocurrió con el 2 CV.

A

Abarth, Karl

Karl Abarth fue un austriaco que comunicó a los italianos el gusto por los artilugios que pueden alcanzar una gran aceleración, algo así como Amédée Gordini en Francia. Este personaje, fallecido en 1979, marcó con su huella la historia de la industria italiana del automóvil. Destacó como entrenador de talento, era un apasionado del deporte automovilístico y estuvo siempre dispuesto a ponerse personalmente al volante de los prototipos para batir récords; asimismo, fue el inventor del *tuning premium*, una técnica que permite potenciar el rendimiento del coche y, sobre todo, aumentar en gran medida el ruido de su tubo de escape. Colaboró con numerosos fabricantes para desarrollar versiones reforzadas de algunos de sus modelos. También ensambló sus propios pequeños bólidos de formas sorprendentes, que hoy hacen las delicias de los coleccionistas. Diseñó 115 modelos, derivados o piezas únicas.

Su vida es una novela que recorre gran parte del siglo xx entre Austria, su país natal, e Italia, donde se convirtió en una leyenda. Karl Abarth, de padre italiano, nace en 1908 en Viena bajo el signo de Escorpio, detalle biográfico que se convertirá en el logotipo de su marca. A los ocho años, el pequeño Karl se aficiona a todo aquello que circula por carretera. Desde muy temprana edad le encanta visitar los garajes. A los 11 años ya se vislumbra su vocación: antes de enfrentarse a competidores mayores que él en una carrera de patinetes, se le ocurre la idea de cubrir las ruedas con correas de cuero. Esto aumenta la velocidad, y con esta idea innovadora gana la competición. Un poco más tarde, a los 15 años, se inscribe en un club de moto y participa en sus primeras carreras. Después se marcha por primera vez a Italia para trabajar en la empresa milanesa Carrozzeria Castagna, que se dedica a fabricar componentes para vehículos de dos ruedas, antes de regresar a Austria para trabajar en Motor Thun, un fabricante de motos local. También se vuelca en las competiciones de motos, se arriesga, incluso demasiado: en 1933 se lesiona gravemente en el circuito de Linz. Aprovecha su larga convalecencia para desarrollar un sidecar innovador con el que pretende retar, en 1934, al tren del Orient Express en una distancia de 1.375 kilómetros entre Viena y Ostende. Gana esta carrera insólita y empieza a hacerse famoso. Después regresa a Italia, donde tiene contacto con Anton Piëch, el yerno de Ferdinand Porsche, creador de la marca epónima, y también se casa con la secretaria de su nuevo amigo. Abarth trabaja entonces en una empresa italiana en proyectos de nuevos coches, que se benefician de la experiencia de la marca alemana. Diseña veintidós Porsche de competición..., pero tiene prisa por volver a los circuitos de motociclismo. En 1938, el gobierno de Mussolini le pide que corra con los colores de Italia, lo cual acepta. Por desgracia, en 1939, se estrella de nuevo en Liubliana. Gravemente herido, está hospitalizado en Eslovenia cuando estalla la guerra. Se queda en este país durante el conflicto mundial, trabajando durante todo este período en la fábrica Ignaz Vok.

Con estas experiencias, Abarth ha adquirido grandes conocimientos sobre ingeniería técnica. Esto será una baza clave cuando, al llegar la paz, la industria del automóvil entre en una fase de fuerte expansión. Karl Abarth quiere contribuir al desarrollo, está lleno de ideas. En 1949 toma varias decisiones que marcan el inicio de su segunda vida: adopta la nacionalidad italiana, se cambia su nombre por Carlo para que quede claro que ya es italiano y crea su empresa en Merano, una ciudad de Tirol del Sur cercana a la frontera con Austria. En esta etapa, se asocia con Armando Scagliarini, el padre de un joven piloto de carreras. El objetivo de los dos amigos es, en primer lugar, fabricar coches destinados a la competición en serie limitada. En 1950, un Abarth 204A pilotado por Tazio Nuvolari logra su primera victoria en una carrera de montaña en Sicilia. Además, ponen en marcha una actividad de producción de equipamientos que permiten aumentar el rendimiento de los vehículos: válvulas, palancas de cambio en el volante y, sobre todo, tubos de escape.

No hay que esperar mucho tiempo para que la joven empresa se acerque a Fiat, el campeón transalpino del sector. En 1951, Abarth se muda a Turín, feudo del fabricante y centro neurálgico de la industria automovilística del país. La sociedad empieza fabricando prototipos para el gigante del Piamonte, por ejemplo, el Abarth 1500 Biposto, un coche experimental con una apariencia increíble presentado en el Salón de Turín en 1952. Abarth tiene el viento a su favor: la joven empresa colabora con la nueva ola de los diseñadores italianos: Pininfarina, Zagato, Bertone, Ghia..., y cimenta su reputación fortaleciendo motores existentes, como el cuatro cilindros 1900 de Alfa Romeo. Este motor se instala en un modelo cupé Abarth Alfa 2000, diseñado por Ghia y lanzado en 1954. Una bomba.

Pero, por supuesto, es con Fiat y el lanzamiento del 600 con lo que «el escorpión» cambia de dimensión. Las versiones derivadas que desarrolla multiplican las victorias automovilísticas. Lo mismo ocurre con el 500 y sus variantes, los Abarth 595 y 695. En esta época, Carlo Abarth también quiere dejar su huella batiendo récords. Sus bólidos superan varias veces el récord de kilómetros recorridos en veinticuatro horas y los de los 500 y 1.000 kilómetros recorridos con mayor rapidez.

En la década de 1960, sus objetivos son todavía más ambiciosos. El Abarth 850 TC colecciona las victorias en circuitos del mundo entero. En 1966 incluso diseña un gran motor V12 de 610 CV capaz de ganar las 24 Horas de Le Mans. Todos los focos se dirigen al gran duelo entre Ford y Ferrari. Entusiasmado, Carlo Abarth quiere estar ahí. Por desgracia, un cambio en el reglamento impuesto por la Federación Internacional del Automóvil (FIA) que limita la cilindrada de los motores lo obliga a abandonar la iniciativa. Todos estos proyectos son cada vez más costosos. Enfrentado a problemas económicos, acaba por vender Abarth a Fiat en 1971. Aun así, se queda unos años al frente de la empresa, contribuyendo en especial al gran éxito del pequeño Autobianchi A112 Abarth, presentado el mismo año en el Salón de Turín.

No obstante, algo se ha roto. Sintiéndose menos libre para realizar sus proyectos, el empresario abandona sus funciones y se marcha de Italia para instalarse en Viena, donde fallece el 24 de octubre de 1979. Muy poco tiempo después, los modelos Abarth desaparecen de las gamas de Fiat. Los directivos de Turín ya no quieren invertir en la competición automovilística y no son favorables al desarrollo de las marcas en el seno del grupo. Abarth se convierte en una simple chapa que se añade a algunos modelos, como los Fiat Tipo. Algo que es un error, en mi opinión. Por otra parte, cuando yo llego a la empresa en 2002, todo cambia. Me nombran director de las marcas Lancia, Fiat y Alfa Romeo. Quiero relanzar Abarth y le digo a Sergio Marchionne, el director general del grupo, que deseo rescatar la escudería. La instalo en un edificio de la fábrica de Mirafiori. Como se ha decidido participar en el Campeonato de Italia de Rally, construimos una sede social para Abarth alrededor del garaje donde se fabrican los coches destinados a esta competición. Incluso negocié con la tercera esposa de Karl Abarth la compra de su oficina con el teléfono y todo el equipamiento. Como anécdota, habíamos fijado una curiosa regla: ¡podíamos utilizar esa habitación para hacer reuniones, pero estaba prohibido sentarse en la butaca del antiguo jefe!

El verdadero relanzamiento se produce en 2008 en el segmento de los microcoches deportivos. Así nacen el Abarth 695 y después, más recientemente, una versión vitaminada completamente eléctrica del Fiat 500. Iniciativas que demuestran que las marcas que tienen un carácter especial nunca mueren.

¿Qué queda de Abarth? Un logotipo muy potente y un escorpión que expresa el peligro. Pero, sobre todo, guardo en la memoria las proezas deportivas e industriales de este genio que era Carlo Abarth. Un hombre tan famoso como callado. Concedía pocas entrevistas en los medios de comunicación. «Produce una cierta satisfacción humillar a nuestros coches más grandes y caros con un modesto modelo con portón trasero», decía divertido cuando elogiaba el rendimiento de los coches pequeños que había reforzado. ¡Cuando se expresaba, el escorpión no dudaba en picar!

Agnelli, familia

Si tuviéramos que citar diez familias que han contribuido a modelar la economía mundial, los Agnelli seguro que estarían entre ellas. En ciento veinticinco años, convirtieron Fiat y, más allá de esta gran empresa de automóviles, también Italia, en potencias respetadas a nivel mundial. Por ejemplo, la empresa turinesa, dominante en su mercado interior y agresiva lejos de sus fronteras, llegó hasta el extremo de instalar fábricas en Brasil, China, Polonia o Rusia. John Philip Jacob Elkann, de 47 años, el actual dirigente del grupo turinés, representante de la cuarta generación de la familia Agnelli, dirige una empresa potente y diversificada a través del *holding* familiar Exor. En la división automovilística, es el primer accionista del grupo Stellantis, constituido a raíz de la fusión con el grupo francés PSA. Las marcas Chrysler, Jeep, Fiat, Alfa Romeo o Lancia pertenecen ahora a este conglomerado, cuya sede jurídica se encuentra en los Países Bajos. Pero también dirige la joya Ferrari, surgida en la órbita de Fiat. En los medios de comunicación, controla los periódicos *La Repubblica* y *La Stampa*, y se ha convertido en accionista del prestigioso semanario *The Economist*. En el sector del lujo, posee el 24 por ciento del fabricante de zapatos francés Christian Louboutin y el 82 por ciento del diseñador chino Shang Xia. También es el propietario y el gerente del club de fútbol Juventus de Turín. Por último, ha invertido en varias grandes empresas internacionales, como Philips, el instituto Mérieux o CNH Industrial (bienes de equipamiento para la agricultura y la construcción). ¡El importe total de sus activos se acerca a los 40.000 millones de euros! Algo que genera cada año unos buenos dividendos para los numerosos descendientes de Giovanni Agnelli, el fundador de la empresa en 1899, que son también accionistas de Exor. ¡Son raras las dinastías que han superado así los siglos!

La saga Agnelli empieza en Villar Perosa, una pequeña ciudad del Piamonte situada a 80 kilómetros de Turín. Aquí es donde nace Giovanni el 13 de agosto de 1866. De entrada, piensa en seguir una carrera militar, pero su pasión por la mecánica lo orienta hacia sus primeras aventuras industriales. Se establece en Turín en 1896. Empieza por comercializar triciclos a motor De Dion-Bouton, antes de fundar, junto con siete socios, la Sociedad Italiana para la Fabricación y la Comercialización de Automóviles. Se convierte en un breve período de tiempo en la Fabbrica Italiana Automobili Torino y, después, en Fiat. Es la época en la que hacen su aparición los primeros automóviles en toda Europa.

Carl Benz había abierto el camino en Alemania en 1886. Los hermanos Renault y Ettore Bugatti lo imitaron en Francia en 1898 y 1899. Fiat lanza el suyo, el Fiat 3,5 HP, en 1899. Apoyado por un equipo de ingenieros de buen nivel, Giovanni Agnelli pone rápidamente en práctica las recetas que darán el ímpetu necesario a su empresa a lo largo de todo el siglo xx. Multiplica los modelos de automóvil e invierte en fábricas punteras en su tiempo, inspirándose en las innovaciones que se aplican en Estados Unidos, sobre todo en Ford. El complejo industrial de Lingotto (un edificio en forma de lingote), construido entre 1916 y 1923 en Turín, con varios pisos y una pista de pruebas de 1 kilómetro de longitud en el tejado, es uno de los más grandes del mundo. Pero Agnelli también mantiene muy buenas relaciones con el poder político italiano. Esto permite a su empresa sacar provecho de la Primera Guerra Mundial: proporciona un material importante para el ejército italiano. Bajo el mando de Benito Mussolini, que llega al poder en 1922, Giovanni Agnelli ocupa el puesto de senador en 1923. En esta etapa, Fiat consigue numerosos contratos públicos y militares. Agnelli también construye un conglomerado. No quiere depender únicamente del automóvil. Con sus primeros beneficios, se diversifica muy pronto. Por ejemplo, funda un banco para ofrecer financiación a los compradores de coches. Se introduce en numerosos sectores, como el comercio al por menor (La Rinascente), los seguros, el transporte por carretera y ferroviario, la industria textil, el cemento, la defensa o la aeronáutica. Insaciable, compra el club de fútbol de su ciudad, la Juventus de Turín, en 1923, y el periódico *La Stampa* en 1924. Incluso crea la estación de esquí de Sestrières a principios de la década de 1930. ¡La economía italiana es él! El fallecimiento de sus dos hijos, Aniceta, en 1928, y Edoardo, en 1935, es lo único que ensombrece su éxito. Cuando muere por una neumonía, en 1945, no tiene sucesor inmediato. Acababa de recuperar su grupo, que le habían confiscado momentáneamente. A los 24 años, su nieto Giovanni, hijo de Edoardo, se considera demasiado joven para dirigir Fiat. Así que un allegado del difunto, Vittorio Valletta, director general de la empresa desde 1928, toma el relevo. Será presidente hasta 1966. Este hombre discreto desempeña un papel importante, reconstruye la herramienta industrial dañada por la guerra y democratiza el acceso al automóvil en Italia. Por ejemplo, lanza el emblemático Fiat 500 en 1957. El número de coches fabricados cada año por la empresa de Turín pasa de 425.000 a 1,7 millones de unidades. Es el gerente de los tiempos felices, los Treinta Gloriosos. Cuando Valletta llega a una jubilación bien merecida (¡a los 83 años!), Giovanni Agnelli, que en ese momento ya tiene 45 años, entra por fin en escena. Lo apodan «Gianni» y forma parte de la *jet set*. Aparece a menudo en la prensa del corazón y en Estados Unidos se ha hecho amigo de Jackie y John F. Kennedy. Esto no le impide comprometerse a fondo en la dirección del grupo. Bajo su impulso, Fiat se globaliza: se abren fábricas en todos los continentes. Para dirigir el negocio operativo, nombra gestores muy capacitados, como Cesare Romiti, apodado «il Duro» («el Duro»). Esto le da tiempo para introducirse en la vida de su país. Es elegido presidente de Confindustria (la patronal italiana) en 1974. L'Avvocato, como también se le conoce, es una de las encarnaciones del capitalismo mundial de finales del siglo xx. Sus redes son planetarias, se extienden desde Gadafi hasta Kissinger, que es su íntimo amigo. Gracias a esta influencia, se convierte en una especie de ministro de Asuntos Exteriores. Lleva una vida trepidante: se levanta temprano, se desplaza en helicóptero o en jet privado y conduce siempre él mismo su Ferrari para hacer el trayecto de Turín a Milán. A pesar de dirigir un grupo líder mundial, no quiere sacrificar sus pequeños placeres, así que se aficiona más que nunca a la cultura y el arte, adquiere las obras más bellas e invierte en viñedos y en el sector inmobiliario de lujo. Su única concesión al reposo es una siesta de veinte minutos después del almuerzo.

No obstante, durante este tiempo, la industria automovilística pasa por un mal momento. Le afectan las crisis del petróleo. Fiat se sume en una crisis seria, agravada por elecciones de modelos de coches discutibles y problemas de calidad recurrentes. El número de asalariados cae de 200.000 a 120.000 en unos años. Los movimientos sociales se multiplican y cada vez tienen mayor peso sobre la actividad de la empresa; asimismo, los sindicatos son poderosos y activos. Sin embargo, se produce un giro el 12 de octubre de 1980 en Turín, cuando los oficinistas de Fiat bajan a la calle para pedir el fin de una huelga que ya dura treinta y cinco días. Es la «marcha de los cuarenta mil». Diez años más tarde, en 1990, Fiat sigue siendo el primer productor de coches en Europa, pero esta posición es frágil. Empieza el declive de la marca en su mercado interior. Los últimos años de Gianni Agnelli a la cabeza del grupo son difíciles. Unos meses antes de su fallecimiento, el 24 de enero de 2003, el grupo se ve obligado a recurrir a los bancos para aliviar su tesorería. A Gianni lo sucede su hermano menor, Umberto. Su gestión al frente del grupo es efímera, puesto que muere en 2004. Tras su fallecimiento, Luca Cordero di Montezemolo, el presidente de Ferrari, se hace cargo antes de que John Elkann, nieto de l'Avvocato, tome las riendas en 2010. Gianni Agnelli lo había designado como heredero (en detrimento de su hija) y lo había introducido en el Consejo de Administración de Fiat, cuando sólo tenía 21 años. Es ingeniero diplomado de la Escuela Politécnica de Turín, nacido en Nueva York, y tiene la doble nacionalidad italiana y estadounidense. Sobre todo, se entiende de maravilla con Sergio Marchionne, nombrado director ejecutivo de Fiat en 2004, que endereza las cuentas del fabricante y destaca en la dirección de Chrysler al otro lado del Atlántico. Ahora le toca a John Elkann escribir una nueva página en la leyenda de la familia Agnelli.

Alemania

por Oliver Blume, presidente de Volkswagen AG

Nosotros, los alemanes, y nuestros coches... Nuestro hijo preferido, como nos gusta decir. Alemania es un país de coches. Nos consideramos la cuna del automóvil. Somos la patria de Audi, de BMW, de Mercedes, de Opel, de Porsche, de Volkswagen, y estamos orgullosos de ello.

Los coches alemanes son muy famosos en el mundo entero. Nuestras marcas, gracias a su tradición y su difusión, han sido el origen de numerosos iconos, a los que se asocian sueños, historias y recuerdos en todas partes del mundo. Nuestros vehículos no se compran simplemente porque se tenga necesidad de ellos, sino porque responden perfectamente a unas expectativas. Es lo que ocurre con el Porsche 911 desde hace sesenta años, el Volkswagen Escarabajo, que encarna el milagro económico alemán, y el Volkswagen Golf, que dio su nombre a la generación Golf y marcó toda una época.

El coche forma parte de Alemania igual que la puerta de Brandeburgo, la cerveza, el pan integral y la liga alemana de fútbol. Es un asunto con múltiples facetas: económica, política, ecológica, social y afectiva.

Sin embargo, hasta relativamente tarde, después de la Segunda Guerra Mundial, el sector del automóvil no levantó el vuelo para convertirse en un sector económico potente en Alemania. Por lo tanto, transcurrieron varios decenios desde los inventos revolucionarios de los pioneros del automóvil Gottlieb Daimler, Carl Benz y Ferdinand Porsche, a finales del siglo XIX y principios del siglo XX.

Si se observa lo que ocurrió en otros países interesados en el progreso de la tecnología, como Estados Unidos y Francia, el desarrollo del automóvil fue más lento en nuestro país. Hasta la década de 1930, en Alemania los coches eran un producto de lujo, que sólo una minoría se podía permitir. La propaganda nazi explotó la aspiración a la movilidad en masa, y la democratización del automóvil no se produjo hasta después de la Segunda Guerra Mundial.

Después de los años de privación de la posguerra, poseer un automóvil representaba un poco de libertad e independencia. El sector del automóvil, que ofrecía numerosos empleos seguros, permitía por primera vez a amplios sectores de la población acceder a una modesta prosperidad. La travesía de los Alpes con toda la familia en un Escarabajo para pasar las vacaciones de verano en el sur es una imagen profundamente anclada en la memoria alemana.

El coche y la industria automovilística orientada hacia la exportación se convirtieron en el motor del milagro económico. El *made in Germany*, cada vez más reconocido y valorado en el mundo entero, dio un poco de orgullo a una nación que se encontraba moralmente acabada después de la guerra. Los sondeos demuestran que, todavía hoy, numerosos alemanes se identifican con orgullo con el lugar de liderazgo de la fabricación automovilística alemana.

En Alemania, el coche no es sólo sinónimo de movilidad, también simboliza la tecnología, la innovación, el empleo y la prosperidad. El sector del automóvil es indudablemente el sector industrial más importante de Alemania. En 2022, este sector empleaba a más de 770.000 personas entre los fabricantes de coches y de sus equipamientos, que es una rama muy desarrollada, y el volumen de negocio del conjunto del sector superaba los 500.000 millones de euros.

Nuestro éxito se basa en el espíritu pionero de nuestras empresas. Los grupos automovilísticos alemanes tienen una experiencia muy grande, poseen numerosas patentes, han construido fábricas ultramodernas y emplean a asalariados altamente cualificados en sus empresas. Me parece útil recordarlo de vez en cuando, porque tenemos tendencia a menospreciar a nuestro país.

Con el paso de los años, se ha constituido una red firmemente tejida de fabricantes, proveedores, *start-ups* e institutos de investigación que trabajan juntos en el desarrollo y la comercialización de nuevas tecnologías. Las estadísticas muestran que cerca de uno de cada tres asalariados que trabaja en la investigación en Alemania está empleado en la industria automovilística.

Desde hace varios decenios, los fabricantes alemanes desempeñan un papel esencial en el desarrollo de motores y, sobre todo, en la eficacia, la seguridad y la comodidad. El éxito triunfal de numerosos equipamientos de serie presentes hoy en la mayoría de los coches, como el airbag, el GPS y el ABS, surgieron a partir de los fabricantes de automóviles alemanes.

Seré franco: no fue todo esto lo único que forjó la industria automovilística alemana, pero es algo que debe preservar.

Por otra parte, no olvidemos que la continuidad en el liderazgo mundial no es una cuestión de nacionalidad. El reto es saber si la industria del automóvil en su conjunto aportará buenas respuestas a los grandes desafíos de nuestra época, a la vez que se entrega a una competencia sana y, sobre todo, leal.

El proyecto europeo, del que soy un ardiente defensor, se plasma en los agrupamientos de empresas transnacionales como Volkswagen. Esta evolución ha contribuido mucho al entendimiento entre los pueblos, tanto en el aspecto económico como en el social.

Nuestro sector nunca ha evolucionado tan deprisa y este fenómeno no sólo afecta a Alemania. La descarbonización, la digitalización y la transición hacia la electromovilidad son, para las empresas, mucho más que nuevas tecnologías. Se necesita un cambio radical de mentalidad, desde el diseño y la producción de los vehículos hasta nuestros modelos de negocio, pasando por los diferentes procesos en el seno de la empresa.

Nos hemos fijado unos objetivos ambiciosos en materia de sostenibilidad, porque es evidente que el principal reto para nuestra generación consiste en dejar un mundo a nuestros descendientes donde sea agradable vivir. Constatamos y sentimos ya los efectos del cambio climático. Por lo tanto, no podemos ahorrarnos un debate en profundidad sobre el futuro del automóvil y de la movilidad en general. Estamos abiertos a esta discusión.

Sin embargo, está claro que la movilidad individual a través de un coche ha sido y sigue siendo para muchas personas en el mundo entero un elemento esencial, incluso indispensable, de su vida. Moverse, ir de un punto A a un punto B y regresar, cuando y como se desee, es sinónimo de flexibilidad, de colaboración, de libertad. Los que han crecido en un pueblo y han esperado con impaciencia la edad de poder sacarse el carnet de conducir sabrán de lo que hablo.

Estoy firmemente convencido de que lo mismo ocurrirá en el futuro y de que todavía se necesitarán, en el siglo XXI, respuestas convincentes a las preguntas urgentes de nuestra época.

La competencia mundial se ha exacerbado recientemente, lo cual se explica, en primer lugar, por la llegada de nuevos fabricantes chinos. La industria automovilística china ha aprendido mucho y ahora innova a un ritmo impresionante en el ámbito de la movilidad eléctrica y la transformación digital. Respetamos y valoramos todas las formas de competencia, porque estimulan y hacen emerger la innovación, algo interesante para nuestros clientes. En la década de 1980, los fabricantes japoneses llegaron a Europa; los siguieron sus competidores coreanos. Al final, la industria automovilística alemana y europea siempre ha salido reforzada de estas evoluciones.

Estoy convencido de que lo conseguirá esta vez, siempre y cuando explote sus puntos fuertes. Comprendemos la dinámica de conducción como nadie en el mundo, tenemos un nivel de calidad elevado y nuestros experimentados equipos humanos están altamente cualificados. Disponemos de capacidades de investigación considerables y nuestras marcas son fuertes.

También estamos dispuestos a aprender de los demás. Buscamos socios fiables para progresar unidos y aprovechar juntos los desarrollos. No nos aislamos, sino que ampliamos nuestro campo de acción para minimizar los riesgos y las dependencias. Estamos cada vez más pendientes de las opiniones de nuestros clientes y respondemos a sus intereses específicos en ciertos mercados en aumento, por ejemplo, las capacidades de desarrollo, sobre todo en China.

Para hacerlo necesitamos el apoyo de los políticos, no solamente en Alemania, sino en toda Europa. Lo que requerimos no es una política dirigida contra alguien u opuesta a algo, sino una política que refuerce nuestra propia posición y la posición europea frente a la competencia internacional. Esto empieza por la política energética y el desarrollo de las energías renovables, continúa con el aprovisionamiento y la transformación de las materias primas, y termina por el establecimiento de cadenas de creación de valor europeas para la electromovilidad y la conducción autónoma.

La industria del automóvil únicamente podrá acompañar y llevar estos cambios a buen puerto si no se precipita para deshacerse de lo que ha sido su fortaleza y su éxito durante décadas. Debemos explotar nuestras bazas y proyectarnos hacia el futuro desarrollando nuevas ideas y conceptos claros. Para ello necesitamos seguridad, planificación y una visión a largo plazo. Entonces podremos organizar la transformación partiendo de la cima.

Sólo transformándonos conservaremos nuestra importancia, e incluso pienso que precisamente porque evolucionamos sin descanso lo conseguiremos.

Ya hemos demostrado muchas veces que lo hemos logrado y que somos capaces de ello. Estoy convencido de que lo conseguiremos de nuevo en el futuro.

Alfa Romeo

Los Alfa Romeo han escrito algunas de las páginas más hermosas de la historia de la industria automovilística. Los coleccionistas no se engañan al respecto. Decenas de modelos son objeto de su admiración. Esto lo ilustra la hermosísima colección del Museo Alfa Romeo, situado en Arese, cerca de Milán: ya se valoraba esta colección en cientos de millones de euros cuando yo estaba al mando de la marca durante mi paso por el grupo Fiat entre 2002 y 2009.

Antes de hundirse en la crisis, la marca pasó por una larga edad de oro. Todo empezó en 1906. ¿Conoces a Alexandre Darracq? Este francés desconocido fue el origen, sin quererlo, del nacimiento de Alfa Romeo. Comienza su carrera profesional como fabricante de bicicletas (de la marca Gladiator) y se asocia a Raoul Perpère en 1897 para lanzarse a la fabricación de automóviles. La empresa Perpère-Darracq empieza rápidamente a rivalizar con Peugeot y Renault. Buscando nuevas salidas en Europa, en 1906, Darracq decide crear una fábrica de montaje en Nápoles para introducirse en el mercado italiano, inaccesible debido a los aranceles que lo protegían. Su idea es fabricar coches con componentes expedidos desde Francia. Pero comprende con rapidez su error: Nápoles está demasiado lejos. En 1907 decide desplazar esta fábrica a Portello, al norte de Milán, sin mucho éxito: las ventas siguen siendo bajas. En 1909, se liquida la sociedad italiana de automóviles Darracq. La adquiere en 1910 un industrial lombardo, que le pone el nombre de Anonima Lombarda Fabbrica di Automobili (Alfa). La empresa contrata a Giuseppe Merosi, un ingeniero que ya ha trabajado en varias sociedades del sector. Su primera criatura es el Alfa 24 HP, un coche dotado de un motor de 42 CV que le permite circular a 100 km/h. Sobre esta base, Merosi desarrolla un pequeño camión. El joven fabricante se lanza también a la competición automovilística y consigue su primera victoria en 1913 en la carrera Parma-Poggio. Pero el mercado del automóvil se hunde a causa de la Primera Guerra Mundial y vuelven las dificultades financieras. Otro ingeniero, Nicola Romeo, es quien saca a flote la empresa. Se convierte en el jefe y le pone el nombre de Alfa Romeo a la corporación en 1918. Durante la década de 1920, la marca pone en marcha varios coches particulares, como el 6C. Pero se distingue, sobre todo, en las carreras automovilísticas. En 1923 hace un doblete en la carrera más importante de esta época, la Targa Florio, con un modelo de culto diseñado por Giuseppe Merosi: el Alfa Romeo RL. En las sinuosas carreteras sicilianas, Ugo Sivocci supera por tres minutos a Antonio Ascari, futura estrella de la Fórmula 1 a principios de la década de 1950, penalizado *in extremis* por problemas mecánicos. Antes de la salida, el vencedor había pintado un trébol de cuatro hojas en su carrocería roja. Por desgracia, Sivocci fallece unos meses más tarde en un accidente durante el Gran Premio de Monza. Esta vez, el trébol no estaba presente en su carrocería. Para rendirle homenaje, la empresa de Milán lo convierte en el emblema permanente de sus coches, tanto en los circuitos como en las carreteras.

Sin embargo, esta época está marcada por una historia todavía más sorprendente. Alfa Romeo sirve de trampolín a Enzo Ferrari. Reclutado en 1920, el legendario piloto originario de Módena gana numerosas carreras hasta 1924. En el año 1929 decide crear su propia estructura en su ciudad natal, la sociedad anónima Scuderia Ferrari, cuya vocación es hacer circular el Alfa Romeo en competición. Es un escenario ideal, en apariencia: Ferrari ya tiene el don de atraer a los mejores técnicos y pilotos. Lo nombran director deportivo de Alfa Romeo, que también es la casa matriz de su empresa. ¡El símbolo del caballo encabritado que coloca en sus coches a partir de 1931 coexiste con el trébol! Esta luna de miel no dura mucho tiempo. La crisis de 1929 ha debilitado a la sociedad. Sobre todo, porque su principal directivo, Nicola Romeo, ha dejado sus funciones en la empresa para lanzarse a la política al lado de Mussolini en 1928. En 1933, el Estado italiano toma el control de Alfa Romeo. Las consecuencias son inmediatas: la empresa abandona la competición automovilística y decide dejar de suministrar coches a Enzo Ferrari. En un primer momento, éste sale adelante arreglando y mejorando modelos de años anteriores. Hasta 1940, año en que decide dejar estas tareas. La continuación es por todos conocida.

Alfa Romeo-Arna 1983-

Durante los años de la guerra, se requisan las fábricas de Alfa Romeo para elaborar equipamientos militares. Hay que esperar a 1950 para asistir al gran retorno de la marca, todavía nacionalizada, con el lanzamiento de la berlina 1900. La siguen el 1900 TI, en 1952, y sobre todo el Giulietta, en 1954. Se venden 100.000 ejemplares de este último. Paralelamente, Alfa Romeo vuelve a los circuitos y gana los dos primeros Campeonatos del Mundo de Fórmula 1, en 1950 y 1951, con Giuseppe Farina y Juan Manuel Fangio. Empiezan los años buenos. Salen sucesivamente al mercado varios modelos de culto, como el Spider Duetto, el Giulia Sprint GT o el Montreal, diseñados por Pininfarina o Bertone. Pero, justo antes de la primera crisis del petróleo, la empresa cambia bruscamente de rumbo. Se lanza a la producción en masa con la inauguración de una fábrica en Nápoles. El Alfasud, que sale de estas cadenas de montaje en 1972, sin duda tiene un gran éxito comercial, puesto que se venden un millón de ejemplares. Pero, en realidad, este coche de calidad moderada enturbia la imagen de la marca. La carrera por el volumen de ventas implica la renuncia a las opciones técnicas, como la propulsión, que eran su punto fuerte. Lo peor llega diez años más tarde con el Arna, un coche poco atractivo, fruto de una colaboración con el fabricante japonés Nissan. Se supone que es una respuesta al éxito del Golf de Volkswagen y asocia una carrocería japonesa a una mecánica italiana. ¡Pero lo que se necesitaba era lo contrario! El fracaso comercial es amargo. Hasta el punto de que la clientela prefiere el Alfa 33, lanzado casi simultáneamente en el mismo segmento a partir de elementos del Alfasud. Esto es demasiado para el Estado italiano. Toma nota de las dificultades de Alfa Romeo y apuesta por Fiat. El grupo turinés recupera la marca en 1986. En un primer momento, adopta decisiones con firmeza. En 1987 saca al mercado el bonito Alfa 164, que utiliza la misma plataforma que el Fiat Croma, el Lancia Thema y el Saab 9000. Dos años más tarde realiza una nueva proeza con la entrada en escena del cupé SZ y el descapotable RZ. Coches con formas agresivas y rendimientos destacables: pueden llegar a los 245 km/h. Los periodistas que los prueban los califican de monstruos. Los años Fiat se traducen también por el lanzamiento de varias berlinas, que tienen problemas para conseguir un lugar en el mercado. Los modelos 147 y 156, los dos coches del año diseñados por Walter De Silva, son de una belleza extraordinaria, pero no son auténticos Alfa Romeo, porque les falta, en mi opinión, sustancia técnica. A decir verdad, no creo que se pueda hacer un auténtico Alfa Romeo con el chasis de otra marca. Además, el ADN de la marca está muy ligado a la combustión térmica, a los motores de seis cilindros, por ejemplo. Por lo tanto, el coche eléctrico corre el riesgo de acentuar el desfase con su historia gloriosa. La batalla por la recuperación del trébol no será fácil de ganar. Pero todo es aún posible. Existe un rayo de esperanza: la marca todavía sabe hacer coches muy atractivos. Un ejemplo es el magnífico 33 Stradale, presentado durante el verano de 2023. Sólo se han producido treinta y tres ejemplares de este supercoche. ¡Menuda bomba!

Alonso, Fernando

España siempre ha dado al mundo pilotos de Fórmula 1 muy buenos. Francisco Godia-Sales, Alfonso de Portago, Luis Pérez-Sala, Jaime Alguersuari, Pedro de la Rosa y, por supuesto, más recientemente, Carlos Sainz júnior... La lista es larga. Pero ninguno ha alcanzado todavía el extraordinario palmarés de Fernando Alonso. El apodado «Toro de Asturias», porque nació en Oviedo, primero fue doble campeón del mundo al volante de un Renault en 2005 y en 2006, y después triple subcampeón del mundo cuando estaba con Ferrari en 2010, en 2012 y en 2013. En total, ganó 32 grandes premios durante su carrera. Hitos que todavía están por finalizar, puesto que sigue siendo piloto con Aston Martin después de haber anunciado que se retiraba en... 2018. No se contentó con brillar en esta disciplina: también ganó dos veces las 24 Horas de Le Mans, en 2018 y en 2019, en un Toyota, junto con el japonés Kazuki Nakajima y el suizo Sébastien Buemi. Incluso cruzó el Atlántico en 2017 para participar en una prueba mítica, las 500 Millas de Indianápolis, que estuvo muy cerca de ganar. En suma, como Juan Manuel Fangio, Ayrton Senna o Michael Schumacher, Alonso es uno de los supercracks de la historia del deporte automovilístico.

Para mí, encarna la esencia del piloto de Fórmula 1. Es «despiadado» con una motivación sin falla. Los demás pilotos lo saben muy bien y lo respetan, incluso lo temen por eso. Pertenece a la raza de los más grandes, que son todos unos egomaníacos. Ganar es su único objetivo. Así que no son amables... Es el ADN indispensable para tener éxito en esta competición a menudo feroz que se desarrolla a una velocidad de vértigo.

Tengo la suerte de conocerlo muy bien. Por desgracia, cuando volvió a Renault, en 2021, nuestro coche no era realmente competitivo. Yo tenía la idea de que debía devolver la cultura de la victoria a la escudería, que tenía algunos problemas de organización.

No todo era negativo: él fue, por ejemplo, quien permitió que su compañero de equipo Esteban Ocon ganara el Gran Premio de Hungría en 2021, bloqueando a Lewis Hamilton. Pero se quejaba del rendimiento del coche que conducía. Con el paso del tiempo hay que admitir que no estábamos a su nivel. ¡Había vuelto al equipo con el que fue un ganador y, por lo tanto, tenía ganas de triunfar! Conmigo, siempre fue correcto. Sabía que hacía lo máximo posible para mejorar su situación. Me habría gustado que se quedara con nosotros. Pero Lawrence Stroll, el propietario de Aston Martin, le tendió un puente de plata que no se rechaza a los 42 años y que no podíamos superar: ¡un contrato más largo y con ingresos mucho mayores! No hay mal que por bien no venga, así que desarrollé con él una relación más cercana, más humana. Siempre me gusta encontrarme con Alonso cuando acudo a los circuitos.

Como tantos otros, el joven Fernando forja su destino de campeón en las competiciones de *karting*. Impulsado por un padre, apasionado por el deporte automovilístico, cuando sólo tiene 12 años se convierte en campeón de España de la categoría júnior en 1993. Invencible, conserva su título durante los tres años siguientes, antes de escalar posiciones a toda velocidad. A los 18 años se inicia en una competición de monoplazas en pleno desarrollo, la Fórmula Nissan. Gana de nuevo al volante de un coche contratado por Adrián Campos, un expiloto de Fórmula 1, que se convierte en su agente. Después, se lanza a la Fórmula 3000, la antesala de la competición suprema. Esta vez no logra ser campeón, pero algunas de sus carreras dejan huella. En especial, en Barcelona, y, sobre todo, en el exigente circuito de Spa-Francorchamps, en Bélgica, donde gana, por primera y única vez, en esta categoría.

Es el momento en que Flavio Briatore, el director deportivo de la escudería de Fórmula 1 Benetton, que acaba de comprar Renault, lo toma bajo su protección. A los 20 años, Alonso practica primero en la pequeña escudería Minardi. La debilidad de su coche no le permite salir de la parte baja de la clasificación, pero su talento sorprende a los observadores. Al año siguiente, Briatore le permite franquear una nueva etapa: se convierte en piloto de pruebas de Renault. Aprende el oficio al lado de los titulares, el italiano Jarno Trulli y el inglés Jenson Button. Se valoran mucho su trabajo y su eficacia. Cuando el británico abandona la escudería, en julio de 2002, es el elegido para sucederlo. Ya nada lo detendrá. El tándem Alonso-Briatore alza el vuelo. En la primera temporada, se convierte en el vencedor más joven de un gran premio. Después encadena las victorias: siete en 2005, lo que le permite ser campeón del mundo delante del finlandés Kimi Räikkönen; siete de nuevo en 2006, además con un segundo título mundial.

Al momento, este orgulloso luchador, excelente cuando las pistas se ponen peligrosas debido a la lluvia, cuando es muy difícil e incluso imposible adelantar, se convierte en un héroe nacional. Cada una de sus actuaciones en su país desencadena un fervor inmenso. España tiene suerte: Alonso comparte esta gloria con el tenista Rafael Nadal, que empieza a ganar títulos en el mismo momento, y con La Roja, el equipo nacional de España de fútbol, que se alza vencedora de la Euro en 2008.

Camina sobre el agua y decide apuntar más alto. Aunque tenga que arriesgarse demasiado. Despedido por McLaren después de su segundo título, cohabita mal con Lewis Hamilton, que se inicia en esta escudería y le hace sombra. ¡Es una situación insoportable! Entonces, Briatore lo hace volver a Renault. Pero la competencia es dura. Los resultados son decepcionantes. Así que se marcha a la Scuderia Ferrari, debilitada por la partida de la leyenda Michael Schumacher. El golpe es casi perfecto: fracasa dos veces por poco, casi con un pie en el primer peldaño del podio. Por lo tanto, nunca será campeón del mundo al volante de un coche rojo, el santo grial de los pilotos más importantes.

Decepcionado, se retira de la Fórmula 1 en 2018. A los 37 años, esta decisión resulta comprensible. La disciplina es exigente y la nueva oleada de jóvenes pilotos empuja a los más experimentados hacia la salida. Pero hay que conocer a Fernando Alonso para saber que el virus de la competición no lo ha abandonado y echa de menos la Fórmula 1. Así que, contra toda expectativa, vuelve a los circuitos en 2021.

Aunque ya no gana, todavía hace regularmente proezas con coches menos competitivos. No tiene que enrojecer ante su rendimiento. Para él, sin duda es lo más importante.

Alpine

Muy a menudo, se encuentran las mejores ideas cuando faltan medios. Es la gran enseñanza de la aventura Alpine. La marca, que pertenece al grupo Renault desde 1973, se constituyó lejos de París con una ambición: hacer coches baratos, ligeros y deportivos, capaces de imponerse en todas las competiciones. Lo hicieron. Su relación peso/potencia les permitió dominar a coches mucho más potentes en los *rallies* o en las 24 Horas de Le Mans. Este triunfo adquiere toda su importancia en el momento en que hay que economizar los materiales y pasar a la energía eléctrica. En mi opinión, Alpine es de una modernidad increíble. Parafraseando al escritor Milan Kundera, encarna la «insoportable levedad del ser». ¡Siempre y cuando, por supuesto, se diseñen desde ahora modelos con carácter que no sean frigoríficos sobre ruedas!

Hacer coches sin personalidad no era el estilo de Jean Rédélé, el creador de Alpine en 1955. Este personaje visionario marcó con su huella la historia de los coches deportivos en Francia, sin abandonar nunca su tierra natal, Normandía. Nace en 1922 y se introduce muy pronto en el mundo del automóvil. Su padre es dueño de la concesión de Renault en Dieppe. Realiza sus estudios de Bachillerato durante la Segunda Guerra Mundial y, en un primer momento, se orienta hacia la profesión de subprefecto. Pero entra finalmente en la Escuela de Altos Estudios Comerciales, donde obtiene el título en 1946. Después sucede a su padre al frente de la empresa familiar. Al mismo tiempo, a los 24 años, se convierte en el dueño de la concesión más joven del país. Lo suyo es la competición automovilística, «el mejor banco de pruebas para los modelos de serie», en su opinión, porque «la victoria es el mejor argumento de venta». A principios de la década de 1950, el Renault que domina el mercado es el 4 CV, presentado en el Salón del Automóvil de París en octubre de 1946. Rédélé decide participar en el Rally de Montecarlo en enero de 1950 al volante de uno de estos modelos, preparado especialmente. El resultado no es brillante. Frenados por la copiosa nieve, Rédélé y su compañero de equipo Delforge llegan fuera de tiempo. No por ello se desaniman: unos meses más tarde, gana el Rally de Dieppe ante un ejército de coches más potentes.

Este buen resultado incita a la Régie Renault a confiarle un 4 CV versión corta, el 1063, en el Rally de Montecarlo de 1951. Esta vez todo va mucho mejor, ya que termina el cuarto de su categoría y en el puesto 44.º en la clasificación, que gana un Delahaye 175S. Después encadena los buenos resultados. Sube al podio del Marathon de la Route —Lieja-Roma-Lieja— y del Tour de Francia automovilístico. Para ir todavía más deprisa, intenta transformar sus autos. En especial, desarrolla, con un amigo que también es dueño de un concesionario Renault, una nueva caja de cambios con cinco marchas. En 1952, su 4 CV mejorado está listo para ganar las 24 Horas de Le Mans en su categoría. También ha encargado un «Renault especial» más ligero a un carrocero italiano. Con él, confirma su talento de piloto y gana varias pruebas en Europa. Año tras año, adquiere la convicción de que puede convertirse en fabricante de automóviles. Un poco más tarde, cuenta esta evolución: «Gracias a las carreras que hice, me di cuenta de que podía hacer algo bueno con las mecánicas francesas. Después de haber circulado por todas las carreteras de Francia y Navarra, después de haber corrido por los principales circuitos con coches derivados de la serie, pensé que, si estos coches se equipaban con una carrocería deportiva, si se sometían a transformaciones desde el ámbito de las suspensiones y la mecánica, se podrían producir en Francia coches deportivos muy válidos. Hice mi primer coche en 1952, fabricamos cuatro o cinco prototipos. Y, en 1955, nació la sociedad Alpine con unos medios iniciales muy limitados». ¿Por qué lo llamaron Alpine? La idea se le ocurrió circulando, explica. «Recorriendo los Alpes a bordo de mi 4 CV Renault, fue cuando más me divertí. Por eso decidí llamar a mis futuros coches Alpine. Mis clientes tenían que experimentar ese placer de conducir al volante del coche que quería fabricar.»

Los primeros modelos llevan su nombre, Jean Rédélé 22, Jean Rédélé 23, Jean Rédélé 24, etc. Los fabricó un pequeño equipo de técnicos motivados. Jean Rédélé es un auténtico líder que sabe unir talentos. El negocio de Dieppe se desarrolla, por supuesto, con la colaboración de Renault. La Régie le proporciona piezas de serie y él vende motores. Distribuye sus coches en sus concesionarios desde 1966. Para los dos socios, todos se benefician: el rendimiento deportivo de Alpine devuelve el favor a la que Jean Rédélé llama «la gran dama». De hecho, a partir de finales de la década de 1960, Alpine llega al nivel mundial más alto en las disciplinas en las que participa. Las famosas Berlinettes A110 son una pesadilla en los *rallies*. En 1971, consiguen un triplete en el famoso Rally de Montecarlo y se llevan el título de campeón de Europa de fabricantes. Alpine multiplica también los éxitos en las 24 Horas de Le Mans con los A110 y los A210, una versión larga del primero. Entre 1964 y 1970 obtienen numerosos accésits en Mayenne. En 1969, incluso consiguen el 9.º y el 10.º puesto en la clasificación general de la prueba, marcada por el gran enfrentamiento entre Ford y Ferrari. Jean Rédélé alcanza todos sus objetivos, uno detrás de otro. Lleva muy arriba los colores de Francia. Como señal de reconocimiento, el general De Gaulle incluso pasa más tiempo en su estand del Salón del Automóvil que en el de la Régie, lo cual es un orgullo para su fundador. Por desgracia, ganar en competición no evita las dificultades económicas ni las tensiones sociales. Después de 1968 y de los acuerdos de Grenelle, que condujeron a un fuerte aumento de los salarios, producir en Francia cuesta más caro. En 1972, una gran huelga debilita a la empresa. Renault acude en su ayuda y se convierte en su accionista mayoritario. Es el final de una época. Jean Rédélé se queda unos años más. Respeta las reglas, pero lamenta no ser el único dueño a bordo. Se marcha finalmente en 1978 y obtiene la garantía de que se asegurará el empleo durante quince años en la fábrica de Dieppe, la obra de su vida.

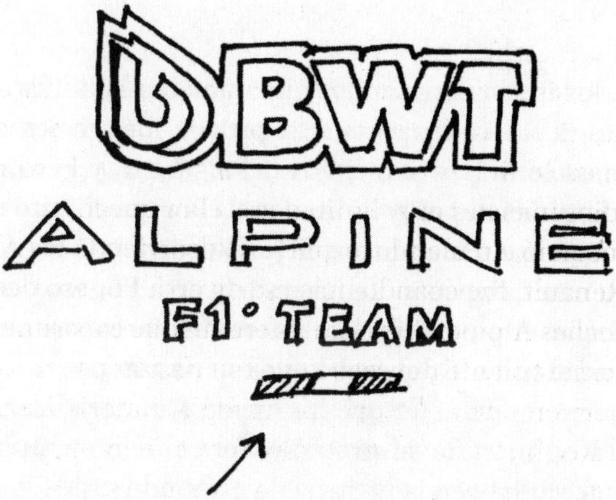

En manos de Renault, Alpine entra en modo de supervivencia. Durante largos años, las novedades son escasas. El A610 presentado en 2002 parece ser el último. Para salvar la infraestructura, la empresa incluso se ocupa de la producción de los coches de Renault Sport. Pero esto no es consuelo.

En 2006, Carlos Ghosn, el nuevo director general de Renault, quiere desarrollar vehículos de alta gama con la marca Alpine. Pero hay que esperar hasta 2012 para que por fin se presente un prototipo denominado A110-50, durante el Gran Premio de Mónaco. Una manera de celebrar los cincuenta años de la famosa Berlinette de la década de 1960. Con su *look* deportivo muy agresivo, resucita la esperanza de los «alpinistas». Su versión para el gran público, llamada de nuevo A110, acaba por comercializarse en diciembre de 2016. Es un éxito, con 2.000 unidades vendidas en 2018 y 4.000 en 2019. La gama se fortalece con una versión S. Un proyecto de SUV se queda en el aire.

Cuando me puse al frente de Renault, decidí relanzar esta bella marca. Añadí la bandera tricolor a los coches de Fórmula 1, a los que di el nombre de Alpine. La convertí en una empresa con todas las de la ley. Asimismo, recuperé el concepto que marcó su éxito durante las décadas de 1960 y 1970, el de hacer automóviles deportivos ligeros y eficaces. En la actualidad, el paso a la electricidad es la ocasión de lanzar nuevos modelos audaces y de demostrar que el espíritu de Jean Rédélé sigue todavía vivo ahí.

Audi

En Alemania, los ingenieros son los que manejan la industria del automóvil. La historia de Audi aporta una prueba inequívoca de ello. Dos hombres, August Horch, a principios del siglo XX, y Ferdinand Piëch, entre 1972 y 1993, desempeñaron un papel clave en el éxito de la marca. El primero, porque creó la empresa en julio de 1909; el segundo, porque la convirtió en una campeona de los coches de alta gama de finales del siglo XX. Trabajaron en dos épocas diferentes, pero sus puntos en común son sorprendentes. Empezando por su pasión por la innovación y, sobre todo, un fuerte carácter que los ayudó a materializar sus ideas, a veces contra la opinión de su propio entorno. ¡Un ejemplo al fin y al cabo bastante frecuente en la historia de esta industria!

Todo comienza a finales del siglo XIX. Con su título de la escuela técnica de Mittweida en el bolsillo, August Horch trabaja primero con Carl Benz, en Mannheim, en 1896. Ya tiene muchas ideas e iniciativas. Como no consigue hacerse oír, decide crear su propia empresa, A. Horch & Co. En 1900 fabrica su primer coche propulsado por un motor de un cilindro colocado delante. Una revolución en la época. Multiplica las innovaciones, como la preparación de un sistema de transmisión por cardán. También aligera los motores utilizando aleaciones ligeras. En 1907, Horch produce 94 vehículos. Pero su fuerte personalidad molesta en su entorno. Cansado de su Consejo de Administración, y en conflicto con otros directivos de la empresa, se marcha en 1909 con una modesta indemnización de 20.000 marcos en el bolsillo. Decide inmediatamente relanzarse creando otra sociedad, en Zwickau. Primero intenta llamarla August Horch Automobil Werke. Pero esto es imposible legalmente, ya que la marca está solicitada por sus antiguos colegas, así que tiene que renunciar a utilizar su nombre y encontrar otra denominación. En este momento es cuando se le ocurre la idea de Audi. El verbo latino *audire* es la traducción de *horchen*, que significa 'escuchar' en alemán. Como anécdota contaré que quien tiene esta idea es el hijo pequeño de uno de sus colaboradores, después de asistir a una larga sesión de lluvia de ideas organizada en el apartamento de sus padres. El nuevo fabricante de automóviles se llamará Audi Werke.

Entre 1912 y 1914 salen de sus talleres coches que se distinguen porque ganan numerosas competiciones automovilísticas. Empezando por la famosa Copa de los Alpes Austriacos, una prueba de resistencia de 2.400 kilómetros ganada tres años seguidos por un Audi Type C. En 1920, August Horch mantiene las distancias una vez más con un trasfondo de batalla comercial encarnizada entre Audi Werke y su antigua empresa. Pero la crisis de 1929 marca el final de las hostilidades: la industria automovilística alemana se hunde en la recesión. El régimen nazi decide reestructurarla imponiendo la fusión de cuatro marcas: Horch, Audi, DKW y Wanderer en el seno de Auto Union AG. Aparecen entonces los cuatro anillos para simbolizar esta unión forzada. En este momento, cada una de las empresas se posiciona en un segmento particular. Después de la Segunda Guerra Mundial, la empresa pasa a manos de Daimler-Benz. Durante este período, se especializa en la producción de coches pequeños, sobre todo con la marca NSU. En la Alemania del Este, donde se sitúan dos fábricas de Auto Union, se produce el Trabant en la sede de Audi, en Zwickau.

En 1965, Volkswagen adquiere Auto Union. El objetivo es disponer de una marca de alta gama en su cartera de negocios. Una estrategia que rompe con la que sigue Daimler-Benz. La primera etapa es darle el nombre, no utilizado, de Audi en 1969 y concentrar el esfuerzo industrial en la fábrica de Ingolstadt, en Baviera. Pero para tener éxito en esta operación audaz se necesita un jefe que la lleve a cabo. El elegido será Ferdinand Piëch. Este ingeniero austriaco, titulado en la reputada Escuela Politécnica de Zúrich, es el nieto de Ferdinand Porsche. Por lo tanto, entra de forma natural en Porsche en 1963, a los 26 años. En esta etapa profesional hace maravillas: en especial, crea un modelo que llegaría a ser mítico, el 911. Como responsable del programa de competición, también desarrolla coches de carreras excepcionales, como el 908 en 1968 y el 917 en 1969, que se imponen con rapidez en los circuitos. Pero se encuentra en la cuerda floja en la empresa familiar. Su tío Ferry Porsche, muy implicado hasta entonces en las actividades deportivas, critica sus delirios de grandeza. Sobre todo cuando su sobrino le presentó diecisiete versiones del 917 fabricadas sin su autorización, lo que se considera un crimen de lesa majestad. Piëch sólo tiene 33 años en 1969, pero comprende que su propia familia nunca le confiará un puesto de responsabilidad en la empresa. No se sabe si lo excluyen de la toma de decisiones o si elige irse dando un portazo. Una cosa es segura: abandona Porsche enfadado, aunque no tarda mucho tiempo en reponerse. Los pesos pesados de la industria automovilística alemana han identificado el talento del ingeniero Piëch, y Volkswagen aprovecha la oportunidad. La empresa de Wolfsburgo le propone que se una a los equipos técnicos de Audi en Ingolstadt en 1972. Él todavía no lo sabe, pero así empieza su ascenso espectacular hacia el poder en el grupo alemán. Ingolstadt se convertirá en su primer reino. En 1975, lo nombran director técnico y entra en el directorio de la empresa. Más tarde, en 1988, se convierte en el presidente. Una recompensa justa a su contribución: sus innovaciones han propulsado con rapidez a Audi al primer plano de la industria automovilística. Para comenzar, la tecnología de cuatro ruedas motrices conocida como Quattro, que inventó en 1980, tiene un gran éxito. De entrada, en las competiciones deportivas, Audi obtiene varios títulos de campeón del mundo en los *rallies* entre 1981 y 1987. Después, en el mercado, en cuarenta años, se venden 10,5 millones de coches equipados con esta transmisión integral. ¡Piëch simplemente ha creado el 4×4 de los particulares! La segunda innovación importantes que impone un motor diésel muy sobrio y de alto rendimiento, el TDI, que se convertiría en la norma en Europa. Como anécdota, contaré que este sistema de inyección, también llamado «*common rail*», se desarrolló primero en Fiat, que vendió sus patentes al proveedor alemán Bosch. Trabajando con este último, el técnico de Audi lo convirtió en un arma infalible. En lo referente a los modelos, el Audi 80 y el Audi 100, el coche más aerodinámico del mercado, se convierten con rapidez en bestsellers. En Ingolstadt, Piëch funciona con total autonomía con respecto a su casa matriz. Lo controla todo, prueba él mismo cada novedad técnica y apuesta por una calidad irreprochable. Sólo hay una sombra en todo ello: sus métodos de dirección bruscos a menudo lo convierten en un déspota. No lo detiene nada. Sin descanso, defiende sus ideas, que algunos expertos califican de absurdas. Pero los riesgos que asume finalmente tienen buenos resultados. En mi opinión, Piëch hizo de Audi una especie de Tesla antes de tiempo. Un caso único de una gran marca creada partiendo de cero. ¿Quién habría imaginado, a principios de la década de 1970, que rivalizaría de forma duradera con las otras dos estrellas de la alta gama germánica, BMW y Mercedes? En 1993 se convierte en el gran jefe de Volkswagen, que se enfrentaba desde 1991 a una grave crisis. Piëch convertirá a esta empresa en un gigante mundial, en cuyo seno reinará de forma incondicional, a la vez que vela por que Audi siga ocupando un lugar aparte: el de su criatura, una hermosa criatura.

Autónomo

El coche autónomo es un sueño. El de reducir casi a cero el número de accidentes, el de hacer más fluida la circulación y, por lo tanto, limitar las emisiones de CO_2, el de poder hacer otra cosa, leer o dormir, por ejemplo, mientras se circula en la autopista durante los trayectos largos. Es el sueño de las empresas de Silicon Valley y de los proveedores de equipamientos de alta tecnología, que han encontrado un nuevo El Dorado llenando los coches de cámaras, sensores y calculadoras. De hecho, se percibe claramente el interés que tiene para Uber, por ejemplo, que podría prescindir de conductores: ¡esto mejoraría sustancialmente sus beneficios!

Esta revolución se anuncia desde hace varios años. Numerosos fabricantes han puesto en marcha programas ambiciosos, cuyos resultados a menudo se presentan en el CES de Las Vegas, la cita mundial de la innovación. El camino recorrido es bastante espectacular. Tesla, por ejemplo, equipa todos sus modelos con un sistema denominado Tesla Autopilot, que le permite pasar a conducción autónoma. Los nuevos vehículos de serie ya aprovechan estos progresos: por ejemplo, son capaces de aparcar solos y disponen de sistemas de asistencia a la conducción cada vez más sofisticados, que los hacen más seguros.

Sin embargo, habrá que esperar todavía mucho tiempo para que el uso del coche autónomo se generalice. ¿Por qué? Porque deben realizarse proezas tecnológicas destinadas a garantizar la seguridad de su uso.

Para comprender bien el reto, recordemos los cinco niveles de autonomía que han definido las partes implicadas:

Nivel 1: la conducción está asistida por dispositivos como un regulador de velocidad.

Nivel 2: pueden activarse las tareas automatizadas, como el hecho de aparcar entre dos coches, pero el conductor debe mantener las manos en el volante.

Nivel 3: el coche puede circular libremente, aunque el conductor debe poder recuperar el control en todo momento en menos de ocho segundos.

Nivel 4: el vehículo, todavía equipado con un volante y pedales, funciona completamente en modo autónomo y no se requiere la atención de los pasajeros.

Nivel 5: desaparecen el volante y los pedales. El conductor ya no tiene ninguna función a bordo.

El problema es que, a partir del nivel 3, el fabricante es considerado por las compañías de seguros como responsable de los accidentes que se producen. ¡Esto lo cambia todo! Ninguna empresa está dispuesta a asumir el riesgo de ser la única culpable en caso de error de software.

Nos enfrentamos a un problema ético. Se registran una media de 1,2 millones de muertos cada año en las carreteras del mundo y, en el 90 por ciento de los casos, la causa es un error humano. Parece que estamos dispuestos a perdonar a las personas lo que no queremos perdonar a las máquinas... Por lo tanto, una vez más, todo se basa en la confianza que estamos dispuestos a conceder a la innovación tecnológica. No obstante, cuando se haya generalizado en el planeta, el coche autónomo permitirá evitar cada año el equivalente a las pérdidas humanas de una gran guerra.

¿Cómo salir del callejón sin salida? Sólo hay una solución: conseguir que el riesgo sea cero. Sin duda es posible, pero el precio será muy elevado. Los automóviles deberán estar equipados con varios sistemas de detección capaces de sustituirse unos a otros, con el fin de limitar al máximo los fallos. También habrá que desplegar potencias de cálculo muy exhaustivas para cartografiar el conjunto del planeta y eliminar así las incertidumbres.

Personalmente, no quiero ocultar mis dudas al respecto. Es cierto que hay que continuar haciendo esfuerzos para alcanzar el ideal que representan los coches que se conducen solos. En todos los casos, esta utilidad permitirá añadir nuevas funciones a los vehículos. Pero no estoy tan seguro de que esto aporte una respuesta a una pregunta que se ha planteado. No creo que la gente se canse de conducir. ¡Yo no, por supuesto!

B

Batería

Todos hemos vivido esta escena. En ocasiones, varias veces. Es invierno, hay que llevar a los niños a la escuela y no nos sobra el tiempo para hacerlo. Nos metemos en el coche. No hace calor, el vaho se extiende por el parabrisas. ¡Rápido, la calefacción! Damos vuelta a la llave de contacto, un gesto repetido miles de veces. Pero el silencio responde con insolencia a esta orden de arranque. Repetimos la operación, una vez, dos veces, tres veces... ¡No cambia nada! El motor sigue durmiendo. Entonces se impone la evidencia: ¡es la batería! Ha debido de descargarse. Ésta es una escena habitual de la vida ordinaria de los automovilistas. Nada importante, visto en perspectiva... Las baterías de plomo que aportan la corriente necesaria para la puesta en marcha hacen este trabajo desde siempre. Pero tienen este pequeño defecto que es tan importante. En ciertas condiciones, nos dejan tirados. Evidentemente, esto ocurre siempre en el peor momento. Seamos justos: esta vieja tecnología ha prestado todos los servicios que se esperaban de ella. Una vez arrancado el coche, la electricidad que permite hacer funcionar los faros, los limpiaparabrisas o la radio la proporciona una minicentral eléctrica, el alternador, encargado de recargar también la batería, que sirve para almacenar energía.

Esta tecnología ha mejorado un poco con el paso de los decenios, pero sólo hemos progresado mucho en el reciclado de estos productos tan tóxicos: el plomo se recupera por completo y se utiliza para las baterías nuevas. Este circuito cerrado es un buen ejemplo de economía circular.

¿Hay que esperar los mismos inconvenientes con los coches eléctricos? No, porque la tecnología utilizada es radicalmente diferente. Incluso multiplicándolas, las baterías de plomo son incapaces de proporcionar una autonomía superior a 50 kilómetros. Se han sustituido por baterías de litio derivadas de las utilizadas, desde hace mucho tiempo, en los teléfonos móviles y los ordenadores portátiles. Estas baterías han permitido el desarrollo del automóvil eléctrico. Se fabrican en gigafactorías, que florecen con miles de millones por toda Europa. Su ventaja es que acumulan mucha más energía en el mismo volumen y, por lo tanto, ofrecen una autonomía considerable. Entre 300 y 450 kilómetros para un Megane eléctrico, según la estación del año (en invierno, el coche consume más). ¡Pero ya no vivimos en el mismo mundo que antes! ¿Lo podríamos hacer todavía mejor? Todas las oficinas de proyectos del planeta trabajan con ahínco en las evoluciones de esta tecnología. Primero, para bajar el coste: las baterías representan entre el 30 y el 40 por ciento del precio de coste de un coche; después, para limitar la cantidad de materias primas utilizadas, lo que también permitirá reducir el peso del vehículo. El automóvil eléctrico es positivo en el aspecto económico siempre y cuando no se exceda de determinado peso. En ciertos modelos estadounidenses de gran tamaño, las baterías pesan 700 u 800 kilogramos. ¡Esto es absurdo!

Se han explorado numerosas vías para sustituir el litio o los otros metales raros (níquel, cobalto, manganeso) utilizados hasta el momento. La tarea es compleja, hay que asegurarse de la duración de la nueva mezcla empleada y de su funcionamiento a alta y baja temperatura; de 70 ºC (en verano, a pleno sol) a −20 ºC (en invierno, en los países nórdicos). Ya se han logrado considerables avances. Veamos, por ejemplo, el Zoe: el potencial de su batería pasó de 22 kW/h, en 2012, a 41 kW/h en 2016 y a 52 kW/h en 2019. En cada avance, la autonomía ha aumentado, con un volumen y un peso casi constantes. Mantener la autonomía adquirida (¡ya está cerca de 400 kilómetros para la última generación del Zoe!), pero a un precio menos elevado, es el reto que obsesiona ahora a todos los actores del mercado. Se trata de democratizar por fin el coche eléctrico. ¿Quién encontrará la próxima combinación ganadora? ¡Hagan sus apuestas!

Benz, Carl

Mis amigos alemanes no desaprovechan ninguna ocasión de recordármelo: el inventor del automóvil es él. En enero de 1886, Carl Benz, un ingeniero formado en Karlsruhe, en el sur de Alemania, registró la patente de lo que llamaba «el primer coche sin caballos». De entrada, equipó un triciclo con un motor colocado detrás de un asiento de bicicleta antes de crear el Benz Patent-Motorwagen. Con sus cuatro ruedas de madera recubiertas de caucho, realmente parecía una carreta. Pero sus primeros ensayos no despertaron un gran interés. Es cierto que el perfeccionista Carl Benz lo consideraba todavía muy mejorable y prefería ser discreto. Por lo tanto, tardó en ponerlo a la venta. Más confiada que él, Bertha Benz, su esposa, decidió tomar cartas en el asunto. Una mañana del mes de agosto de 1888, montó en el vehículo a sus dos hijos, Eugen, de quince años, y Richard, de trece, y emprendió un viaje de 106 kilómetros de ida y vuelta entre las ciudades de Mannheim y Pforzheim. Es cierto que el coche tuvo algunos problemillas mecánicos, pero la familia regresó a su casa al caer la noche. ¡Esto era una buena propaganda! Las ventas por fin arrancaron.

Sin embargo, Carl Benz no era el único alemán que trabajaba en el ámbito automovilístico. Sólo unos meses después de Benz, otros dos ingenieros, Gottlieb Daimler y Wilhelm Maybach, también lanzaron su coche sin caballos. En 1890 nació la empresa Daimler-Motoren-Gesellschaft (DMG). Daimler era el director, y Maybach, el ingeniero jefe. Pero, mientras que Benz acumulaba éxitos, los problemas de liderazgo habían debilitado a Daimler. Su fundador había fallecido de un ataque cardiaco en 1900 y había dejado el lugar a sus hijos Paul y Adolf. Ahí fue donde entró en escena Emil Jellinek. Este hombre adinerado, instalado en el sur de Francia, era un apasionado de los bonitos coches deportivos. Se había convertido en el representante de Daimler en la región y había entrado en el Consejo de Supervisión de la empresa en 1900. Al pasar un pedido de 36 vehículos Daimler, exigió que se llamaran Mercedes, que era el nombre de su hija. También pidió y consiguió comercializar en exclusiva la nueva marca en varios países europeos y en Estados Unidos.

Los destinos paralelos de Benz y Daimler acabaron por acercarlos después de la Primera Guerra Mundial, en una Alemania sumida en la crisis. La fusión tuvo lugar en 1926, poco tiempo antes del fallecimiento de Carl Benz, en 1929. La nueva entidad se llamaba Daimler-Benz, pero los coches puestos en el mercado eran Mercedes-Benz. Había nacido un futuro gigante.

Bond, James

En veinticinco películas y en alrededor de sesenta años de carrera, James Bond salvó veinticinco veces el mundo, amenazado por poderosas fuerzas del mal. Pero nunca pudo salvar las cuentas de Aston Martin... Desde su creación por Lionel Martin, en 1914, entre quiebras y recompras, y a pesar de grandes éxitos comerciales, el constructor británico acumuló numerosos déficits. ¡Pero no importa porque conoció la gloria! Si mañana hubiera que construir el arca de Noé de los coches más bonitos de la historia, reservaría un lugar de honor para el DB5, el del agente 007 en la película *James Bond contra Goldfinger*, que se estrenó en 1964. Su nombre estaba formado por la «D» de «David» y la «B» de «Brown», el propietario de la marca de 1947 a 1972. Una línea escultural, seis cilindros de rugido cautivador y una calandra de escualo. Si hiciera una lista dorada de los personajes que han despertado el amor por el automóvil y han suscitado vocaciones en la industria del motor, incluiría sin dudarlo el nombre de James Bond.

Aston Martin está poco presente en las novelas de Ian Fleming, que inventó el personaje de James Bond. El escritor más bien hizo circular a su héroe en un Bentley de la década de 1930 y en un R-Type Continental. Pero uno de los productores de *James Bond contra Goldfinger*, Harry Saltzman, era un apasionado de las buenas mecánicas y propuso poner un Aston Martin al servicio de Bond. Después de duras negociaciones, el constructor aceptó proporcionar coches y tuvo toda la razón: el DB5 pronto se convirtió en una estrella planetaria. Todo ello con la ayuda de los artilugios que se le habían añadido: un asiento eyectable, dos ametralladoras en la parte delantera, un escudo antibalas, un lanzador de humo, una máquina para proyectar aceite, cuchillos para reventar los neumáticos, arietes... En definitiva, un tanque de asalto vestido de esmoquin.

El DB5 captó enseguida la atención, eclipsando un poco a los demás «James Bond *cars*». Lo cual es injusto, porque algunos de ellos realmente lo merecían. Como el encantador Sunbeam Alpine descapotable, que aparece en la primera película de la saga, *James Bond 007 contra el doctor No*, en 1962, desprovisto de cualquier accesorio. Simplemente se alquiló durante quince días para el rodaje en Jamaica y era un coche como el de la mayoría de la gente. En 1967, el director de *Sólo se vive dos veces* hizo una buena elección con el Toyota 2000 GT, sublime deportivo inspirado en el Jaguar Type E y el Ferrari 250 GTO. Con este modelo de alta gama completamente japonés, se quería mostrar la capacidad de su país para fabricar algo diferente a vehículos económicos y rústicos. Por desgracia, a pesar de sus inmensas cualidades y a la alta presencia en los medios de comunicación debida a la película, las ventas no despegaron. Pero conviene hacer una precisión en este aspecto: el 2000 GT de serie era un cupé, demasiado exiguo para el gran tamaño de Sean Connery. Así que Toyota diseñó dos ejemplares especiales, sin techo. Hubo que reforzar la estructura con un chasis tubular. Y la capota que parece adivinarse detrás de los asientos era falsa, sólo se trataba de una funda que creaba esta ilusión. Ironías de la historia, el actor casi nunca condujo él mismo aquel *spider*. Los dos ejemplares se conservan hoy en el Museo Toyota, al este de Nagoya.

Otro coche que haría época es el Lotus Esprit S1 en *La espía que me amó*, en 1977. Era un vehículo que podía transformarse en submarino, y esto no se llevó a cabo de verdad. Los ingenieros instalaron cuatro turbinas alimentadas por una gran batería, un sistema de lastre para sumergirse o ascender y unos alerones articulados para estabilizar el conjunto. Quedaba solamente el lugar justo para alojar al piloto, un veterano de las fuerzas especiales estadounidenses, con su traje de buceo. En seco, el coche también despertaba sensaciones. Diseñado por el maestro italiano Giorgetto Giugiaro, a quien debemos tanto el Alfa Romeo Giulia GT 2000 Veloce como el Fiat Panda, el bólido se hizo respetar inmediatamente. Con su línea descendente y su mecánica excitante, giraba como un kart. ¿Cómo llegó a las manos de Roger Moore, sucesor de Sean Connery en el papel de James Bond? Pues gracias al astuto director de relaciones con la prensa de Lotus, que estacionó un prototipo sin artilugios en el aparcamiento de los estudios Pinewood, cerca de Londres. Con la esperanza, por supuesto, de llamar la atención de los productores de la película. ¡Fue todo un éxito! Muerta de curiosidad, la gente salió de su oficina para ver de cerca el modelo, y Lotus pudo proporcionar dos coches, siete carrocerías, un buen *stock* de piezas de recambio y los servicios de un piloto de pruebas.

Curiosamente, después de la película, este coche fuera de lo común cayó en el olvido. Hasta que, en 1989, una pareja de Long Island (estado de Nueva York) compró un almacén en el que, entre otras antiguallas, un extraño cacharro se llenaba de polvo. Los nuevos propietarios no habían visto nunca las películas de James Bond y no reconocieron el extraño vehículo anfibio, así que lo pusieron en su remolque para venderlo por piezas. De camino, se cruzaron con algunos conductores cinéfilos, que identificaron el objeto e informaron a la pareja del valor inestimable de su carga. Durante unos años, el Lotus estuvo expuesto, antes de venderlo en subasta en 2013 a Elon Musk por un millón de dólares. El fundador de Tesla se habría inspirado en él para su *pick up* Cybertruck.

Encontramos de nuevo a Roger Moore en 1985 en *Panorama para matar*. Pero esta vez está al volante de un Renault 11 Alpine azul martirizado en una persecución alocada por los muelles de París. El coche acaba con el techo arrancado y el chasis partido en dos. Detrás de este gran espectáculo, encontramos al famoso doble francés Rémy Julienne. En una entrevista de 2021 en la revista *Autoretro*, un año antes de su fallecimiento, el hombre que había orquestado tantas vueltas de campana y volteretas contaba lo que el director de la película, John Glen, le había pedido: «Búsquenos las situaciones más rocambolescas, la única obligación es que Bond sea siempre el más fuerte».

En 1995, con *GoldenEye*, el modelo de negocio cambió. BMW firmó un cheque de 110 millones de euros para que sus bólidos aparecieran en la película y en las dos siguientes. Comenzaba la era del emplazamiento de producto. En *El mañana nunca muere*, de 1997, BMW es visible en más del 10 por ciento de la película. Los aficionados lo encontraron excesivo y protestaron, pero tuvieron que aceptarlo. En 2002, el grupo Ford sucedía a BMW como proveedor oficial del espía de Su Graciosa Majestad. Así fue como Aston Martin, que había sido adquirido por Ford, volvió al juego, incluso en forma de una réplica del mítico DB5 de 1964. Pero nunca estaba solo y tuvo que formar equipo, según las películas, con un Ford Mondeo, un Ford Ka, un Jaguar (entonces propiedad de Ford)...

En este enorme negocio de derechos derivados, también hubo coches en miniatura vendidos por millones. El DB5, una vez más, fue un bestseller. Sobre todo, su versión muy realista con un monigote de plástico propulsado por el asiento eyectable. El juguete acababa a menudo perdido bajo la cómoda o en el aspirador familiar. Probablemente fue lo que le ocurrió al mío.

Bugatti

Es una leyenda, el grial del automóvil, igual que Stradivarius para la música o Miguel Ángel para la pintura. El culto consagrado desde hace ciento quince años a Bugatti se debe tanto a la personalidad de su creador, Ettore Bugatti, como al carácter excepcional y descabellado de sus coches. Los más antiguos se disputan en las subastas; los más recientes cuestan 5 millones de euros y son capaces de circular a 400 km/h. Sin embargo, esta marca francesa mítica estuvo a punto de desaparecer definitivamente.

Un industrial alemán, Ferdinand Piëch, nieto de Ferdinand Porsche y presidente del grupo Volkswagen, resucitó la marca Bugatti en 1998. Gran industrial, pero también ingeniero y muy aficionado a los automóviles, Piëch quería dar al grupo Volkswagen (que cuenta en su cartera doce marcas) una imagen mundial muy fuerte, la de un grupo puntero de la tecnología, capaz de hacer vibrar al público. Tenía dos opciones: crear una escudería de Fórmula 1 o lanzar el coche más eficaz del mundo. Consideró la primera competición como aleatoria (ganar no era evidente) y cara, así que se orientó hacia la segunda solución y compró Bugatti.

De entrada, Piëch estableció un pliego de condiciones descabellado: «Un Bugatti debe permitirme circular a 400 km/h durante el día y llevar a mi mujer a la ópera por la noche». Se alcanzó el objetivo sin tener en cuenta la rentabilidad. Las cifras no son públicas, pero es probable que Bugatti perdiera dinero, sin duda incluso mucho dinero, en cada uno de los 85 a 90 coches producidos por año en Molsheim, Alsacia.

El fundador en 1909 de la marca, Ettore Bugatti, no habría desaprobado el reto de Ferdinand Piëch: nada lo destinaba a convertirse en un gran nombre de la mecánica. Nacido en Milán en 1881 en una familia de artistas, su abuelo es escultor, su padre es un ebanista reputado; además, su tío es un pintor de renombre y su hermano Rembrandt es un gran escultor animalista.

Ettore se inscribe de entrada para estudiar Bellas Artes en Milán, porque su padre quiere que sea escultor. Pero un flechazo cambia su destino. Durante una estancia en París, un Ettore adolescente descubre esas extrañas máquinas ruidosas y humeantes que reciben el nombre de «coches sin caballos». «¡Ese día me convertí en un fanático de los coches!», escribió más tarde.

Esto genera un escándalo en la familia. No importa, a los 17 años Ettore entra como aprendiz voluntario en la excelente fábrica milanesa de «triciclos de petróleo» Prinetti & Stucchi. Bugatti no tiene ninguna formación en mecánica y nunca la tendrá. Sin embargo, después de haber desmontado un triciclo a motor, propone a sus superiores unas mejoras técnicas muy pertinentes. Prepara un prototipo de coche con cuatro motores, unión de dos triciclos, su Type 1... Los jefes de Prinetti & Stucchi no lo apoyan. Decepcionado, Ettore abandona la empresa para construir su primer coche, el Type 2, ayudado económicamente por dos hijos de buena familia. Este coche, presentado en la Exposición Internacional del Automóvil de Milán en 1901, recibe uno de los primeros premios de la exposición. ¡Bugatti sólo tiene 20 años!

El industrial alsaciano Eugène de Dietrich, seducido por este prototipo, propone a Ettore comercializar el coche con el nombre de Bugatti-De Dietrich. Ettore es menor de edad, por lo que su padre firma el contrato de trabajo. Se producen 54 ejemplares derivados de este prototipo. Ettore Bugatti diseña entonces un coche de carreras totalmente atípico, que De Dietrich inscribe en la prueba París-Madrid de 1903. El piloto —¡el propio Ettore!— está sentado detrás de las ruedas traseras, a ras de la carretera, casi en el vacío. El aparato es tan revolucionario que los comisarios se niegan a inscribirlo: «Aquello me salvó la vida», diría más tarde. Esta loca carrera en carretera abierta no fue más allá de Burdeos y causó un total de trece muertos, entre ellos Marcel Renault, el hermano y socio del fabricante Louis Renault.

La década de 1900 fue el tiempo de los pioneros: Francia, entonces primer fabricante mundial de coches, cuenta con más de cien marcas. Ettore sólo se interesa por los coches de carreras, deportivos o excepcionales. Quiere ser fabricante, pero no de cualquier producto.

En 1909, Ettore crea por fin su sociedad. Instala su taller en Molsheim, Alsacia, a 20 kilómetros de Estrasburgo. Por primera vez, un coche lleva la marca Bugatti. Es un prototipo. Ettore coloca en él la famosa placa esmaltada de la marca. El término *Bugatti* está escrito en blanco en un óvalo rojo. Este emblema sigue presente en los Veyron y los Chiron modernos.

En 1910 se comercializan por primera vez los Bugatti (los Type 13). Estos vehículos trastocan todas las ideas preconcebidas en esa época. En efecto, por aquel entonces, los fabricantes sólo apuestan, erróneamente, por el peso. El modelo Type 13, en cambio, es extremadamente ligero, lo cual le confiere una adherencia extraordinaria en carretera. Con su pequeño motor, también muy eficaz, el Bugatti planta cara a monstruos diez veces más potentes. En 1921, Bugatti triunfa en el Gran Premio Automovilístico de Italia en Brescia: cuatro Type 13 se clasifican en los cuatro primeros puestos y reciben el apodo de «Bugatti Brescia». Se fabricarán dos mil Bugatti Brescia en la fábrica ampliada de Molsheim, de la que Ettore ha diseñado los planos, el utillaje, las máquinas-herramientas e incluso los tornos. Los Brescia, por su eficacia, lanzaron la leyenda Bugatti. Hay un detalle que muestra la importancia de este modelo: la firma de Ettore Bugatti está grabada en los motores del Type 13, ¡como si se tratara de una escultura!

En su vida, Ettore Bugatti construyó menos de 8.000 Bugatti, en comparación con los 80 millones de coches construidos cada año en el mundo. Pero los Bugatti (elevados hoy al rango de obras de arte) y el personaje de Ettore Bugatti son tan especiales que los rodea un verdadero culto. Los fanáticos de Bugatti crearon clubes en una veintena de países, incluso en vida de Ettore. El club inglés, el Bugatti Owners Club, se fundó en 1929, el club suizo en 1935, los clubes alemán y neerlandés en 1956, el estadounidense en 1960 y el francés en 1967. En Japón, Noruega, Dinamarca y Rusia, existen clubes de propietarios o admiradores de los Bugatti incluso desde antes de la guerra.

¿Por qué tienen esta aureola? En sus memorias, el actor Jacques Dufilho (1914-2005), gran aficionado a los Bugatti que poseyó seis ejemplares, esboza una respuesta: «Bugatti es como adherirse a una religión o descubrir una nueva forma de arte», escribe. «Cuando se ha conocido Bugatti, se ha encontrado el genio y la aristocracia del automóvil». Una pasión que raya en la adicción: «Bugatti es una pasión devoradora. La conducción de un Bugatti no se parece a ninguna otra. Se oye latir el corazón de la máquina. Es una sensación propia de Bugatti».

Para los conocedores, Ettore Bugatti alcanzó la cúspide de su arte con el Type 35, uno de los coches más míticos de todos los tiempos. El Type 35 es un coche de carreras «que permite circular por ciudad durante la semana y ganar grandes premios el domingo». No estamos muy lejos del pliego de condiciones establecido por Piëch. Entre 1924 y 1931, los Bugatti 35 dominaron todas las competiciones nacionales e internacionales. En su palmarés acumula dos mil victorias, un récord absoluto en este momento. El Bugatti 35, estimado en diez veces el precio de un Peugeot o un Renault para el gran público, sólo con 343 ejemplares fabricados, es actualmente el santo grial de los coleccionistas del mundo entero..., hasta el punto de que, un siglo después de su creación, se fabrican copias casi idénticas, sobre todo en Argentina, con la marca Pur Sang.

Es destacable que el Bugatti 35, obra maestra estética y mecánica, rozaba los 200 km/h, en una época en la que la gente corriente circulaba a 60 km/h.

Ettore Bugatti, personaje carismático, arrollador, fuera del tiempo y de la normalidad, algo excéntrico, vivía a todo tren, a veces más allá de sus posibilidades: disponía de un castillo en Molsheim y en Ermenonville, cerca de París, con su caballeriza y caballos purasangre, perros de caza, hotel privado para alojar a sus clientes, chalet en la Costa Azul, apartamento burgués en la calle Boissière, en el distrito 16 de París, mesa abierta con los grandes de este mundo, reyes, príncipes, artistas e industriales... Héroe de una época pasada, Bugatti era un artista, inventor y fabricante prolífico y genial. En él, ningún límite material frenaba su amor por lo bello. Su credo: «Nada es demasiado bello, nada es demasiado caro».

Su familia, sus trabajadores, sus clientes, los periodistas y el público lo llamaban «el patrón». Era un homenaje. También era el amigo de la realeza, como el rey de Bélgica Leopoldo III, un cliente fiel, y el rey de España Alfonso XIII.

Adepto de la perfección, Bugatti también quiere fabricar «el coche de las excelencias». Es el famoso Royale. Todo resulta desmesurado en él: el motor de ocho cilindros en línea de 12.750 centímetros cúbicos, las ruedas de 1 metro de diámetro, el chasis de 3 toneladas, la velocidad de 200 km/h y el precio, que es cincuenta veces el de un coche ordinario. ¡El Royale es, sin duda, en este momento, el coche más caro del mundo!

Por desgracia, llega en un mal momento, en plena crisis financiera de 1929. Incluso pone a Bugatti al borde de la quiebra. Aunque se esperaba vender veinticinco Royale, finalmente sólo vende tres..., y ninguno a un monarca. Este modelo es una obra maestra perfecta, pero también un fracaso total.

Después del Royale, Ettore busca nuevos terrenos de juego para salir adelante. En 1932, imagina automotores ultrarrápidos, propulsados por cuatro motores del Royale. Estos devoradores de gasolina circulan a 174 km/h. Gracias a sus relaciones políticas, Ettore consigue vender ochenta y ocho a los ferrocarriles franceses, donde estos automotores Bugatti estarán en servicio hasta 1958.

Pero este respiro no es suficiente. Cuando el Frente Popular llega al poder, en 1936, Ettore no comprende la presencia de piquetes de huelga y banderolas hostiles en su fábrica. Despechado, se retira a París y confía la dirección de la fábrica a su hijo Jean, de sólo 27 años. Jean es apreciado en el entorno de trabajo y empieza como aprendiz en la fábrica familiar. Como su padre, es un diseñador de talento, al que debemos sublimes carrocerías que han dejado huella, como las del Aérolithe y el Atlantic, con aspecto de aviones de caza...

En 1934 presenta su creación, el Type 57, quizá el más conseguido de los Bugatti. Un coche muy eficaz y seguro, que puede transportar cómodamente a cuatro personas a más de 150 km/h en versión turismo. Las versiones deportivas o de carreras superan los 200 km/h de velocidad.

El modelo 57, del que se producen 685 ejemplares, gana las 24 Horas de Le Mans en 1937 y 1939. El 57 habría podido salvar Bugatti..., pero finalmente es fatal para Jean. La noche del 11 de agosto de 1939, en una carretera nacional cercana a Molsheim, éste efectúa una prueba al volante del Type 57, que acababa de ganar las 24 Horas de Le Mans. Dicen que circulaba a 230 km/h. Unos colaboradores de la fábrica y su hermano pequeño, Roland, habían cerrado al tráfico la carretera, pero un ciclista aparecido de la nada surgió ante los faros. Jean dio un volantazo y se salió de la carretera. Murió en el acto. Tenía 30 años.

Ettore pierde a su hijo, a su doble, a su cómplice, a su sucesor. Nunca se recuperará de este duro golpe. Tres semanas más tarde, estalla la Segunda Guerra Mundial... Los alemanes invaden Alsacia y requisan la fábrica Bugatti. Se fabrican torpedos y vehículos militares. Ettore Bugatti se niega a colaborar e instala sus talleres en Burdeos. Sus pilotos de carreras, entre ellos Robert Benoist y Jean-Pierre Wimille, vencedores en las últimas 24 Horas de Le Mans, entran en una red de resistencia. Benoist se dejará allí la vida...

Ettore Bugatti fallece en París el 21 de agosto de 1947, a los 66 años. En 1951, su hijo menor, Roland, de 25, intenta relanzar la marca con un colaborador histórico de la fábrica, el expiloto Pierre Marco. Es el momento de los coches populares, lo que los aboca al fracaso. Todas las grandes marcas francesas desaparecen una después de otra: Delage, Delahaye, Voisin, Hotchkiss, etc. Bugatti no escapa a la criba. En 1963, la fábrica y la marca Bugatti se venden a Hispano-Suiza, que ya no fabrica coches desde 1938, sino piezas para la aviación...

Sin embargo, para los aficionados adinerados, Bugatti sigue siendo un fantasma. En 1987, un industrial italiano, Romano Artioli, adquiere la marca. Construye una fábrica ultramoderna cerca de Módena, feudo de los Ferrari, Maserati y Lamborghini. Con los mejores ingenieros del momento, diseña el EB 110, un coche de deporte extremo, equipado con un motor de doce cilindros de 3,5 litros, con cuatro ruedas motrices. La acogida es excelente entre los aficionados. El campeón de Fórmula 1 Michael Schumacher compra uno de color amarillo en 1994. Pero la crisis económica pone fin a la «aventura Artioli», que termina con una declaración de quiebra en septiembre de 1995.

Poco tiempo después, el grupo alemán Volkswagen entra en escena. El nuevo propietario, con un espíritu fiel al original, opta por hacer revivir la marca en sus tierras históricas de Molsheim y compra el castillo Saint-Jean, donde Ettore recibía a sus huéspedes. Construye allí una nueva fábrica, con los mejores adelantos en tecnología. Los nuevos modelos, denominados Veyron y Chiron, el nombre de los pilotos que llevaron a la gloria a Bugatti antes de la guerra, seducen a los clientes en el mundo entero. Son los más rápidos, los más avanzados técnicamente y los más caros del mercado. La magia Bugatti vuelve a actuar. El recién llegado, llamado Tourbillon, está propulsado por un motor híbrido de dieciséis cilindros cuya sonoridad perpetúa la huella de esta legendaria marca.

C

Calidad

«Si este hombre dice no, es no.» Renault decide transmitir el mensaje con una publicidad que presenta, en una oficina austera, la silueta de un ejecutivo en traje oscuro, con las manos a la espalda. Es un mensaje de autoridad. Estamos en 1988. Ante los problemas de fiabilidad recurrentes de sus modelos, la empresa nacional, dirigida en la época por Raymond Lévy, aborda de frente el problema. Pierre Jocou, el recién nombrado director de calidad, se encarga de lanzar un plan de «calidad total». Lo inédito son los poderes que se le dan. Si lo considera necesario, puede interrumpirse el lanzamiento de un nuevo modelo para hacer mejoras antes de que sea demasiado tarde. Apenas nombrado, Pierre Jocou pasa a la acción y retrasa varios meses el lanzamiento del R19. Se enemista con mucha gente en la empresa, pero goza del apoyo incondicional de su presidente. En el mismo momento, este último firma personalmente un manifiesto de seis puntos que sensibiliza cada oficio, cada eslabón jerárquico de la empresa. «La calidad total es nuestra prioridad —escribe Raymond Lévy—; condición determinante de nuestro éxito, inspira nuestros comportamientos y nuestra manera de trabajar juntos, y estructura nuestra organización. Cada uno de nosotros, tanto individualmente como en grupo, en su oficio, en sus decisiones y en sus actos, debe imponerse la ausencia de errores desde el principio. Cada uno de nosotros es a la vez proveedor y cliente en nuestra empresa y se compromete a asumir los derechos y los deberes. El reto de nuestros esfuerzos es el éxito de nuestra empresa: sus resultados son la medida.»

Es un giro esencial en la historia de Renault. En muchos sentidos, podría retomar las palabras de mi predecesor. Porque el combate por la calidad nunca termina. Es cierto que se han hecho progresos considerables desde 1988. Tanto en Renault como en todos los grandes sectores del automóvil. Pero la amenaza de una recaída sigue presente. Recientemente, varios modelos lanzados por fabricantes europeos han tenido problemas que han obligado a algunos de sus compradores a volver rápidamente a los concesionarios. ¡Esto es algo inaceptable!

Por lo tanto, debemos redoblar los esfuerzos para acercarnos al máximo al campeón incontestable en este ámbito, el japonés Toyota. Ya todos hemos importado a nuestras fábricas los principios del Toyota Production System (TPS). Este sistema basado en el *lean management* es doblemente beneficioso. Reduce los costes, limitando a la vez el despilfarro de materiales, y los errores de fabricación. Lo «bueno desde el principio» se convierte en la regla. Al aumentar la robotización, se han suprimido los stocks entre las diferentes cadenas de producción, así como las reparaciones al final del ciclo, un valor no añadido. Antes, Renault había creado una fábrica de retoque, cuya misión era eliminar los defectos a la salida de la cadena, pero la fábrica se cerró en 1992.

En 1986, el consultor nipón Masaaki Imai, que desempeñó un papel importante en la organización del trabajo en Toyota, teorizó sobre este enfoque con su concepto de *kaizen*, convertido en el mantra de los industriales del mundo entero. *Kai* significa «cambio», y *zen*, «lo mejor»: «El cambio para lo mejor». Concretamente, esto quiere decir que la cultura de la mejora permanente prevalece sobre todas las demás. Como consecuencia, el oficio de director de calidad también cambia de naturaleza. Puesto que está integrado en cada acto, en cada etapa del proceso de fabricación, ya no se trata de controlar la calidad, sino de construirla. *Work in progress!*

China

Basta con pasar unos días en Shanghái para darse cuenta de la revolución que está en marcha. En las calles, los coches completamente eléctricos y *made in China* son omnipresentes. Están dotados de un software muy innovador, y he podido valorar hasta qué punto van una generación por delante respecto a la competencia mundial. Se han lanzado varias decenas de marcas locales a este mercado gigantesco de 1.400 millones de habitantes. BYD, Great Wall Motors, XPeng, SAIC, Nio, Geely... Son nombres poco o nada conocidos en Europa, pero esto puede cambiar con rapidez: los fabricantes chinos han decidido exportar sus modelos a todo el mundo y Europa es claramente uno de sus objetivos prioritarios.

Hemos tardado tiempo en darnos cuenta. En veinte años, China se ha dotado de una industria automovilística muy potente que ocupa, a una gran distancia, el primer puesto mundial. Produjo 25,3 millones de coches en 2023, claramente por delante de Europa (12,8 millones) y Japón (7,7 millones). Hace poco más de veinte años atrás, en 2000, sólo fabricaba 2 millones. ¡Menudo salto adelante! Ahora aumenta sus exportaciones. Ha superado a Japón y Alemania en los mercados mundiales, y sus ventas fuera de China deben de estar cercanas a los 4 millones de unidades en 2023, es decir, un millón más que en 2022. Y, de estas ventas, los coches eléctricos ya representan una cuarta parte del total. Es cierto que estas cifras se ven potenciadas por Tesla: la empresa de Elon Musk inunda los mercados mundiales con Model 3 fabricados en la gigafactoría de Shanghái, abierta el 30 de diciembre de 2019. Pero las marcas chinas le siguen los pasos, sobre todo en Rusia, abandonada por los europeos después del establecimiento de las sanciones occidentales. China es actualmente el campeón indiscutible de los coches limpios. Por lo tanto, está en la posición ideal para aprovechar las nuevas normas aplicadas en Europa, que prevén la desaparición de los motores de combustión en 2035.

¿Cómo se ha llegado a este punto? En realidad, el auge de esta industria pone de manifiesto de manera ejemplar la capacidad del gigante comunista de apropiarse de una experiencia, de que se desarrolle y transformarla después en un arma de conquista económica. En el caso del automóvil, el país ha puesto todas sus fuerzas en la batalla por preparar y lanzar su ofensiva. Y el paso a la electricidad es una oportunidad, porque baraja las cartas y facilita la entrada de nuevos actores en el mercado.

La historia empieza a principios de la década de 1980, con la apertura del país decidida por Deng Xiaoping. Los fabricantes de automóviles del mundo entero acuden para ofrecer automóviles a los consumidores chinos, que se cuentan con rapidez por cientos de millones. Pero el tercer país más grande del mundo dicta sus reglas: para vender, hay que producir en el lugar, en el marco de alianzas comerciales con socios locales. También impone el establecimiento de sectores de aprovisionamiento de piezas de recambio con subcontratistas chinos. Por lo tanto, los mejores fabricantes de equipos acompañan el movimiento y también se establecen en el país. El sistema funciona muy bien hasta los años 2015-2020. Atraídos por la oportunidad, los grupos extranjeros apuestan a fondo por China: construyen fábricas modernas que funcionan con robots, una organización y una logística que han demostrado su eficacia en otros lugares. Aunque hay algunos fracasos, todo el mundo se beneficia, principalmente los japoneses y los alemanes. Cuando llegué a Volkswagen en 2009, la filial china representaba los dos tercios de los beneficios de la empresa. En la euforia reinante, nadie se da cuenta de que los socios locales aprenden deprisa, muy deprisa. China, fábrica del mundo, no se prohíbe nada. Quiere ser autónoma en todos los ámbitos. Por lo tanto, decide fabricar sus aviones, sus TGV y sus coches. El mercado es tan amplio que nadie encuentra ninguna oposición.

Cuando llega al poder en 2012, Xi Jinping aporta una contribución decisiva a un país totalmente bajo control. Decreta la movilización general en favor de la soberanía económica y la innovación con motivo de su reelección en 2017. Sus deseos se cumplen. El Estado y los bancos financian masivamente la industria del automóvil. La idea es lanzar al mismo tiempo cincuenta pirañas a la piscina y que las seis o siete que sobrevivan se conviertan en campeonas mundiales. Además de la afluencia de dinero, estas empresas se aprovechan de estar incluidas en el conjunto de las tecnologías punta desarrolladas por los industriales de la electrónica destinada al gran público y las telecomunicaciones. Los chinos comparten sus logros: establecen con rapidez estándares que permiten que cada actor que lo desee pruebe suerte. Avanzan en grupo, cuando los europeos siguen funcionando como lobos solitarios. El paso a la electricidad favorece, e incluso estimula, esta capacidad de hacer converger los oficios y a los industriales. El software y la electrónica se vuelven esenciales en el diseño de los nuevos coches, mientras que la experiencia que permite elaborar buenos motores de combustión, auténtica barrera de entrada hasta el momento, está destinada a desaparecer. Por no hablar de las baterías, que se benefician de las investigaciones efectuadas por los fabricantes de teléfonos móviles. Un dato interesante: Huawei y Xiaomi, dos mastodontes de la tecnología, se han lanzado a fondo a la batalla presentando modelos muy eficaces. El segundo incluso proyecta invertir a gran escala en los próximos diez años para desarrollar una gama de coches.

Una de las grandes fuerzas de China es que sabe industrializar todas las innovaciones que se presentan. En esta carrera por la supremacía eléctrica, los chinos han sido muy ingeniosos. Han puesto todas las bazas de su lado, desde las materias primas hasta las tecnologías, pasando por la mano de obra y la clientela locales. Por lo tanto, han ido por el camino correcto antes que nosotros, los occidentales, lo cual les da una amplia ventaja. Por supuesto, tienen deficiencias: para empezar, no siempre se sienten cómodos fuera de su país. Con la excepción notable del Club Med y Volvo, pocas empresas de las que han comprado en Europa funcionan realmente bien. En especial, les cuesta comprender los comportamientos de los consumidores de los demás países. Pero la máquina ya avanza a gran velocidad. ¿Cómo detenerla? ¿Hay que cerrar la puerta, como han decidido hacer los estadounidenses bajo el impulso de Donald Trump o, al contrario, abrirla? Como no creo en el proteccionismo, pienso que sería preferible que selláramos acuerdos con los fabricantes chinos para que se establecieran en Europa en un marco controlado por nosotros. Esto nos ayudaría a ponernos lo más rápidamente posible a su nivel. A medio y a largo plazo, la descarbonización de los transportes se hará con China, no contra ella.

Cine

La historia de amor más bonita del cine es la que tuvo con el automóvil. Romántica, con el Ford Mustang en *Un hombre y una mujer*; tierna, con el Volkswagen en *Ahí va ese bólido*; ardiente, con el Porsche en *Top Gun: Maverick*; celosa, con el Alfa Romeo 2600 Spider en *El desprecio*; brutal, con el Falcon XB en *Mad Max*. Y, sobre todo, una historia de amor de una longevidad excepcional. Ciento veinticinco años, ¿quién da más? El romance empezó en 1899 con una peliculita de Georges Méliès, *Automobilisme et Autorité*. Es la historia de dos payasos que, después de hacer unas fechorías, se dan a la fuga en un automóvil. Se trata de la primera persecución del séptimo arte. La aventura continuó con *Enlèvement en automobile et Mariage précipité*, dirigida en 1903 por Alice Guy, la primera mujer que sostuvo una cámara cinematográfica. Después, con las películas de Buster Keaton, Charlie Chaplin y Laurel y Hardy, en las que el Ford T tenía un papel principal. A partir de ahí, surgió «¡Motores, acción!». El coche invadió las pantallas y se convirtió en una estrella. Supo desempeñar todos los papeles: sexi, modesto, burlesco o pícaro. En el cine no hay objetos ni accesorios que tengan tanta alma como él, ninguno ha inspirado tantos guiones. Un director de talento puede elevar cualquier modelo al rango de icono.

Tomemos el 2 CV, sublimado por *El loco, loco mundo del gendarme*, en 1982. Lo conduce sin miramientos una religiosa, con la cofia al viento. Acabará la loca carrera completamente destrozado, con solamente dos ruedas delante, un par de asientos, el volante y el motor a la vista. Casi una obra de arte. El *deuche* también encontró su destino en *Los visitantes*, *La bella americana*, *Sólo para sus ojos*... En total, más de ciento cincuenta largometrajes. Merecería el Óscar honorífico, que recompensa al conjunto de una carrera. Y el 406..., modelo poco mimado por la vida y por los diseñadores de Peugeot, que, sin embargo, lo vimos superarse en la serie de películas *Taxi* producida por Luc Besson. Éste es el coche de la gente corriente convertido en culto, acicalado con alerones, tomas de aire laterales y ruedas pivotantes. Así reforzado, circulaba a una velocidad infernal por las calles de Marsella. Por necesidades del rodaje, se necesitaron varios 406. Uno de ellos tenía un segundo volante para que un doble, en las escenas más arriesgadas, condujera en lugar del actor principal, Samy Naceri. La saga atrajo a un total de 31 millones de espectadores, para los que la estrella probablemente era tanto el Peugeot como los excelentes actores que lo rodeaban. ¿Un coche capaz de hacer sombra a los actores? No estamos muy lejos de ello con el Ford Gran Torino de la serie mítica *Starsky y Hutch*. Nada lo predestinaba a representar casi el papel principal. Su éxito comercial era halagador, pero arrastraba una reputación de falso coche deportivo, sin demasiado carácter. El creador de la serie no lo quería en un principio y prefería el Chevrolet Camaro, mucho más glamuroso. Pero la empresa productora estaba ligada por un contrato de alquiler con Ford e impuso el Gran Torino. Para hacerlo menos utilitario, se le administró un tratamiento de choque: neumáticos extraanchos, tren trasero sobreelevado, gran franja blanca sobre el rojo de la carrocería. Incluso así modificado, el actor de Starsky lo despreció abiertamente. Además, le parecía ostentoso y, por lo tanto, incompatible con el supuesto trabajo de dos polis de patrulla. Un día, lo llamó «tomate con rayas». El nombre persistió, pero no importa, porque el éxito de la serie fue extraordinario. Hasta el punto de que Ford comercializó, en 1976, una serie especial, réplica del coche de los dos policías. Sus aventuras, llenas de derrapes y de vueltas de campana, consumieron ocho ejemplares de Gran Torino. El actor que interpretaba a Starsky confesó más tarde que, por antipatía, los había maltratado.

Las estrellas más importantes a veces necesitan un coche para elevarse a la cima de su arte. ¿Podemos imaginar a Louis de Funès sin un ID 19, un 2 CV o un Rolls a los que martirizar? Su irascibilidad cómica se desarrollaba en su pésima manera de conducir. Sus adelantamientos con cortes de manga y sus muecas al volante son legendarias. Su tendencia a destruir los coches también. Sobre todo, los DS. ¡Ah, los DS! Este modelo es la verdadera encarnación de Francia en el cine, donde tiene una presencia muy intensa: volador en *Fantomas*, flotante en *Las locas aventuras de Rabbi Jacob*, brioso en *Grandes vacaciones*, intimidador en *El clan de los sicilianos*. El DS también era el niño bonito de los dobles y se prestaba a las acrobacias más increíbles. Rémy Julienne, a quien Claude Lelouch llamaba «el Einstein de las escenas de riesgo», sentía un afecto especial por él. En 2021, poco antes de su desaparición, contó cómo se le había ocurrido la idea de «decapitar» los DS, es decir, de cargarse todo lo que sobrepasara las portezuelas. Un día de invierno, cuando circulaba a 130 km/h para llegar a un rodaje, surgió de la niebla un paso a nivel cerrado. Imposible detenerse a tiempo, el Citroën se cargó la barrera. «¡Tuvimos el tiempo justo de agacharnos, el coche quedó literalmente decapitado!» Poco tiempo después, Rémy Julienne reprodujo esta figura en *Vísteme con flores y fórrame de dólares*, de Georges Lautner. Después hubo muchas decapitaciones y no sólo de los DS.

Otra referencia en el mundo de las escenas de riesgo es, en mi opinión, la película *Bullitt*, estrenada en 1969. Como protagonistas, Steve McQueen, de teniente de policía, y su Ford Mustang GT390, que persiguen al Dodge de los bandidos. La persecución por las calles en tobogán de San Francisco, cerradas para la ocasión por las autoridades, dura diez minutos y cincuenta y tres segundos. Un récord raramente batido después, que inspiró a decenas de directores. McQueen, fanático del deporte automovilístico, impuso esta carrera insensata. Quería ofrecer al espectador una experiencia inédita. Sin diálogos, sin música, sin trucajes, con ruido, brutalidad y velocidades de 170 km/h en plena ciudad. El V8 se modificó para aumentar el par de bajo régimen y favorecer el *reprise* fulgurante. Unos años más tarde, el director de *French Connection*, William Friedkin, se lanzó al reto de superar *Bullitt*. Contrariamente a Steve McQueen, no obtuvo autorización para rodar en las calles. Decidió dejarlo y filmó en un Nueva York «normal», lo cual era una pura locura. El Pontiac LeMans, equipado con tres cámaras, circuló a 130 km/h por veintiséis manzanas de edificios, saltándose los semáforos rojos sin ningún control de la circulación. Un accidente que se ve en la película no estaba previsto. El mismo William Friedkin sujetaba la cámara detrás del hombro del conductor, porque no quiso que su director de fotografía se arriesgara. En su autobiografía confiesa «el agotamiento y el terror» que lo invadieron cuando bajó del coche: «Habíamos puesto nuestras vidas en peligro, era consciente de ello. Nunca lo volvería a hacer ahora». *French Connection* ofrece otro momento antológico que no me canso nunca de ver: el desmantelado meticuloso de un Lincoln Continental Mark III para encontrar la droga que tiene oculta. Friedkin resumió su pasión: «La persecución es el cine en estado puro». Se podría decir lo mismo de la *road movie*, que constituye el lugar de comunión por excelencia de un actor, una cámara y un volante. *Bonnie and Clyde*, *Easy Rider*, *Corazón salvaje*, *Thelma y Louise*..., todas obras maestras, por supuesto, a las que añadiría *La escapada* (*Il sorpasso*), de Dino Risi, estrenada en 1962. Una película italiana, de un género archidominado por los estadounidenses, es algo excepcional. Pone en escena el enfrentamiento entre Vittorio Gassman y Jean-Louis Trintignant a bordo de un sublime Lancia Aurelia descapotable en la carretera que une Roma con la costa toscana: ciento cinco minutos de pura y auténtica Italia. Estimo que se necesitarían al menos 380.000 euros para revivir hoy estas emociones en un modelo idéntico bien restaurado...

También le debemos al cine las escenas más bellas de circuitos y los duelos más intensos entre pilotos de leyenda. *Grand Prix* (1966), *Rush* (2013), con James Hunt en un McLaren contra Niki Lauda en un Ferrari; *Días de trueno*, con Tom Cruise; *Le Mans 66*, con Ferrari contra Ford... Y tantas otras. Me doy cuenta de que no se me ha pasado por la mente ni por un instante de forma espontánea una película negativa o revanchista sobre el automóvil. Así que busco un poco en mis recuerdos y encuentro *Tráfico*, de Tati, una sátira del mundo moderno, pero sin mala intención; y *El gran atasco*, película muy virulenta, pero con mucho talento.

No, realmente el cine adora al coche y éste se lo agradece. Como dice uno de los personajes de *Pulp Fiction*, después de que se hayan vaciado unos cuantos cargadores: «Qué vileza tomarla con los coches».

De hecho, ¿en qué circulaba Louis de Funès? La mayoría de las veces, en un R6. No le gustaba el lujo y dejaba su magnífico Jaguar MK2 en el garaje.

Cinquecento

La historia del Cinquecento es un poco el romance de Italia. El coche que los italianos llamaron «*il Cinquino*» o «*la piccola grande vettura*» («el pequeño gran coche»), y los franceses, «*le pot de yaourt*» («el bote de yogur»), empezó su carrera en 1957 y se desarrolló durante los Treinta Gloriosos, antes de desaparecer a principios de la década de 1970. Fue el inicio de un largo eclipse: hubo que esperar al año 2007 para que el Fiat 500 renaciera por fin. Uno de mis mayores orgullos profesionales es haber demostrado, dirigiendo este proyecto audaz, que el ocaso de la industria automovilística italiana no era una fatalidad. El microcoche italiano experimentó altibajos, pero entró, con este retorno exitoso, en el pequeño club de los vehículos que han marcado la industria automovilística mundial.

Todo empieza en el año 1930. Cuando el dictador Benito Mussolini llega al poder en 1922, se hace muy amigo de Giovanni Agnelli, fundador, en 1899, de la Fabbrica Italiana Automobili Torino (Fiat). Apasionado por los coches e impresionado por el éxito del Ford T al otro lado del Atlántico, el Duce le pide al industrial que diseñe un coche pequeño popular para su pueblo. Incluso le fija un precio máximo de 5.000 liras, el salario anual de un obrero de Fiat. Agnelli obedece con mucho gusto. En verano de 1931, un prototipo de cuatro plazas dotado de un motor de dos cilindros situado en el frontal del auto sale de la fábrica de Lingotto en Turín. Pero una fuga de gasolina provoca un incendio durante la prueba inaugural. Giovanni Agnelli y su diseñador, el ingeniero Oreste Lardone, que están a bordo, bajan precipitadamente del vehículo. Furioso, el empresario entierra este primer proyecto. Ya no quiere saber nada de la tracción delantera y Lardone es despedido. La oficina de proyectos de Fiat se pone a trabajar de nuevo, pero le cuesta dar con un proyecto diferente. Mussolini, que concede mucha importancia al éxito de su industria automovilística, sigue en sus trece. Durante una visita a la fábrica Fiat en octubre de 1932, repite su petición a Agnelli, que hace prosperar a su grupo gracias a la benevolencia del poder. Para que nazca un coche, hay que encontrar a un creador. En este momento, entra en escena un joven ingeniero, Dante Giacosa, que acaba de trabajar en el desarrollo del Fiat 508 Balilla. Diseña una versión reducida de este modelo, que supera todas las etapas del control de calidad. Después de largas pruebas, el Fiat 500-A se presenta en el Salón de Turín en junio de 1936. El Topolino es más caro de lo previsto, 8.900 liras, pero tiene un gran éxito para la época. Es cierto que la guerra ralentiza su progresión, pero las ventas aumentan de nuevo después de 1945. Una versión B, un poco más potente, llega al mercado en 1948, seguida con rapidez de una «C» reconocible por su calandra cuadrada. El diseño se exporta a otros países. En Francia, Simca lo ensambla y lo vende con el nombre de Simca 5 y, después, de Simca 6. También se fabrica en Alemania y en Polonia.

Giovanni Agnelli, que se ha mantenido un tiempo apartado debido a su relación con el poder de Mussolini, vuelve al trabajo. Por su parte, Dante Giacosa sube de categoría en la empresa. Es nombrado responsable de la oficina de proyectos de Fiat. Primero crea el Fiat 600, en 1955, que tendrá un gran éxito: se trata del modelo que democratiza el mercado del automóvil en Italia. Acto seguido, saca el Nuova 500, más pequeño que el 600, en 1957. En un primer momento tiene un éxito moderado. Este 500, muy pobre en equipamiento, únicamente dispone de dos asientos y un pequeño motor muy renqueante. Le cuesta encontrar su público. Los ingenieros de Fiat son conscientes de ello y aportan rápidamente varias mejoras para potenciar su eficacia y su comodidad. Se lanza una versión deportiva en 1958 y otra versión añade el techo corredizo en 1959. Poco a poco, recupera su retraso. Sin embargo, hay que esperar a la versión L, comercializada en 1968, para que las ventas despeguen. El interior está más cuidado y los asientos por fin son mullidos. En poco tiempo, el 500 se convierte en el segundo coche de las familias italianas. Seduce a los jóvenes y, sobre todo, a las mujeres. Los maridos tienen un Alfa Romeo o un Lancia y sus compañeras circulan en Fiat 500. Diez años después de su lanzamiento, el 500 triunfa al fin. Sólo durante el año 1970, Fiat registra 407.365 pedidos de su nuevo modelo. Pero pierde fuelle a mediados de la década de 1970. El fabricante turinés decide dedicarse a otro asunto. El último Cinquecento sale de la fábrica de Palermo, en Sicilia, en agosto de 1975. La idea de los directivos de la empresa es sustituirlo por el Fiat 126, cuya carrera empezó en 1972. El equipo de Dante Giacosa desarrolla este modelo, que toma como referencia los elementos básicos del 500, pero con una carrocería radicalmente diferente. Pero no dejará la misma huella.

Empieza un período complicado. También comienzan las dificultades de Fiat. Los dirigentes del grupo piensan varias veces en resucitar el 500. En 1991, una versión con formas cuadradas fabricada en Polonia acaba por llegar al mercado. Es un fiasco estético que lógicamente resulta un fracaso. En mi opinión, no merece el nombre de Fiat 500. Un poco por todas partes, la lluvia de ideas está en su apogeo. En 1992, el estudio de diseño Zagato diseña el Fiat 500 Z-Eco, un coche multimodal cuyo habitáculo más estrecho se reduce a dos asientos (uno delante y otro detrás), lo cual deja lugar para transportar una bicicleta en el lado que queda libre. Sin duda, la idea es demasiado audaz y no progresa.

Cuando ocupo el cargo de director general de la marca en 2004, al lado de Sergio Marchionne, el carismático jefe del grupo, solicito ver todos los proyectos que han quedado en el aire. Entre ellos, se encuentra el de un vehículo conceptual presentado en el Salón de Ginebra en marzo de 2004. Su nombre es Trepiuno (contracción de «3+1» en italiano). La idea es que se pueda transportar a cuatro pasajeros en una configuración inédita de tres asientos más uno. Pensado por Roberto Giolito, su diseño muy simpático recuerda al del 500. Esto me confirma en la idea de lanzar un nuevo Cinquecento. Pero primero tengo que convencer de la calidad del proyecto a la empresa. No es tarea fácil, aunque Marchionne se muestra favorable. Al principio, no quieren concederme los medios necesarios y tengo que batallar para lograrlos. A menudo se atribuye la paternidad de un nuevo modelo a un diseñador. Pero también hay que encontrar el dinero que permitirá lanzarlo. En este caso, yo fui quien lo hizo, pues conseguí desbloquear la situación cambiando el posicionamiento del coche. En Fiat, todo el mundo lo destinaba a una posición en la parte más baja de la gama, por debajo del pequeño Panda. Siguiendo el ejemplo del Mini relanzado con éxito por

BMW en 2001, opto por un posicionamiento de gama mucho más alta. El 500 utiliza la plataforma del Panda, pero se vende más caro que el Punto, un modelo situado en el mismo segmento que el Renault Clio. Más redondo, muy cómodo y bien equipado, justifica su precio.

El lanzamiento es un gran éxito. El presidente del Consejo de Ministros de Italia, Romano Prodi, y al menos seis ministros asisten a la gran velada que organizamos en Turín el 4 de julio de 2007. Para Italia, el símbolo es potente: se presenta medio siglo exacto después del 500 anterior. ¡Es una situación muy extraña, ya que Canal 5, la principal cadena del grupo de televisión privada Mediaset, propiedad de Silvio Berlusconi, retransmite el acto durante ochenta minutos en directo y en horario de máxima audiencia! El servicio de Correos italiano, por su parte, celebra también este regreso con la emisión de un sello. En las calles de Turín, los coleccionistas del antiguo Cinquecento, que se han reunido por centenares con su modelo de época, hacen cola para comprarlo.

Si el coche se gana de inmediato la simpatía del público es porque se asocia al período feliz de los Treinta Gloriosos y a la *dolce vita*. El diseñador italiano Giorgetto Giugiaro habla de «una nostalgia positiva». Las expectativas son muy fuertes: se disparan los pedidos y se registran 25.000 antes de que el modelo llegue a los concesionarios.

Cuando me marcho de Fiat en 2009 para ocupar el puesto de director de marketing del grupo Volkswagen, sé que hemos superado el reto. La tercera vida del pequeño coche preferido de los italianos será larga. De hecho, se han producido más de 2,5 millones de unidades desde 2007. Convertido en eléctrico, puede esperar continuar su carrera unos años más. La saga del Cinquecento todavía está lejos de haber acabado.

Circuitos

por Jean Alesi, expiloto de Fórmula 1

Para un piloto, los grandes circuitos son un poco como las cimas que un alpinista tiene que escalar al menos una vez en la vida. Son parecidos a los monumentos. ¡Mónaco, Monza o Indianápolis tienen más de cien años de historia! Cuando se está en su pista, uno siente la magia de la historia. Al avanzar en la carrera es cuando se accede a estos lugares míticos del deporte automovilístico. Los he recorrido todos. Incluso he conocido algunos que han desaparecido. He corrido, por ejemplo, en

Rouen-les-Essarts, donde gané en Fórmula 3, y en Clermont-Ferrand-Charade, que acogía el Gran Premio de Francia de Fórmula 1 en las décadas de 1960 y 1970. Este último trazado es quizá el más impresionante que he recorrido en mi vida. Nos metíamos en el bosque sin visibilidad por una carretera transformada en circuito.

Cada monumento tiene una característica. Monza es, con mucho, mi preferido. Un templo de la velocidad, que se recorría a velocidades de locura entre los muros, porque las tribunas están muy cerca de la pista. En mi época, llegábamos a los 360 km/h con nuestros coches ultraligeros. Tuve la suerte de circular por ellos cinco años seguidos en un Ferrari. El entusiasmo que había a nuestro alrededor era conmovedor. Los *tifosi* estaban allí para nosotros y querían que consiguiéramos la *pole position*, que ganáramos la carrera. En el coche, veía las banderas que se agitaban y a la gente que se levantaba a nuestro paso. Era una sensación única.

Me clasifiqué en Mónaco en segunda posición: con los Fórmula 1 de la década de 1990, era el éxtasis total para el piloto. Como Ayrton Senna, siempre me han encantado los circuitos urbanos. En el Principado, se podía jugar con los límites e incluso tocar ligeramente la valla. Nuestros coches eran más ágiles que los de Fórmula 1 actuales. Todas las curvas carecen de visibilidad, por lo que es un ejercicio muy especial. Curiosamente, al volante, no nos dábamos cuenta del aspecto de *jet set* que tiene este gran premio, porque estábamos en nuestra burbuja particular. No fui consciente de esta dimensión hasta que terminó mi carrera.

Después, me encantó Suzuka, un circuito en forma de ocho, que sube y baja mucho, e incluso se pasa por un túnel. Realmente es un circuito mágico para mí. Pero hay que tener mucho cuidado al hacerlo: el menor error puede mandarte contra la valla de seguridad después de un resbalón en uno de los numerosos espacios despejados cubiertos de hierba.

También me gustaba Montreal por su aspecto atípico y Silverstone por su encadenamiento de curvas tomadas a gran velocidad.

En cambio, contrariamente a los demás pilotos, no aprecio tanto Spa-Francorchamps. Para mí, es un circuito sobrevalorado. Es cierto que hay una curva que es muy impresionante para los espectadores y los periodistas, a la salida del famoso repecho. Los pilotos entran en ella sin visibilidad a 300 km/h. Pero no puedo aceptar que cada año haya un muerto en este lugar. Se trata de pilotos que rebotan en la carretera después de un choque y que son golpeados por otro coche. En la actualidad, ya no debería existir un circuito donde el error sea fatal.

Tampoco me gustaban mucho Budapest y Adelaida, circuitos sin gran interés, a mi modo de ver. En lo referente al pilotaje, carecían de personalidad.

Además de la Fórmula 1, conservo también un gran recuerdo de dos lugares extraordinarios, en las antípodas uno del otro. En primer lugar, Pau, a los pies de los Pirineos, cuyo trazado urbano no perdona ningún error, porque la pista está rodeada de aceras. Basta con tocarlas para doblar una rueda o romper la suspensión. Y, después, Indianápolis, al otro lado del Atlántico, en el que se entra por un gran portal y un túnel que permite acceder al centro de un estadio gigante de 500.000 plazas. En la televisión no se aprecia, pero la pista es muy estrecha y forma una especie de óvalo con cuatro curvas de 90 grados. Como la velocidad media es de 375 km/h, ¡esto significa que se llega a máximos de 400 km/h! No se tiene tiempo de mirar por el retrovisor de lo deprisa que se llega a cada curva. Los *spotters* vigilan la carrera desde lo alto de las tribunas para informarnos por radio de la potencial amenaza de un competidor. Es una locura.

Por último, como piloto nacido en Aviñón, experimento un sentimiento especial por el circuito Paul-Ricard, en el que corrí mi primera carrera y que tengo el honor de presidir actualmente. Ahí me sentía como en casa. Cuando era adolescente, iba a ver todas las competiciones que se desarrollaban en él. He corrido doscientas veces por este circuito, pero solamente gané una vez, en Fórmula 3. Allí fue donde me inicié en Fórmula 1, durante el Gran Premio de Francia de 1989 y llegué en cuarta posición. ¡Mi carrera estaba en marcha!

Circular (economía)

No hace mucho tiempo, los coches terminaban su vida en un desguace lejos de las miradas ajenas. Sólo algunos mecánicos avispados iban allí a buscar piezas de recambio a buen precio. Pero todo ha cambiado. Ahora, reviven en forma de... coches. Éste es el objetivo que se fija el sector del automóvil, lanzado hasta el fondo, como todos los protagonistas de la industria, al desarrollo de la economía circular. ¿Por qué esta movilización? En primer lugar, porque los fabricantes son grandes consumidores de materiales como el cobre, el cobalto o el níquel, cuyos yacimientos a menudo están situados en regiones de riesgo y deben protegerse. La industria automovilística ya extrae hasta el 40 por ciento del litio y el platino del planeta. Una tendencia que va a aumentar con el paso al vehículo eléctrico: entre 2022 y 2030, la necesidad de litio se multiplicará por siete. Además, el transporte de estos recursos produce emisiones de CO_2 a la atmósfera.

Francia fue uno de los primeros países que tomó conciencia de estos retos medioambientales. Antes que Alemania, que despertó en el momento del caso del *dieselgate*.

Paradójicamente, la transición energética hacia la electricidad hace más dramática la situación, porque aumenta de forma considerable las necesidades de materiales sensibles.

La buena noticia es que cada coche en circulación en la actualidad ya es potencialmente reciclable en un 85 por ciento. En Renault, esta cifra se eleva al 90 por ciento para un Scenic. Por lo tanto, los materiales pueden tener una segunda vida útil. El reto es que sean reutilizados por la propia industria automovilística. Y esto todavía no es así: cada vez que se fabrica un coche nuevo, aún se consumen entre un 70 y un 80 por ciento de productos vírgenes. Por el momento, sólo una parte de los materiales reciclados proceden de los coches. ¿Cómo se puede acelerar este proceso? Pues tardará tiempo. Hasta ahora, los fabricantes no se han preocupado del final de la vida de los automóviles. De ahora en adelante, tendrán que interesarse por eso, principalmente por tres razones. Primero, porque la reglamentación así lo requiere. La ley francesa AGEC (de antirresiduos para una economía circular), votada en 2024, y que emana de una directiva europea, impone que los empresarios que sacan coches al mercado también los retiren. A partir de ahora, será obligatorio desmontar los vehículos que, hasta el momento, acababan en los desguaces. También se obligará a dar cuenta del grado de reutilización de las piezas y, progresivamente, indicar su grado de reutilización en la producción de coches nuevos. Esto cambiará radicalmente el trabajo de la industria automovilística. En segundo lugar, porque ya no es ecológicamente aceptable abastecerse de materiales que han dado la vuelta al mundo. Y, por último, porque hay que garantizar la competitividad de los vehículos a la vez que se reduce la dependencia de zonas políticamente sensibles.

Esta ley marca una clara ruptura con la manera en que se han hecho las cosas hasta el momento: en 2022, se produjeron 11 millones de coches en Europa. En el mismo momento, 11 millones llegaron a centros de desmantelamiento. Si el trabajo se hace correctamente, los materiales deberían ser suficientes para hacer frente a nuestras necesidades. Si se reciclan en su totalidad estos 11 millones de coches que llegan al final de su vida, se podría recuperar el suficiente acero para producir 8 millones de vehículos, así como el plástico y el cobre necesario para 5 millones.

Probablemente, esto supondrá estructurar la red de desguaces. Y, sobre todo, poner en marcha incentivos que impulsen a los empresarios de este sector a vender las piezas a los fabricantes en lugar de a otros compradores. Si hacemos bien nuestro trabajo, este sector de deconstrucción deberá aumentar su competencia y tener una mejor visibilidad económica. Así, todo el mundo saldrá ganando. Para ir más deprisa, lo ideal sería que los grandes actores europeos unieran sus fuerzas para crear una especie de Airbus del reciclaje, un grupo de un tamaño más grande para hacer frente a las inversiones necesarias en Europa. Peleémonos para vender nuestros productos, pero unámonos para hacer frente a los aprovisionamientos de materiales que no se encuentran en el Viejo Continente. Si todo va bien, no es utópico pensar que pronto los componentes y los materiales reciclados representarán el 50 por ciento de un coche nuevo.

Citroën, André

A la Francia de ayer y de hoy no le faltan grandes líderes. Pero pocos reúnen tantas cualidades, diversas y, a veces, contradictorias como André Citroën. Fue un inventor visionario, campeón del marketing antes de tiempo, creador brillante, vendedor de talento, líder carismático y negociador infatigable. Su vida resume la época heroica de los primeros automóviles fabricados en serie. Tiene todos los ingredientes de una historia de Netflix: nervio, éxitos fulgurantes, celebridad, fracaso, faroles, traiciones...

André Citroën nace en París en 1878, donde sus padres, procedentes de familias judías de Polonia y los Países Bajos, se habían establecido en 1873. En 1884 sufre el primer gran golpe de su vida, su padre se suicida a causa de unas inversiones arriesgadas que le han propuesto los que luego se descubrió que eran unos estafadores. Este traumatismo forjará el carácter del futuro gran empresario: ir hacia delante para tener éxito y cultivar cierta ligereza para mantener alejados los humores sombríos. El joven André da muestras de una pasión devoradora por el progreso de la técnica y admira, como dos padres adoptivos, a Jules

Verne y a Gustave Eiffel. En el Liceo Condorcet, en el distrito 9 parisino, el futuro inventor del Traction se cruza con Louis Renault. El contraste entre ellos es total. Mientras André Citroën es brillantísimo, con un carácter alegre, muy popular entre sus condiscípulos, Louis Renault es mal alumno, taciturno, solitario y menos afortunado con las chicas. En el futuro, sus destinos no dejarán de cruzarse. Y su duelo entrará a formar parte de la leyenda de la industria francesa.

Después de sus estudios en la Escuela Politécnica, superado con facilidad, André Citroën se marcha a Polonia tras las huellas de su familia materna. Allí encuentra a un artesano muy ingenioso que ha inventado una máquina de madera para fabricar engranajes con dientes cortados en V. Citroën pronto valora su potencial y compra la patente. Esto le permite la mejora para producir las dobles espigas de acero, mucho más resistentes y silenciosas que las que se utilizaban desde hacía siglos. Con esta innovación ha nacido el futuro emblema de la marca, pero esto no basta para llenar las jornadas de este hiperactivo empresario. También se ocupa de la dirección de los automóviles Mors, en plena debacle, y los saca a flote con rapidez: 120 ejemplares fabricados al año a su llegada en 1906, 1.200 en 1914. Pero estalla la guerra y comprende de inmediato sus retos industriales. Reconvierte la fábrica de espigas para fabricar obuses. ¡Al director, que le anuncia con orgullo que puede llegar a elaborar ocho al día, le responde que hay que multiplicar esta cifra irrisoria por cinco o diez mil! En la fábrica, lo miran de manera extraña. ¿Está loco? En los Estados Mayores y en los ministerios están en la misma sintonía. Sin embargo, se mete a toda esta gente en el bolsillo, obtiene financiación pública y privada gracias al banco Lazard y compra en París, en el extremo del muelle de Javel, una docena de hectáreas de huertos y terrenos sin edificar. La maquinaria de Citroën arranca de repente. «En unas semanas», describe un testigo de la época, «donde se apiñaban pacíficas campanas de horticultura, surgirían del suelo construcciones industriales ligeras a un ritmo espectacular». El patrón, como empiezan a llamarlo, pone en práctica una idea que valora mucho: construir en una planta y evitar, en la medida de lo posible, los pisos. De esta manera se ahorran profundos y costosos cimientos, se cementa el suelo y se montan los edificios y las estructuras metálicas. Pueden instalarse las máquinas cuando los techadores todavía están trabajando. La otra ventaja de esta organización en planta baja es poder racionalizar la producción a la manera de Henry Ford. Un lingote de acero sigue un itinerario casi lineal, al final del cual, después de las transformaciones, el mecanizado y el control, se convierte en un obús listo para poder utilizarse. Alrededor, la fragua, el embutido, la fundición, etc., todo ello unido por una noria de carretillas eléctricas. Ha nacido el trabajo en cadena. Con este sistema logra producir a un ritmo endiablado: ¡50.000 obuses al día! Sin ninguna duda, una contribución decisiva al esfuerzo de guerra contra Alemania.

La otra audacia de Citroën es convertir su fábrica en un laboratorio social que periodistas y políticos visitan con estupefacción como si se tratara de un nuevo continente recién descubierto. Aunque la guerra causa estragos, Javel alberga un comedor de calidad, una cooperativa que rompe los precios, numerosas salas de ducha, dispensadores de agua por todas partes, una guardería, una enfermería y una consulta dental de primer nivel. Los salarios son más elevados que en otros lugares y automáticamente redondeados por fracciones de 10 francos para simplificar la gestión de la paga...

Apenas terminada la guerra, André Citroën imagina la reconversión de su fábrica para el automóvil. Tiene en mente un coche popular, que se venderá listo para circular, a partir del modelo del Ford T, el bestseller *made in USA*. Cuatro plazas, cuatro cilindros, cinco ruedas macizas, luces y encendido eléctricos, además de un consumo de 8 litros. Será el 10 HP Type A o Torpédo, que sale en 1919. Todo en él es revolucionario: se fabrica en gran serie, se vende con un precio atractivo, la revisión es gratuita, tiene garantía de un año y se comercializa por medio de agentes exclusivos.

En 1920, los talleres de Javel producen 12.000 ejemplares, 2.000 más que el rival Renault, que empezó su trayectoria empresarial antes. Es la gloria. El empresario tiene cien ideas al día, pisa el acelerador, innova sin cesar. Crea una filial especializada en el crédito al consumo. Invierte presupuestos monstruosos en publicidad y multiplica los costes de comunicación. En 1922, durante la inauguración del Salón del Automóvil, un avión sobrevuela París y dibuja el nombre de la marca en el cielo. Una noche, Joséphine Baker canta: «Tengo dos amores, mi país y Citroën». En 1924 se lanza la primera de las grandes expediciones Citroën a través de África, de Argelia al océano Índico. Este «crucero negro» tiene un efecto publicitario como Europa no ha conocido nunca. Permite elogiar la calidad de los vehículos de la doble espiga. Seguirá, en 1931, «el crucero amarillo», de Beirut a Beijing, pasando por el Himalaya. Para el Salón Internacional de Artes Decorativas de 1925, la torre Eiffel se ilumina con 250.000 bombillas que hacen brillar el nombre de Citroën. Y, como un faro de los tiempos modernos, el monumento sirve de referencia al aviador Charles Lindbergh después de su travesía del Atlántico.

Pero en el muelle de Javel, el servicio encargado de la comunicación no es el único que funciona a mil por hora. En las oficinas de proyectos y también en los talleres, la presión es enorme. En 1924 sale el B10, el primer coche totalmente de acero. Una filmación publicitaria (¡de nuevo!) lo escenifica lanzándose desde un trampolín, efectuando una serie de vueltas de campana y cayendo casi intacto sobre las ruedas. Por supuesto, el modelo se reforzó para las necesidades del rodaje. No importa que sea un truco, el ejercicio estimula la imaginación del público. Después, las novedades se encadenan, todas ellas impresionantes: B14, C4, C6, Rosalie... Hasta el bombazo de 1934: el Traction Avant entra en escena como una estrella. Es revolucionario y deja boquiabiertos a los franceses. Pero su puesta a punto es insuficiente, lo cual compromete su fiabilidad. Las ventas caen, sobre un fondo de crisis económica. Y la verdad surge, terrible: la empresa está falta de dinero, los bancos ya no prestan y los acreedores inician el baile a su alrededor. Están en juego veinticinco mil empleos, así que el gobierno mete mano en el asunto y recurre al rival de siempre, Louis Renault, que se niega a comprometerse ante tal montaña de deudas. Michelin se hace cargo del negocio después de su liquidación. La firma de Clermont-Ferrand sabrá explotar la fabulosa herencia de Citroën, empezando por el modelo Traction. André Citroën, consumido por un cáncer, fallecerá en 1935. Para todos sus enemigos, deslumbrados por su aura durante años, la revancha es fácil: acusan al industrial de haber sido un mal gestor y de haber vivido a crédito. La eterna fábula de «la cigarra y la hormiga». En realidad, durante una buena parte de su carrera, el hombre del muelle de Javel jugó con las letras. Manirroto tanto en los negocios como en la vida privada, frecuentaba el Moulin Rouge, las carreras y el casino de Deauville, donde se jugaba sumas astronómicas y dejaba propinas de magnate. Sin embargo, era bastante indiferente a los bienes materiales, no era propietario ni de su domicilio parisino ni de su residencia normanda. Reinvertía lo esencial de su fortuna en los negocios. Como en un pozo sin fondo, por desgracia, porque la empresa vivía por encima de sus posibilidades. El dueño de Javel tenía un don para arrastrar a sus tropas en los proyectos más ambiciosos. Su mantra era el siguiente: «Si una idea es buena, no importa el precio». Uno de sus colaboradores cercanos de la época, Charles Rocherand, escribía esto al respecto en 1936: «André Citroën había sabido crear entre su personal y jefes de operaciones un estado de ánimo que más tarde llamó "el espíritu de la colmena". Trabajábamos con alegría, el dinamismo que se desprendía del patrón se dejaba sentir a todas las escalas y provocaba afectos y esfuerzos a menudo desconocidos. Esto fue lo que le permitió tener éxito en una serie de demostraciones de fuerza que habrían sido imposibles para cualquier otro. Pero todo tiene su contraparte. André Citroën perdió la costumbre de que le contradijeran». Charles Rocherand explica también que la empresa, desde su creación, se debatió en graves problemas de tesorería. Su jefe, imparable, reinvertía en proyectos ambiciosos. La intendencia debía seguir. Sus relaciones con los banqueros eran notoriamente pasionales. Demos por última vez la palabra a su biógrafo: «El señor Citroën desconfió siempre, y él no lo ocultaba, de los bancos. Hizo lo imposible para librarse de ellos y conservar siempre él la dirección de sus negocios. ¡Por otra parte, encontraba en la vida de Henry Ford estímulos vehementes para esta desconfianza!». En 1934, cuando las cosas cambiaron con el fracaso del lanzamiento del Traction, los banqueros le hicieron pagar el precio.

Claxon

El claxon se crea en Estados Unidos en 1908. Los españoles lo utilizan de la manera más abusiva —al menos en Europa—, según una encuesta de la fundación Vinci Autoroutes. Su nombre viene del griego antiguo *klázō* (que significa «aullar»). Sin embargo, siempre se hace referencia a nosotros, los italianos, cuando se habla del claxon. Como si fuéramos los campeones mundiales. ¿Por qué? Quizá porque tenemos un don muy particular para utilizarlo. Una manera ligera, aérea, cercana a la *Commedia dell'Arte.* Hablamos con las manos y con la bocina. Nuestros bocinazos son alegres cuando los de otros son agresivos. Los parisinos, por ejemplo... En la Ciudad de la Luz fue donde descubrí esta manera de dar grandes bocinazos con toda la palma de la mano cuando la calle está bloqueada. No sirve de nada, pero desahoga. También fue en Francia donde descubrí el maravilloso homenaje que hizo el cantante Renaud al R8 Gordini. Se llama *La tire à Dédé* («El coche de Dédé»): «*Sur l'toit et sur l'capot l'avait deux bandes blanches* (En el techo y en el capó tenía dos franjas blancas) / *Le volant en faux bois, les banquettes en vrai Skaï* (El volante de imitación madera, los asientos de escay auténtico) / *Le klaxon qui jouait le pont d'la rivière Kwaï* (El claxon tocaba "el puente sobre el río Kwai")».[1]

1. Autor y compositor: Renaud Séchan, *La tire à Dédé,* en «Ma gonzesse» (Jacques Bedos, Polydor, 1979).

Dédé tenía gusto: la música de la película de David Lean contiene las tres mejores bocinas personalizadas más compradas en Europa, junto con los tres tonos del Tour de Francia y *La cucaracha*.

Son menos discretos que los sutiles sonidos de alerta que Bruselas impone a baja velocidad a los vehículos eléctricos para advertir a los peatones. Por otra parte, Renault, con toda modestia, fue el pionero, desde el lanzamiento del Zoe, con el VSP (*vehicle sound for pedestrians*). Hoy, la forma del rombo sigue innovando al asociar al compositor Jean-Michel Jarre a esta definición del VSP. El objetivo es crear un diseño sonoro original y exclusivo para cada modelo.

De repente, estamos muy lejos del gran antepasado del claxon, a finales del siglo XIX: un cuerno en el que soplaba la persona que, según la ley británica, bandera en mano, debía preceder a los coches...

Clio

¿Tener que suceder a una estrella? ¡Un regalo envenenado! Es cierto en el cine, en la política o en los negocios. Sólo hay tres actitudes posibles. Seguir los pasos del ilustre predecesor, romper con suavidad con su herencia o matar al padre y atreverse a la ruptura.

El problema se planteó a finales de la década de 1980, cuando hubo que sustituir al R5, convertido en Supercinco, icono planetario con sus nueve millones de ejemplares vendidos. Los debates fueron animados, por supuesto. En la sede de Billancourt, en los concesionarios, en los talleres, todos tenían su opinión y su pronóstico. ¿Se debía continuar igual o, por el contrario, cambiar? La respuesta llegó: ¡se iba a dar la vuelta a la tortilla! No podía ser de otra manera con el directivo que se había puesto al frente de Renault en 1986, Raymond Lévy. Este antiguo alumno de la Escuela Politécnica de París, que pasó por Elf y Usinor, había sucedido en circunstancias dramáticas a Georges Besse, asesinado por el grupo terrorista de extrema izquierda Acción Directa. Famoso por su visión industrial, su espíritu independiente y su gestión puntera, Raymond Lévy era un empresario muy muy importante, decidido a continuar y amplificar el plan de recuperación iniciado por Georges Besse. Se trataba de algo urgente: lo que todavía era la Régie nacional de las fábricas Renault estaba en una situación crítica, se acumulaban las pérdidas, y la falta de fiabilidad de los modelos se había vuelto habitual. Raymond Lévy adoptó una terapia de tratamiento de choque que puso a Renault de nuevo en marcha: reducción de los costes, producción en flujo tenso, final del estatuto de empresa pública... Y, por supuesto, sometió a los equipos a una presión considerable para mejorar la calidad. A su llegada, acostumbrado a hablar claro, había exclamado ante sus ejecutivos: «Cuando estaba en Cockerill-Sambre, mi R25 oficial iba al garaje una vez al mes, y esto es inadmisible». Con estas premisas, desarrolló su programa: nombramiento de un director de calidad situado bajo su autoridad directa, aplicación de objetivos cuantificables de rendimiento a todos los niveles jerárquicos y formación del personal en los métodos del *kaizen*, valorados por los fabricantes japoneses.

El primer modelo que se benefició de este proceso de reforma fue el Clio, lanzado en 1990. Como anécdota, viví esta historia de cerca, puesto que empecé mi carrera en Renault en 1992, en el equipo de marketing encargado de este modelo. Todo en él lleva la marca de la audacia y el rigor recuperados por Renault. No es por casualidad que, treinta y tres años después de su nacimiento, siga recibiendo distinciones: dos veces coche del año en Europa, coche francés más vendido de todos los tiempos, en cabeza de ventas durante varios años seguidos. Actualmente, se fabrican 1.400 ejemplares al día. Para alcanzar este resultado fenomenal, la dirección de la época se arriesgó mucho. Empezando por el abandono del principio alfanumérico (R4, R5, R19) que presidía el bautismo de los nuevos modelos, frente a la adopción de nombres fácilmente identificables y que se pudieran adaptar de una generación a otra. El *naming*, como se dice actualmente, es estratégico. En Renault, esta tarea es competencia de un servicio específico que depende de la dirección de marketing global. En su búsqueda, puede recuperar o comprar un nombre icónico, elegirlo entre los centenares que el grupo ya posee (Austral, por ejemplo, se patentó en 2005) o crear uno nuevo a partir de cero. En todos los casos, los nombres preseleccionados deben superar las pruebas lingüísticas y culturales en los países donde se venderá el modelo. En general, hay tres nombres en liza. Entre los cuales, le corresponde decidir el definitivo al director general. El Clio, como el Zoe, recibió un nombre corto, adecuado para los modelos pequeños. Sugiere la juventud y la diversión. A los coches grandes, en cambio, se les da un nombre de varias sílabas: Talisman, Espace, Safrane, etc. Así que, en 1990, la futura estrella recibió el nombre de Clio, hija de Zeus, musa de la historia. En cierto modo es porque este nombre significa «celebrar» y «cantar» en griego antiguo, lo cual resulta agradable. Pero, sobre todo, porque suena bien. Aunque esto no se cumple en Japón, donde la estrella francesa se llama Lutecia...

En lo referente al diseño, la Régie apostó fuerte al validar un estilo de curvas y redondeces, que corta con las líneas cuadradas a las que nos tenía acostumbrados. Antes de llegar a este resultado, firmado por los equipos de la casa, recurrió a talentos exteriores, como el italiano Giugiaro, que entregó una copia parecida a lo que más tarde sería el Fiat Punto. Esto supuso una ruptura completa también en el propio concepto del Clio. Ya no se posiciona como un simple microcoche, sino como un coche polivalente capaz de realizar trayectos largos, con un habitáculo más acogedor que el de sus rivales, un maletero más grande, cualidades viales propias del segmento superior y un equipamiento muy completo. En suma, tenía todo lo habitual en un coche más grande, pero a un precio pequeño. La publicidad utilizaría este aspecto unos años más tarde en unas campañas que ya son de culto. Tengo debilidad por la de 1993, realizada como las otras por Publicis. Un rico emir se dispone a ceder el poder y la fortuna a su hijo, a condición de que deje de circular en Clio. Porque este modelo, aunque dispone de lo mismo que uno grande, presenta un gran defecto, según el emir: «No es lo suficientemente caro, hijo». Para mantener su rango, el heredero deberá contentarse con una inmensa y triste limusina. Todo en árabe con subtítulos en francés, al ritmo de una música que recuerda a la de *Lawrence de Arabia*. El responsable del presupuesto, Bernard Siguier, contó después que «la agencia tenía miedo de algunas observaciones y desaprobaciones con este anuncio por razones políticas y diplomáticas». Los temores resultaron vanos. Otra publicidad, destinada al mercado británico, no tuvo esta suerte y fue prohibida en 2013 por sexismo. El anuncio ponía en escena un Clio dotado de un botón «Va-va-voom» situado en el salpicadero. El concesionario que dejaba probar el coche invitaba al cliente a accionarlo. ¡Y magia! Aparecía un falso decorado de París ante los ojos de los pasajeros deslumbrados: la torre Eiffel, el bistró, la *baguette* y unas bailarinas ligeras de ropa que se contoneaban de manera extravagante. Y demasiado sensual, según la autoridad de control publicitario inglesa. Lástima para el «Va-va-voom», que quizá tenía una bonita carrera por delante.

El Clio se distinguió muy deprisa por la profusión de versiones y series limitadas. Todo el mundo podía encontrar el que más le convenía. Los 137 CV del 16V ofrecían 210 km/h de punta y unas sensaciones fuertes que hacían las delicias de los clientes jóvenes. Más saltarín todavía, en 1993, el Williams y su motor 2.0 de 147 CV celebraban el cuarto título de Alain Prost en Fórmula 1 en un Williams motorizado por Renault. Con una pintura azul oscuro, llantas doradas, asientos semienvolventes..., esta maravilla se convirtió en leyenda, miembro del club cerrado de los vehículos de colección. En junio de 2022, un ejemplar en buen estado se vendió por 75.880 euros en una subasta: un bello homenaje. Por su parte, el V6, muy feo, llega en 1998. Era una versión reforzada, un poco loca, con motor trasero de 255 CV y monstruosos ensanchadores de guardabarros. Se cambió de decorado con el Clio Baccara, que salió en febrero de 1991. Aquí todo era calma, lujo y voluptuosidad: piel por todas partes, incluso en las contrapuestas: nogal en abundancia, desde el salpicadero hasta la palanca de cambio; espacio para guardar los trajes en la parte posterior...

«No es lo suficientemente caro, hijo.»

En suma, el Clio se lo podía permitir todo. Era como un camaleón que se adaptaba a todas las edades o a cualquier tipo de familia. Ésta fue una sensación reforzada por las generaciones de Clio que se sucedieron con una regularidad de un reloj suizo. Clio 2 en 1998, Clio 3 en 2005, Clio 4 en 2012 y Clio 5 en 2019. Con cada modelo se subió un nuevo y alto escalón en innovación, diseño y calidad. Hasta la salida en verano de 2023 del Clio 5 con un nuevo estilo, al que la prensa especializada puso por las nubes. Sobre todo, en su versión equipada con motor E-Tech full hybrid 145 CV. «Más que nunca, un Clio, pero mucho mejor que un Clio», resumía un probador.

«Ni completamente el mismo ni completamente otro», habría dicho Verlaine.

Coleccionistas

Los coches antiguos se han convertido en inversiones sustanciosas. Sus precios a veces se elevan a niveles increíbles y provocan la historia de los coleccionistas en las subastas, en París, Londres o Los Ángeles. En agosto de 2023, la Monterey Car Week, que tiene lugar en Pebble Beach, California, acumuló un volumen de negocio cercano a 300 millones de euros. Se vendieron más de 760 coches a un precio medio de 388.613 euros. El más caro fue un Ferrari 412 P Berlinetta de competición del que sólo se produjeron cuatro ejemplares en 1967, y que se compró por más de 30 millones de dólares. Por otra parte, diecinueve Ferrari figuraban entre los treinta coches mejor vendidos. Un GTB/4 que había pertenecido al actor Steve McQueen, por ejemplo, llegó al precio de 5 millones de euros.

¡Vaya cambio radical! Hubo un tiempo en que los coches denominados «de colección», que hoy valen millones, iban directamente al desguace al final de su vida útil. Era la década de 1950 e, incluso, la de 1960, el coche se democratizaba y los franceses soñaban con tener un 2 CV Citroën, un Simca Aronde, un 4 CV Renault o un 203 Peugeot para irse de vacaciones con la familia. Después de los locos años veinte y los años de esplendor, el automóvil se convirtió en un medio de locomoción y de ocio personal. Sólo unos irreductibles, que se consideraban originales, continuaban venerando los bellos coches de antaño. Estos excéntricos se definían como «cazadores de viejas tartanas». Algunos perseguían Bugatti, otros Hispano, Voisin o Delage. Cuando la suerte los sonreía, podían encontrar tesoros en la granja de un campesino o en un viejo garaje.

Marc Nicolosi, creador del Rétromobile, el primer salón mundial dedicado a los coches de colección, es uno de estos pioneros. «Bugatti, Hispano, Voisin, Delahaye, Talbot, los encontrábamos con facilidad y éramos exigentes», cuenta; «con los amigos, nos reuníamos por la mañana y nos decíamos: "¡Mira!, hoy vamos a buscar *sólo* Bugatti". O bien: "Hoy vamos a buscar *sólo* Hispano". Eso nos divertía. Y, si encontrábamos algo distinto, no lo comprábamos».

El primero que convirtió en negocio el coleccionismo de coches fue Jean De Dobbeleer, un mecánico belga. Este aficionado a los coches antiguos peinó Francia, con la ayuda de informadores, y revendió en Estados Unidos coches como los Hispano-Suiza, Delage, Lorraine-Dietrich y De Dion-Bouton encontrados en las dependencias de los castillos o en las grandes granjas. En total, exportó 140 Bugatti a Estados Unidos, entre 1950 y 1960. Su interlocutor estadounidense, Gene Cesari, un profesor universitario, explica: «No aplicábamos comisiones importantes, pero era nuestra pasión». Comprados por nada y vendidos por no mucho más, hoy se encuentran en prestigiosos museos estadounidenses o llegan a las ventas de Pebble Beach, donde alcanzan precios astronómicos: 5, 10 e incluso 20 millones de euros.

En la década de 1960 emerge un personaje importante del coleccionismo: Fritz Schlumpf, un industrial textil cuyas fábricas están instaladas en Mulhouse, Alsacia. En diez años, este pionero reúne más de 450 coches. Los más antiguos datan de la década de 1890, los más recientes (los «clásicos») de la década de 1960. Es el único que anticipa el valor de estos modelos, a menudo piezas únicas. Un equipo de obreros especializados, mecánicos, carroceros y guarnicioneros los restauran en el mayor secreto. Schlumpf los expone en una superficie de 17.000 metros cuadrados en una antigua fábrica, iluminada por 900 farolas, que son réplicas de las 32 farolas del puente Alejandro III de París: «Es el museo del automóvil más bonito del mundo», afirmaba con razón Fritz Schlumpf. Pero, golpeado por la crisis del sector textil, su grupo quiebra en 1977. Aquel año la tensión social es extrema. Los medios de comunicación se apasionan por el culebrón Schlumpf y los sindicatos ocupan el lugar, le cambian el nombre por Museo de los Trabajadores y reclaman la venta de la colección para cubrir las pérdidas de la empresa. El empresario, perseguido por abuso de bienes sociales y fraude fiscal, lo pierde todo. Le confiscan la colección. Por fortuna, el Consejo de Estado la clasifica en el inventario de los monumentos históricos en abril de 1978. En 1980 se vende por 44 millones de francos a la Asociación del Museo Nacional del Automóvil, creada por los coleccionistas locales, y el Automóvil Club de Francia (ACF) para salvar el museo de Mulhouse. Desde julio de 1982, el museo está abierto al público, pero su creador, fallecido en 1989, nunca volvió.

Hasta finales de la década de 1960, los coches antiguos interesaban a pocas personas. Sólo Schlumpf y algunos millonarios estadounidenses, como William F. Harrah y John W. Shakespeare, crean colecciones. Buscan, en un primer momento, los modelos antiguos (fabricados antes de 1914) que tienen faros de cobre. Después se centran en los Bugatti, Talbot, Hispano, Delahaye y Delage franceses, los Alfa Romeo y Lancia italianos, los Mercedes, BMW y Horch alemanes. Estas bellas máquinas de antes de la guerra, con espléndidas carrocerías y rendimientos mecánicos a menudo excepcionales, por fin reciben un reconocimiento. Su precio empieza a subir: en 1950, un Bugatti Type 57 valía el precio de la chatarra que se pudiera obtener de él, es decir, apenas 3.000 francos de la época, mientras que un D S19 Citroën nuevo costaba 930.000 francos. En 1960, el mismo Bugatti valía 300.000 francos, un tercio de un DS 19 Citroën. Pero, en 1970, el Bugatti se negociaba al mismo precio que un DS 21 nuevo... Un buen reconocimiento, pero también un precio que seguía siendo accesible para muchos aficionados. Un nostálgico de aquellos años lo recuerda: «Pertenecíamos a todas las categorías sociales, pero, cuando nos encontrábamos, estábamos entre amigos, animados por el mismo amor por los bellos coches de antaño. Todos los sábados nos citábamos en un garaje, nos sentábamos sobre unas cajas, con periódicos a modo de mantel, una botella de vino y salchichón. Había intelectuales y trabajadores manuales, ricos y pobretones. Y hablábamos de Bugatti, Hispano o Voisin durante largas horas». El terrateniente se codeaba con el estudiante, el mecánico, el banquero, el profesor, el artista, el industrial o el gendarme... y los primeros comerciantes especializados. Eran verdaderos enamorados del automóvil a los que les gustaba circular en «viejas tartanas» de la década de 1900 o en rápidos Delage, Bugatti o Hispano de la década de 1930. Cuando un motor se estropeaba, se sustituía por otro descubierto en casa de un chatarrero, porque era más fácil hacerlo así y porque repararlo costaba demasiado dinero. Aquellos tiempos han pasado.

La globalización, la mediatización y, sobre todo, internet lo han alterado todo. El perito tasador Hervé Poulain lo explica muy bien: «Hoy, en cuanto un bonito coche sale de un garaje, en algún lugar del planeta, la información da la vuelta al mundo». Las subastas se hacen por supuesto en directo, en la sala, pero, sobre todo, por teléfono y por internet. Los medios de comunicación, los comerciantes y los compradores las siguen minuto a minuto, como los *traders* vigilan el curso de los índices bursátiles. Un comprador anónimo detrás de su ordenador puede comprar un coche presentado en París desde Tokio. Los Ferrari, los Porsche, los McLaren, los Bugatti que comienzan teniendo de precio 5 o 6 millones de euros, a veces hasta 20 millones de euros, ya no circularán nunca más. Como inversiones financieras, se convertirán en piezas de museo, a veces exhibidas en concursos de elegancia. Por ejemplo, en 2017, un Bugatti descapotable 57 S, carrozado por Vanvooren, se adjudicó por 7 millones de euros en una venta estadounidense. Uno de sus antiguos propietarios, un aficionado francés, explicó: «Compré este coche veinticinco años antes, ¡fue un flechazo, no una inversión! He recorrido miles de kilómetros con él, sin pensar en su precio. Lo pasé muy bien». Después de pagar 7 millones de euros, ¿el nuevo propietario se atreverá a circular con él y a disfrutarlo?

Ahora, los grandes actores de la subasta, el francés Artcurial, el estadounidense Gooding & Company, los ingleses Bonhams y Christie's, y la canadiense RM Sotheby's, son los que fijan los nuevos códigos del sector. Tres criterios dictan la valoración de un coche de colección. En primer lugar, los *matching numbers* («números coincidentes»): los números del chasis y del motor, así como la carrocería, son los de la salida de fábrica del coche. En segundo lugar, el historial del coche: un palmarés prestigioso (para un coche de carreras), uno o varios ilustres propietarios (reyes, campeones automovilísticos, celebridades, etc.). En tercer lugar, la marca: en lo alto de la lista, Ferrari para los «clásicos» (de 1950 a 2000), Mercedes, Bugatti y Duesenberg para los de antes de la guerra. Porsche, Alfa Romeo, Aston Martin e incluso ejemplares específicos de marcas casi desconocidas también pueden llegar a la cima, por mil razones que sólo los especialistas más punteros están en condiciones de valorar.

Pero, a pesar de la globalización y los precios en ascenso, el mercado de los coleccionistas no es el privilegio exclusivo de las grandes fortunas ni el coto privado de los especuladores (como en la bolsa, donde algunos pueden perder hasta la camisa). En 2023, Francia cuenta con 800.000 coches de colección, según las cifras oficiales de la Federación Francesa de Vehículos de Época (FFVE), y probablemente casi con los mismos coleccionistas. Porque esta pasión o esta adicción no se limita a los Ferrari GTO de 55 millones de euros. Empieza con el popular 2 CV Citroën, que puede valer hasta 120.000 euros si tiene a cero su cuentakilómetros. En Francia se registran una decena de clubes de fanáticos de este modelo emblemático de Citroën. Estos coleccionistas son los más numerosos y quizá los más felices.

Colores

Sociólogos, psicólogos, políticos..., fijaos en el color de los coches, porque así aprenderéis mucho sobre sus conductores y sobre su época. Es como un auténtico libro de historia. Al inicio, todos eran negros, no solamente negros. En 1926, como una primera audacia, el Ford T se ofrece en marrón. Después, sobre todo en Estados Unidos, florecen los colores más claros. Esto no sucede por mucho tiempo, pues la crisis de 1929 y los años de recesión vuelven a dar la ventaja a los tonos oscuros o neutros, como el blanco. Poco antes de la guerra, la industria automovilística explota y la carta de colores también. Marrón, azul marino, beis, verde oscuro... Aparecen las primeras pinturas metalizadas, pero se destinan a los de gama muy alta.

En la década de 1950 surge una división entre Europa y Estados Unidos. La primera, tristona, todavía con las penurias de la posguerra, dominada sobre todo por el negro y el gris. El segundo, lleno de optimismo, metido de lleno en los placeres de la sociedad de consumo. Ford, GM y los demás fabricantes rivalizan en exuberancia. Dentro de un mismo color, el cliente puede elegir entre una multitud de matices. Se ven modelos costosos vestirse de rosa fucsia o amarillo canario. Lo máximo es tener un color a juego para todo el coche, de la carrocería a los asientos, de la moqueta a los paneles de la puerta. Cadillac y Buick son muy buenos en este asunto. También tiene mucho éxito el bicolor. En la década de 1960 y después de 1970, el Viejo Continente se cura de su neurastenia y adopta los colores alegres: el 2 CV, mucho tiempo gris, forzosamente gris, se sumerge en el estilo pop; el R5 da gusto verlo con su naranja *flashy*; los austeros Peugeot se atreven con el azul llamado «Mar del Sur». Asimismo, el metalizado se democratiza, el nacarado prepara su entrada en escena en la década de 1980, y el bicapa también se extiende.

En la década de 2000, sin embargo, el uso del negro y el gris se recupera y estos colores se convierten en un signo de distinción. Los tonos muy coloridos retroceden, como si la época no estuviera para bromas. En 2010 aparecen los primeros acabados mates. ¿Y actualmente? A escala mundial, el blanco (34 por ciento de los vehículos nuevos) y el gris (27 por ciento) son los primeros colores que eligen los compradores. El negro (21 por ciento) va en constante aumento. Se constata una buena resistencia de los azules (8 por ciento), pero también un descenso de los rojos (5 por ciento) y del marrón-beige (2 por ciento). El verde (1 por ciento) y el amarillo (1 por ciento) hacen de figurantes. Europa se distingue en este tema: mucho más gris (36 por ciento) y menos blanco (21 por ciento). Cabe señalar el carácter autoamplificador de este mercado. Cuantos menos vehículos se compran de un color vivo, más difíciles son de encontrar de ocasión... y más tonos oscuros se piden. El fenómeno lo mantienen las flotas de empresa: evitan cualquier tipo de extravagancia para reducir los riesgos en la reventa.

Paradójicamente, los tonos vivos y originales se han convertido en la exclusiva del superlujo, se pueden permitir sin caer en la vulgaridad. A los Ferrari, les gusta mostrarse en rojo, naturalmente. A los Lamborghini, en amarillo intenso, verde fluorescente o azul intenso. El azul, justamente, es muy bien llevado por Bugatti y Alpine. Esto no tiene nada de casual, porque hace un siglo, en las primeras carreras automovilísticas, cada país tenía su color: verde para Reino Unido, rojo para Italia, blanco para Alemania y azul para Francia. Aprovechemos para cerrar un viejo debate. ¡No!, conducir un vehículo de color intenso y, por lo tanto, más visible, no reduce la probabilidad de tener un accidente. Al contrario, los coches rojos y amarillos están entre los que más se accidentan, según la página web *CarVertical.com*, especializada en la información sobre las ocasiones en el mundo del motor. La constatación se explica fácilmente: estos colores se encuentran más en los coches deportivos y son los preferidos de los conductores que tienen un temperamento dinámico.

El gusto mayoritario por los tonos oscuros no impide que las oficinas de proyectos, de manera persistente, trabajen en tendencias más audaces. Por otra parte, es frecuente que los nuevos modelos se presenten en su lanzamiento de un color fuerte y marcado que pocos clientes elegirán después. No importa, porque eso permite probar innovaciones y abrir nuevas posibilidades. Por ejemplo, los investigadores de BASF, uno de los líderes de la pintura para automóviles, en los mercados asiáticos, apostaban recientemente por un verde pálido fluorescente llamado «Electronic Citrus», que sugiere el crecimiento y la tecnología. Para Europa, se inclinaban más bien por un beis-anaranjado brillante llamado «Predictor», que supuestamente recuerda a la importancia del factor humano a pesar de la imparable progresión de la inteligencia artificial.

Una innovación importante quizá va a eliminar todo esto: en el futuro, nuestro coche podrá cambiar de color en unos segundos. El procedimiento, elaborado por el especialista de lectores de libros electrónicos E Ink, se desarrolló en 2023 en el CES de Las Vegas. La carrocería del coche cobaya, un BMW, estaba revestida de una capa que contenía una infinidad de microcápsulas cuyos pigmentos cambiaban con un impulso eléctrico.

¿Un auténtico progreso? Cada mañana, además de elegir el color de la camisa, habrá que preguntarse: ¿qué color le pongo al coche hoy?

Concesionarios

¿Conoces a Joe Girard? Este estadounidense de origen siciliano nacido en Detroit, uno de los pulmones de la industria automovilística mundial, es, sin duda, el mayor vendedor de coches de todos los tiempos. Por consiguiente, figura en el *Libro Guinness de los récords*. En quince años, de 1963 a 1978, comercializó 13.000 automóviles nuevos. ¡Nadie superó sus ventas en un día (dieciocho ventas), en un mes (174) y en un año (1.425)! Por eso fue admitido en el famoso Automotive Hall of Fame. Su historia podría inspirar un guion de Hollywood que representara la quintaesencia del ascenso social americano. Al principio de su carrera, Joe Girard era un simple limpiabotas que llegaba a fin de mes repartiendo periódicos gratuitos. Para ganarse mejor la vida, suplicó a un primer concesionario automovilístico que lo contratara. Una vez integrado en la empresa, demostró unas dotes extraordinarias para este oficio. Se reveló tan eficaz que sus colegas reclamaron, y consiguieron, que se marchara, arguyendo que les quitaba ventas. Esto no lo detuvo, al contrario. Se marchó a otro punto de venta de Detroit y trabajó para Chevrolet. Aquí es donde hizo explotar todos los contadores. Uno de sus secretos era la atención que dedicaba a sus clientes. Lo sabía todo de ellos, su fecha de nacimiento, la de sus hijos, sus pasiones. Enviaba una carta al mes a cada uno y no olvidaba ninguna fiesta (Acción de Gracias, Halloween, etc.). Con el tiempo, este ritual llegó a requerir tanta dedicación que movilizaba a dos empleados a jornada completa. Increíble pero cierto: al final de su carrera, los clientes hacían cola para comprarle un coche. ¡Dos asistentes se encargaban de preparar su expediente antes de finalizar la compra con el maestro! Un detalle jugoso: mandaba todos los años una copia de su declaración de impuestos a su primer jefe. Iba acompañada de una notita: «¡Echó usted a la persona equivocada!». Una vez jubilado, convirtió su talento en un negocio próspero: aportaba sus consejos a los equipos comerciales de las grandes empresas, sus libros se vendían por millones y sus CD, DVD y conferencias no paraban de grabarse. ¡Menudo talento!

Es cierto que este caso evidentemente es atípico, pero recuerda la importancia de la función comercial en el sector del automóvil. ¿Qué serían los fabricantes sin estos genios de la venta que, día a día, luchan por convencer a los consumidores para que compren nuestros coches?

Es la ocasión de aplaudir el papel esencial que desempeñan los concesionarios. Desde hace unos años se viene prediciendo su extinción y el paso directo a la venta online. En general, los que propagan estos augurios son nuevas marcas que no pueden pagarse una red de distribución. Con argumentos poco gloriosos: los clientes preferirían ir al dentista que al concesionario. ¡Son tonterías monumentales! ¿Quién va a comprar un coche de 50.000 euros sin un interlocutor directo y sin saber dónde deberá mandarlo a reparar? Yo no lo haría. El servicio en los puntos de venta de automóviles es mucho mejor de lo que se dice. En Renault, por ejemplo, las puntuaciones de satisfacción de los clientes concedidas a nuestras sucursales son muy altas, entre ocho y diez sobre una media de diez, en todos los países donde estamos presentes. En mis inicios en la firma del rombo, me nombraron gerente de la zona del norte de Milán. Lo aprendí todo sobre los concesionarios. Algunos representaban la tercera generación al mando de estas empresas. Habían puesto el dinero familiar en estos negocios y trabajaban todos los sábados, e incluso el domingo a menudo estaban presentes en los grandes acontecimientos populares, en contacto con los compradores. Desmerecer su papel no es una opción, ya que necesitamos esta red de proximidad. En cambio, podemos reinventar el oficio de mecánico. Una de las ideas sería transformarlos en centros de servicios que dispongan, por ejemplo, de postes de recarga eléctrica. En Francia, hay 550 concesiones y cerca de 3.000 garajes que llevan la marca Renault. Más o menos los mismos puntos de venta que Carrefour y muchos más que Auchan. Treinta y seis mil personas trabajan en nuestra red en Europa. No creo que la industria automovilística pueda prescindir de la ventaja de la distribución física. La experiencia del cliente en el punto de venta y el contacto personal marcan la diferencia para vender productos prémium.

A continuación, quiero rendir homenaje a las grandes figuras del oficio: Penske en Estados Unidos y Emil Frey o André Schumacher en Francia. Estos emprendedores a menudo se arriesgaron económicamente, algunos quebraron y otros crecieron comprando a sus competidores. Los más apasionados aman tanto los coches que no se contentan con venderlos. Alpine fue creado por el dueño de un concesionario, Jean Rédélé. La idea de hacer una camioneta a partir de un Escarabajo (la famosa Combi) surgió en 1947 de Ben Pon, el importador neerlandés de Volkswagen, que mandó el diseño del futuro modelo a la sede de Wolfsburgo. El italiano Romano Artioli, que representaba a la marca Suzuki, llegó al extremo de comprar y relanzar la marca Bugatti. Sin olvidar a Giancarlo Minardi, un concesionario de Fiat de Faenza, que creó una escudería de Fórmula 1. Estos personajes extraordinarios escriben también la historia del automóvil. Como Joe Girard.

Conducir

por Michèle Mouton, expiloto de *rallies* y responsable de la seguridad del Campeonato del Mundo de *rallies* de la FIA

Mi primera experiencia de conducción se remonta a los 14 años. Mis padres eran horticultores en Grasse, al sureste de Francia. Cultivaban rosas y jazmines para la industria de los perfumes. Había un largo camino que cruzaba su propiedad y yo siempre miraba a mi padre conducir. Un día, me entraron ganas de arrancar su 2 CV, que estaba aparcado en el patio. Me encontraba con unos amigos que vivían cerca de mi casa. Les dije: «Empujadme, vamos a ponerlo en marcha». Fui muy despacio. Mi padre, que estaba en la cocina, vio su coche desde la ventana. No se dio cuenta enseguida de que era yo, y al principio creyó que un ladrón se estaba llevando el vehículo. En mi interior ya estaba el deseo de partir, de moverme y de descubrir. El coche era un medio para desplazarme. Mi padre no me echó la bronca, porque a él también le gustaba conducir. A partir de aquel día me dejó llevar el coche muy a menudo: me contentaba con circular por el camino de la propiedad. Como no me dejaban dar media vuelta en la carretera, hacía la ida conduciendo hacia delante y la vuelta marcha atrás. ¡Iba casi igual de deprisa retrocediendo! Cuando viajaba, con mi madre, a ver a la abuela al pueblo de al lado, ella me dejaba conducir para regresar a casa. Todavía no tenía carnet para hacerlo, pero en aquella época todo estaba permitido.

Esperé con impaciencia los 18 años, más para obtener el permiso de conducir que para sacarme el Bachillerato. ¡Conseguí las dos cosas! El coche siempre ha representado un medio de libertad para los jóvenes de mi época. Quería evadirme. Recuerdo muy bien lo que me dijo mi padre cuando me dio las llaves de mi primer coche, un 4L: «Ahora eres responsable de lo que haces». Aquella frase se quedó largo tiempo en mi cabeza. Viví mi vida, vi mundo. Todos los fines de semana, nos marchábamos por ahí en familia. Para nosotros, el coche era el viaje, no la velocidad. Aun así, cuando regresaba de Grenoble, donde estudiaba Derecho, siempre me fijaba en el tiempo que había tardado. Y, sobre todo, era aficionada al esquí. El esquí es la velocidad, las trayectorias... Es muy comparable a la conducción.

Descubrí la competición por casualidad. Tenía 22 años. No era en absoluto mi medio. Un amigo, piloto de *rallies* aficionado, con el que participé en un concurso de rock and roll, me invitó a ser su copiloto. Me inicié en el Rally de Montecarlo de 1973.

Aquello no le gustaba demasiado a mi padre. Era un apasionado de los coches: tenía algunos modelos deportivos, sobre todo un Porsche. Como sabía que me gustaba conducir, me dijo: «Te voy a comprar un coche, un Alpine A110, y primero vas a hacer un *rally* femenino para evaluar el nivel que tienes. Después harás el Tour de Francia automovilístico. Te financiaré las carreras durante un año. Si todo va bien y progresas, continuarás; en caso contrario, tendrás que dejarlo». Aquello me hizo comprender que había soñado con hacer lo mismo que me propuso a mí. Todo fue muy deprisa y obtuve buenos resultados. ¡Pude vivir de mi pasión!

¡Mi padre fue mi primer patrocinador y mi primer agente!

Mi experiencia en la competición me enseñó mucho. En mi opinión, conducir bien es comportarse bien. Hay que ser dueño de uno mismo y del coche, pero también respetar a los demás. La conducción refleja lo que eres en la vida. En unos minutos detrás de un coche, puedo adivinar cuál es el carácter de la persona que va al volante: el egoísta, el justiciero, el soñador, el que no está seguro de sí mismo, el experto que cree que sabe más que nadie...

Conducir es muy diferente de pilotar, que se aplica exclusivamente a la competición: allí se controla la velocidad, se conocen los propios límites y se intenta superarlos. Circular a 300 km/h en un circuito o dominar 500 CV en un puerto nevado requiere otras aptitudes que conducir un coche por la autopista. Pocos deportes hacen segregar tanta adrenalina. Se está permanentemente en la cuerda floja, es un placer increíble. Esto requiere autodominio, reflejos muy aguzados y una concentración extrema. Cuando se llega demasiado deprisa a una curva, sólo se tiene una fracción de segundo para tomar la decisión correcta. Aunque cometí errores de pilotaje, como pasa en el esquí, el que no se cae nunca es que no va lo suficientemente deprisa... Me lo han preguntado cientos de veces: ¿por qué iba más deprisa que los hombres? No sé realmente cómo explicarlo. Estaba muy motivada y era inconcebible para mí, con el mismo coche, no conseguir los mismos resultados; sin duda, también tuve un poco de suerte de estar ahí en el momento adecuado cuando Audi me llamó. Tanto si se es un hombre como una mujer, hay que tener un gran corazón, seguir la trayectoria correcta y fundirse con el coche.

Hoy resulta imposible conducir deprisa por las carreteras como yo lo hacía a los 20 años. Las limitaciones de velocidad y la necesidad de prestar atención al medioambiente han cambiado las cosas. Los automóviles están repletos de sistemas de asistencia electrónicos. Detesto eso, porque nos priva de la posibilidad de mantenernos concentrados y estar atentos. Para mí, la concentración forma parte de la conducción, es lo que permite anticiparse a los peligros. Con coches cada vez más potentes y rápidos, las limitaciones de velocidad presentan el riesgo de disminuir la vigilancia de los conductores, de «adormecerlos». Por supuesto, se necesitan reglas, porque es la seguridad de los demás lo que está en juego al conducir.

La novedad es que también tenemos que ahorrar gasolina. Esto cambia radicalmente la conducción. Hay que arrancar con suavidad, no acelerar con rapidez. También hay que ser muy suave. El mejor ejercicio que he hecho para aprender a conducir con economía fue durante una carrera que se desarrollaba en el circuito de Castellet, el Mobil Run. Disponíamos de una cantidad de gasolina idéntica por coche y ganaba quien había hecho más kilómetros. En estas condiciones, se aprende deprisa a no cambiar de marcha todo el rato, a arrancar muy despacio y a frenar con mucha suavidad.

Conocer el código de la carretera y saber reducir o acelerar es un aprendizaje insuficiente. Pienso que todos los candidatos a obtener el carnet de conducir deberían hacer un cursillo de pilotaje para aprender a dominar el vehículo en unas condiciones difíciles (lluvia, nieve, hielo, etc.). Fue lo que ocurrió en Suecia, donde viví varios años.

Crimen

«No es nada.» Ésas fueron las palabras de Enrique IV agonizante, después de haber sido apuñalado por François Ravaillac, el 14 de mayo de 1610, en el centro de París. La carroza real estaba inmovilizada en la estrecha calle de la Ferronnerie, bloqueada por una carreta. Unos momentos antes, el asesino no había tenido ningún problema para burlar a la guardia, saltar apoyándose en el buje de una rueda trasera, y asestar dos violentas cuchilladas al ilustre pasajero. «No es nada.» Una manera de hablar... El buen rey que popularizó el pollo a la cazuela dejaba a su país en un equilibrio precario. Y demostraba que un objeto rodante, aunque fuera de gala y escoltado por cachas armados, era un blanco fácil.

La historia recordará que el atentado perpetrado por Ravaillac fue el primero cometido en un vehículo. Pero no el último: el coche se convirtió en uno de los escenarios privilegiados del crimen. La lista es larga. Veamos algunos ejemplos para ilustrar la variedad de *modus operandi*, del cuchillo a la bomba, de la silla de posta a la limusina blindada.

En 1622, en el centro de Madrid, inspirándose en Ravaillac, un espadachín dispara con una ballesta al conde de Villamediana, sentado en su carroza. Éste había estado muy enamorado de la reina de España, por lo que se sospecha que el real esposo fue el que encargó el asesinato. Unos decenios más tarde, el cortejo del rey de Polonia en el exilio sufre una ráfaga de disparos. No hay víctimas. En 1737, en la velada del 5 de enero, un tal Damiens, sirviente sin empleo, agrede con un cuchillo a Luis XV cuando sube a su carroza, en dirección al Trianón, pero sin revestir gravedad. El 13 de septiembre de 1758, el rey de Portugal abandona el domicilio de su amante para regresar al palacio. ¡Bum! Resulta levemente herido por disparos en su silla de posta. El 24 de diciembre de 1800, Napoleón Bonaparte se dirige a la ópera con un gran séquito, cuatro berlinas a buen ritmo en medio del bullicio de París. En la calle de Saint-Nicaise, el cochero Germain evita con habilidad a una carreta que le impide el paso. Un instante más tarde, la carreta explota con una violencia extrema que hace temblar todo el barrio. El primer cónsul sale ileso, pero mueren una decena de transeúntes y se produce una treintena de heridos.

A partir de este momento, el ritmo de los crímenes se acelera. ¿Esto hace más prudentes a los poderosos de este mundo? En absoluto. Sin embargo, los vuelve paranoicos. Nunca se desplazan sin una buena vigilancia, referencias, probadores de platos, dobles... Pero, extrañamente, en cuanto se suben a un coche, tanto si es de caballos como de motor, dan muestras de una sorprendente ligereza. ¿Gusto irrefrenable por el alarde, creencia en su baraka, dosis de inconsciencia? Hay un poco de todo eso. Veamos el caso de la reina Victoria. Su largo reinado (1837-1901) estuvo salpicado por siete intentos de agresión. Uno de ellos tuvo lugar el 29 de mayo de 1842, cuando la soberana cruzaba Hyde Park en calesa. Un hombre se acerca para disparar. Pero el arma no funciona y huye. Al día siguiente, estoica, la reina recorre el mismo trayecto. ¡El agresor está de nuevo ahí y dispara otra vez! No hay heridos y la policía, al acecho, lo captura.

Una mezcla de flema y fanfarronería anima también al rey de Yugoslavia, el 9 de octubre de 1934, a su llegada a Marsella, primera etapa de un viaje oficial a Francia. El contexto internacional, sobre todo en los Balcanes, es muy tenso en ese momento y los rumores de atentado se multiplican. Hasta el punto de que el entorno del monarca intenta que renuncie a las apariciones públicas. En lugar de esto, Alejandro I acepta el programa fastuoso preparado por las autoridades francesas, con ascenso a la Canebière a bordo de un Delage descubierto. A pesar de que las fuerzas del orden son muy numerosas, la multitud inmensa y entusiasta se vuelve difícil de controlar. El coche circula lentamente, a 8 km/h. La tensión aumenta. ¿El rey lamenta entonces haberse negado, dos horas antes, a llevar un chaleco antibalas de acero debajo del uniforme con el pretexto de que no podría mantener bien la compostura? Demasiado tarde, aparece un hombre, descrito más adelante como un nacionalista búlgaro, con una pistola Mauser en la mano. Dispara ráfagas al coche, hiere mortalmente al rey y al ministro francés de Asuntos Exteriores Louis Barthou.

Una especie de presentimiento anima también a John Fitzgerald Kennedy, el 22 de noviembre de 1963, cuando aterriza en Dallas. Sabe, como su equipo, que llega a un terreno hostil. Texas, antiguo estado confederado que ha luchado por el mantenimiento de la esclavitud, no le perdona su compromiso en contra de la segregación racial. El joven presidente incluso se pregunta si no sería conveniente anular la etapa. ¡No hay que tener aprensión! El programa se mantiene, no sin graves deficiencias en la seguridad. El Lincoln presidencial está blindado, es cierto, pero Kennedy ha exigido que retiren los techos desmontables de acero y de plástico transparente. Según sus instrucciones, el pesado vehículo debe circular despacio (17,5 km/h en el momento de los disparos). Como factor agravante, el asiento trasero dispone de un sistema hidráulico que permite elevarlo 30 centímetros convirtiéndolo en un blanco perfecto. Uno de los biógrafos de Kennedy, el periodista Philippe Labro, cuenta: «Cuando desfilaba en una limusina descubierta, le decía a su esposa Jackie: "Desde esta ventana, un tipo podría disparar contra nosotros"». Por lo tanto, el presidente conocía los riesgos de pasearse en coche como en una foso de leones. Pero estaba en campaña electoral permanente y tenía una imagen de suertudo y de *tough guy* («duro de pelar») que debía defender. No era cuestión de mostrar debilidad ni de modificar el programa.

Como el de Kennedy, algunos asesinatos cometidos en un coche podrían inspirar ucronías vertiginosas. ¿Y si, rectificando en el último momento, el 35.º presidente de Estados Unidos hubiera decidido mantener la protección trasera del coche? Es probable que no hubiera resultado muerto y el curso de la historia hubiera cambiado. En Sarajevo, si el 28 de junio de 1914, el chófer del archiduque Francisco Fernando de Austria no se hubiera equivocado de itinerario, girando a la derecha en una calle pequeña en lugar de continuar recto, no se habría visto obligado a detenerse para volver a su camino. Y el nacionalista serbio Gavrilo Princip no habría tenido la posibilidad de hacer fuego sobre el heredero del trono, que estaba sentado en un descapotable Gräf & Stift Type 28/32, y no se habría declarado la Primera Guerra Mundial unas semanas más tarde. ¿Y si, el 13 de marzo de 1881, en San Petersburgo, el cupé del zar Alejandro II hubiera circulado un poco más deprisa y no hubiera sido alcanzado por la bomba del nihilista? El emperador no habría muerto ese día, habría continuado con sus ambiciosas reformas, como la abolición del vasallaje, la reducción del servicio militar de veinticinco a seis años, el reconocimiento de la igualdad de todos los súbditos ante la ley, etc. El poder no habría pasado a su sucesor, el muy conservador Alejandro III, que bloqueó la modernización de la Rusia arcaica. Y la revolución de 1917 quizá no se habría producido.

Como con todas las reglas, hay excepciones. Y los vips prudentes en coche también existen. El rey Luis Felipe, por ejemplo, se libró de dieciocho intentos de asesinato. Uno de ellos, en 1846, cuando circulaba con su familia a bordo de un coche de caballos descubierto por el parque de Fontainebleau. Muy pronto, el que se atribuyó el título de rey francés mandó que se reforzara su carroza con chapa. Es la misma precaución que tomó Napoleón III, habituado a las agresiones. La más grave fue la cometida el 14 de enero de 1858 por el revolucionario italiano Orsini, cuando lanzó tres bombas de gran potencia contra el cortejo imperial mientras éste se dirigía a la ópera. La guardia a caballo quedó inutilizada, los transeúntes se cayeron: doce muertos y 156 heridos en total. Napoleón III y su esposa salieron ilesos gracias a las placas de hierro fijadas al piso y a los lados del coche.

El blindaje se encuentra en este momento en un estadio artesanal. Más tarde experimentará un auge gracias al hampa estadounidense, que siempre iba, en cuestión de automóviles, muy por delante de la policía. Al Capone, por ejemplo, sólo confiaba en su Cadillac Town Sedan, verde y negro, protegido por 1.360 kilogramos de blindaje. Para desplazarlo, un V8 de 5,6 litros de cilindrada. Con una opción muy útil: la luneta trasera era basculante para poder ametrallar cómodamente a un eventual perseguidor. La mayoría de los gánsteres de envergadura invirtieron después en un vehículo blindado. Pero no fue así con Jacques Mesrine. El que se había convertido en el enemigo público número uno después de una serie de atracos violentos iba al volante de un BMW 528i el 2 de noviembre de 1979, en la puerta de Clignancourt, cuando los equipos del comisario Broussard abrieron fuego contra él mientras circulaba en un BMW de serie, comprado de ocasión unos días antes en el concesionario de Clichy. Acusada de haber ejecutado a Mesrine en lugar de haber intentado arrestarlo, la policía respondió: «Era más vulnerable en un coche. Querer cogerlo en su inmueble o en la vía pública habría provocado víctimas colaterales». El automóvil no ha dejado de ser una escena del crimen...

Cuero

Una magdalena de Proust. El inolvidable olor del cuero, sutil pero potente, nunca mareante. La textura flexible, un poco agrietada, un poco brillante con la pátina de la edad, pero nunca deformada. Los nombres que centellean: Connolly (largo tiempo proveedor de Rolls-Royce, Aston Martin, Daimler), Bridge of Weir, Nappa... Para experimentar este gozo, hace cincuenta años, bastaba con subir a bordo de un 404 SL o un DS Prestige: su tapicería no tenía casi nada que envidiar a la de los coches de lujo. Hoy, por desgracia, esta sensación se ha vuelto inaccesible, hay que firmar cheques de cinco ceros. En los Rolls, Bentley, Ferrari..., colocar una tapicería completa cuesta cada vez más caro, a causa de la materia prima, el cuero salvaje. Y también a causa del tratamiento de las pieles, que, cuando se realiza según las reglas del arte, es un largo proceso difícil de automatizar: limpieza, descarnadura, remojo, curtido, teñido, secado... Los fabricantes de coches para la venta en masa se ven obligados a recortar un poco por aquí y un poco por allá, siendo la única manera de que este noble material sea accesible a la mayoría. Porque la pasión por el cuero no decae. Es prestigioso y robusto, se ensucia menos que el tejido y es práctico de cuidar. Se le reprochaba que fuera frío en invierno y quemara los muslos y la espalda durante el verano, aunque esto no es tan cierto con los asientos climatizados.

Sin embargo, sus días quizá están contados. Bajo la presión de los defensores de la causa animal y las organizaciones medioambientales, se ha convertido en un material *non grato*. No sin buenas razones. Se necesitan más de 50.000 litros de agua para tratar una tonelada de piel y 130 sustancias químicas diversas, a pesar de una reglamentación muy endurecida con el paso de los años. Esto explica el uso del cuero vegano, realizado a partir de fibras naturales recicladas, corteza o corcho. Tesla es el pionero, con asientos que reciclan, entre otros, desechos de manzanas. Renault lo ha utilizado por primera vez con el Megane E-Tech eléctrico. Volvo, Audi e incluso Bentley también lo ofrecen. Esta conversión progresiva es necesaria aunque nunca nos quitaremos de la cabeza la belleza del cuero rojo de ese Lancia Aurelia B20 de 1957 o del Connolly Havana de ese Jaguar MK2 de 1962.

D

Dacia

Es un gran clásico de las películas de acción. Un general en jefe prescinde de su Estado Mayor, que le parece demasiado convencional, y apuesta por unos oficiales impulsivos para una misión de alto riesgo. Se forma un comando, dispuesto a saltar sobre el objetivo pasando por alto ciertos procedimientos habituales. ¡Muy bien, este guion es el de Dacia! En el papel del jefe, Louis Schweitzer, director general de Renault de 1992 a 2005. En el de los boinas verdes, Jean-Marie Hurtiger, con su fuerte personalidad como jefe de proyecto, y Gérard Detourbet, gran especialista en ingeniería. Detrás de ellos, un equipo dispuesto a desvivirse por asumir uno de los retos más alocados de la industria del automóvil moderno: construir, a partir de una marca rumana arruinada, un coche de diseño moderno de 5.000 euros. Objetivo ampliamente superado, incluso pulverizado. Las carreteras francesas actualmente están llenas de Sandero y Duster. Año tras año, Dacia registra cifras récord. En 2022, su cuota de mercado en Francia llegó al 9 por ciento. Es decir, una progresión del 4,5 por ciento en un año en un sector sin embargo muy ralentizado. Incluso en Europa ha sido una de las pocas marcas que ha crecido en ventas, con un aumento del 13,8 por ciento. En suma, una historia increíble.

Esta historia empezó en 1997. Louis Schweitzer, de viaje por Rusia, visita las instalaciones de Lada. Un modelo de 6.000 dólares, con todas las opciones incluidas, lo intriga. «¿Por qué Renault no desarrolla este tipo de vehículo de bajo precio en el ámbito internacional?», se pregunta. De regreso a Francia, expone su visión ante sus colaboradores con este argumento: «Actualmente, sólo el 20 por ciento de la población del planeta tiene coche. ¿Y si hiciéramos un coche para el 80 por ciento restante?». ¡Un fracaso! «Para los ingenieros, era imposible; para los comerciales, era estúpido», confesó después.

Pero Louis Schweitzer no se rinde. En 1999 compra Dacia por 50 millones de dólares, un fabricante rumano en plena caída, que posee desde hace largo tiempo la licencia Renault. Cuenta con fábricas invadidas por las malas hierbas y perros vagabundos. Con una productividad desastrosa y unas cuentas manipuladas (unos años antes, para adaptarse a los objetivos oficiales, se habían hinchado las ventas en 16.000 unidades...). En este caos, se lanza el proyecto *low cost*, con el nombre de código X90. El grupo de ingenieros franceses destinados a Bucarest vive su primer año en un ambiente surrealista. Nunca habían visto, excepto en Rusia, un estado de deterioro como aquél. En Billancourt, donde reina la duda sobre este asunto, poca gente los apoya. Los toman por locos. Por otra parte, nadie o casi nadie va a verlos y luchan ellos solos. Uno de los responsables del grupo confesará más tarde: «Yo era el que tenía que anunciar al presidente que su proyecto no tenía ninguna posibilidad de llegar a buen puerto». Pero el presidente aguanta y da muestras de una confianza inquebrantable.

De hecho, se invierten 400 millones de euros en el proyecto X90 y 460 millones en la modernización de la fábrica de Piteşti, a 120 kilómetros de Bucarest. Con una consigna: hacer tabla rasa de los procesos habituales y las ideas preconcebidas, partir de una página en blanco. El objetivo no es fabricar un coche degradado ahorrando un poco por aquí y otro poco por allá, sino diseñar un nuevo modelo, totalmente inspirado en el control de los costes. Un enfoque sistémico y no paramétrico, como se diría hoy. La ruptura, llamada *design to cost*, es total. Con unas líneas como si fueran trazadas con regla, un habitáculo austero, equipamientos suficientes pero espartanos, cristales poco perfilados, muchas piezas monobloque, poca electrónica y una reutilización sistemática de elementos existentes en otros modelos. Los directivos franceses de Bucarest aprenden a jugar con los efectos de umbral: contentarse con el 99 por ciento de una prestación permite a menudo reducir los costes un 10 por ciento.

En la época, esta manera de actuar suscita algunos sarcasmos. Como si todo esto fuera evidente y como si Renault reinventara la rueda. Ahora bien, simplificar es muy complicado. Las compañías aéreas *low cost* pueden confirmarlo: son raras las que siguen siendo rentables durante mucho tiempo. Por lo tanto, la hazaña de Renault es conseguir que convivan sus marcas clásicas y *low cost*. Siendo éste un caso único en los negocios.

En 2004, apenas lanzado en Rumanía, el primer Logan hace explotar las listas de pedidos. Es cierto que parece austero y poco glamuroso, pero es robusto y está suficientemente equipado para el país de los Cárpatos. El segundo milagro se produce al año siguiente, cuando el coche se lanza en el mercado francés. A pesar de su carrocería en tres volúmenes impopular en Francia, sube directamente a la sexta posición de las ventas en su categoría, gracias a una relación precio-prestaciones imbatible. El auténtico despegue se produce en 2008 con la llegada del Sandero: ¡40.000 ventas en Francia ese año! Su versión Stepway con un *look* aventurero y su variante GPL ayudan. En 2010 se produce la consagración con el Duster: un auténtico SUV a muy bajo precio, del que se venderán más de un millón de ejemplares en su primera versión. Después se suceden las nuevas versiones del Sandero y el Duster con el mismo éxito, que consagran a Dacia como la marca más rentable del grupo Renault. Se ha demostrado que la industria automovilística no está condenada a la carrera armamentística perpetua y al «cada vez más». Aquí termina la fase primera, la del lanzamiento y la consolidación.

La fase segunda empezó cuando tomé posesión de mi cargo al frente del grupo Renault en 2020. Confié la responsabilidad completa de la marca a Denis Le Vot, que le dio un nuevo impulso. Rompiendo con el enfoque geográfico de los mercados y la búsqueda de grandes volúmenes, decidimos dar valor a cada una de nuestras marcas. Este trabajo nos condujo a romper el techo de cristal de Dacia. La competencia potencial con los modelos de Renault ya no podía ser un freno para su desarrollo. Lo que la marca había sabido hacer con modelos pequeños, ahora debía hacerlo para los más grandes atacando el segmento C, el más grande en Europa. Pasamos a la acción y adoptamos el mismo enfoque en esta categoría que el que nos había aportado el éxito de Dacia en el segmento B durante quince años. Como con el Sandero o el Logan, el Bigster, que se lanzará en 2025, es más ligero y mucho más barato que sus competidores directos. ¿Cómo se consigue? Utilizando una vez más componentes ya empleados y amortizados en la gama de Renault. Esta estrategia se apoya en la evolución del mercado. De entrada, la carrera por los grandes motores ha terminado. Ya no es un factor determinante en la compra de un coche. Después, surgen nuevos clientes para la marca. Es cierto que continuamos centrándonos en los de los primeros años, que no disponían de mucho dinero. Pero otros, más acomodados, se han unido a ellos, porque no quieren pagar 40.000 euros por un modelo familiar. El retrato robot de estos nuevos adeptos es el de un profesor universitario alemán casado y padre de dos hijos que cuida mucho sus gastos. Para él, comprar un Dacia se ha convertido en un acto natural. Como si la frontera entre los más acomodados y los que no lo son se hubiera difuminado. Al mismo tiempo, estos compradores prefieren las versiones equipadas con todas las opciones. Aunque son más numerosas, de todos modos están muy bien de precio. Todos los equipamientos se pasan por el cedazo para mantener los presupuestos al mínimo. ¿La cámara trasera? Sí, pero analógica en lugar de digital. El encendido es un poco más lento, pero la factura es inferior. ¿La climatización? Evidentemente, pero su tecnología de compresión es más sencilla que la de los fabricantes clásicos. ¿El ajuste eléctrico de los asientos? Eso no. Modificarlo exigiría cables suplementarios, un motor eléctrico, un alternador calibrado... La misma obsesión por el «coste útil» vale para el diseño. Delante, por ejemplo, no hay leds superfluos, se reservan para las luces de cruce. Detrás del Jogger, las luces verticales son en forma de Y, logrando un efecto más bonito. Pero son mucho más económicas que las luces que se prolongan hacia el maletero: para estas últimas, habría sido necesario duplicar las bombillas y prever metros de cable suplementario. En cambio, los estilistas pudieron recuperar las barras de techo modulares del Sandero Stepway para equipar al Jogger: el impacto visual, con un pequeño aspecto aventurero, se consideró suficientemente decisivo para que el coste suplementario se autorizara. De la misma manera, se ofrecen tonos más chic, como el caqui o el cobre, que seducen a los recién llegados.

En cuanto a la producción, los equipos trabajaron duro para poner a punto una plataforma modular que ahora puede utilizarse tanto para el Dacia Sandero como para el Clio o el Captur. También consiguieron la proeza de sacar el Spring, el microcoche eléctrico más barato del mercado que muestra la ingeniosidad de Dacia. Se trata de la versión modificada del Renault City K-ZE eléctrico producido y comercializado en China, a su vez basado en el Renault Kwid térmico indio. Sus diseñadores eliminaron de tal manera los equipamientos inútiles que su peso se pudo limitar a 970 kilogramos. Por lo tanto, puede prescindir de una gran batería.

Así avanza la gama Dacia, en una línea divisoria entre un máximo de prestaciones y un mínimo de gastos. Los arbitrajes para saber dónde es más juicioso invertir son permanentes. Los ingenieros de Dacia lo dicen siempre: «Ir a lo esencial requiere mucha más energía que ponerlo todo». También se oye decir cada vez más: «Dacia sube de gama, Dacia se aburguesa». ¿Y por qué no, mientras esto se haga con discernimiento y mientras los precios de venta sigan siendo buenos, lejos de los modelos comparables, pero cerca de los vehículos de ocasión? Sí, los Sandero, Jogger y Duster ya no son coches sin elaboración como eran al principio. ¡Por fortuna! Pero sé que Dacia nunca olvidará el famoso eslogan de Colin Chapman, el fundador icónico de los bólidos Lotus: *Light is right*. Lo que es ligero está bien. Con un matiz: hoy también es moderno.

Dakar

No han sido muchas las personas que han creado competiciones automovilísticas de alcance internacional. Thierry Sabine, el inventor del París-Dakar, un raid que reúne todos los años autos, motos y camiones para cruzar los desiertos más extraordinarios del planeta, es una de ellas. Nada detenía a este visionario carismático y obstinado, ni siquiera las críticas que a veces le dirigían. Su audacia molestaba, pero era, ante todo, un creador genial. Tan genial que la prueba ha sobrevivido a su muerte en un accidente de helicóptero ocurrido durante la carrera en 1988. Amenazada por el riesgo terrorista en África, se desplazó a América Latina y después a Arabia Saudita, sin perder su dimensión de evento.

El primer París-Dakar tuvo lugar en 1979. Yo sólo tenía 11 años, pero ya era fan de la competición automovilística y, sobre todo, del *rally*. Una pasión que compartía con Thierry Sabine, nacido también un 13 de junio, pero 18 años antes, en 1949. Era originario de Touquet, donde su padre, Gilbert Sabine, ejercía la profesión de cirujano-dentista. Fue un buen piloto. Empezó por los rallies automovilísticos y ganó el Rally de Touquet en 1976. También obtuvo buenos resultados en las competiciones en circuito. Terminó dos veces las 24 Horas de Le Mans. El joven Sabine tiene suerte, porque también tiene una buena labia. Diplomado en la EFAP —escuela de referencia en comunicación—, es contratado como agregado de prensa por el municipio de Touquet. Su misión es promocionar su ciudad, así que en 1975 crea el Enduro de Touquet, una prueba reservada a las motos que se desarrolla en la gran playa de la estación turística y que también perdurará a lo largo del tiempo. Porque está tan loco por los vehículos de cuatro ruedas como por los de dos. Siempre en busca de sensaciones fuertes, participa en el Rally Abiyán-Niza con tres amigos en enero de 1977, un acontecimiento que lo marcará para siempre. Se pierde en el desierto del Teneré, en la frontera entre Libia y Níger. Se le acaba la gasolina, abandona la moto y camina tres días sin beber ni comer. Lo salva un piloto de avión enviado por la organización, y ha rozado la muerte. ¿Está afectado por el síndrome de Estocolmo? De esta prueba surge, paradójicamente, su amor por el desierto y por África. En 1978, cuando Jean-Claude Bertrand, el organizador del Rally Abiyán-Niza, renuncia a su evento, Thierry Sabine aprovecha la oportunidad. Decide lanzar una carrera que irá en sentido inverso, de Europa hacia África, de París a Dakar, y que se iniciará a los pies de la torre Eiffel. Es un poco megalómano, pero la cosa funciona. Algunos grandes medios de comunicación nacionales, como los semanarios *Paris Match* y *VSD*, atraídos por la promesa de fotos impactantes, acuden el 26 de diciembre de 1978 a la salida de la primera edición. La fecha no se ha elegido al azar: la idea es ocupar el terreno durante la tregua de las fiestas de fin de año. ¡Y qué terreno! Los 182 participantes, profesionales y aficionados atraídos por esta aventura inédita, se juntarán en un recorrido de 6.000 kilómetros. En África, de Argelia a Dakar pasando por Agadez, corren el riesgo de perderse o de encallar en cualquier momento. Promesa cumplida: desde esta primera carrera, los incidentes que crearán la leyenda del Dakar son numerosos. Algunos competidores terminan las etapas en plena noche, otros se accidentan y se ven obligados a renunciar. Cada día, Thierry Sabine, vestido con un mono blanco o azul claro y tocado con una gorra, como un general en campaña, toma la palabra para informar a los pilotos. Los competidores están fascinados con las palabras de este guía carismático. Juega a fondo la carta de la aventura, lo que le permite que se olvide el aspecto a menudo improvisado de la carrera. Como anécdota, el motero Cyril Neveu, con una Yamaha, inscribe su nombre en el palmarés. Las motos han ido más deprisa que los autos...

En los años siguientes, el número de inscritos crece con rapidez. Los candidatos se agolpan. Aventureros en ciernes que preparan ellos mismos su coche o su moto en su garaje, pero también celebridades, como los actores Chantal Nobel y Claude Brasseur, quieren participar. Fluyen los patrocinadores, pequeños y grandes, atraídos por la perspectiva de ver sus logotipos puestos en valor en las dunas del Teneré. Sobre todo, los fabricantes de autos y motos encuentran en el Dakar una ocasión única de poner en escena su experiencia y la calidad de sus aparatos en un contexto exigente.

Apasionados en apuros que comparten sus veladas con estrellas agotadas, coches y motos de corrientes transformados en monstruos del desierto, un decorado extraordinario filmado todos los días por las cámaras a bordo de helicópteros, recuperaciones..., todo va cuajando. El Dakar se convierte en un evento importante.

Algunos incidentes fuera de lo común, a veces dramáticos, amplifican su audiencia. Como en 1982, cuando se pierde durante cinco días el rastro de Mark Thatcher, el hijo de la primera ministra británica, Margaret Thatcher. Por iniciativa de uno de sus patrocinadores, se ha inscrito, sin preparación, como copiloto de la francesa Anne-Charlotte Verney, que conduce un Peugeot 504. El tándem circula en convoy cuando tropieza con un obstáculo oculto. La carrocería del coche se rompe y es imposible continuar. Los demás competidores les prometen alertar a la dirección de la carrera, pero se equivocan sobre su posición. La ayuda no llega. Se roza el incidente diplomático entre Francia y el Reino Unido, porque la llamada «Dama de Hierro» adora a su hijo. Su ministro de Asuntos Exteriores alerta a las autoridades francesas y señala la inquietud en ascenso en Londres. El presidente estadounidense Ronald Reagan comunica su solidaridad a Margaret Thatcher. Ante esta crisis que se vuelve internacional, el presidente François Mitterrand decide movilizar al ejército: envía tres aviones de búsqueda, que se unen a las fuerzas argelinas ya en acción. Mark Thatcher acaba por ser encontrado y transportado a un lugar seguro. Ha sobrevivido bebiendo agua del radiador del 504. Al llegar al lugar, su padre, Denis Thatcher, le da un buen bofetón. Y, ante la polémica que llena los medios de comunicación británicos, su madre decide pagar de su bolsillo los gastos de repatriación del hijo terrible.

Este episodio rocambolesco no debe hacer olvidar que, en el aspecto deportivo, Renault es el que gana en la categoría «Auto» ese año, con los hermanos Marreau. Estos hijos de un mecánico del departamento de Eure y Loir, apodados «Zorros del Desierto», grandes especialistas del raid en África, comenzaron inscribiéndose con un 4L en 1978, antes de triunfar con un Renault 20. Dominaron los equipos de profesionales, como Lada, Land Rover y Mercedes. Imágenes de la cámara de a bordo alucinantes muestran cómo adelantan a sus competidores y evitan todos los obstáculos, como un caballo, vacas e incluso una máquina de obra. ¡Siento un gran respeto por ellos! Sin embargo, será el canto del cisne para los aficionados, porque, a partir de 1983, las grandes marcas toman el poder. Mercedes, Land Rover e incluso Porsche monopolizan el primer lugar en el podio de Dakar.

Es el 1 de enero de 1986. Empieza el Dakar en la plaza de Armas de Versalles. La prueba promete ser apasionante. Se han inscrito pilotos prestigiosos, como Jacky Ickx o Henri Pescarolo. Las escuderías oficiales Porsche, Mitsubishi, Range Rover y Lada van a por la victoria. Thierry Sabine está en la cima de su gloria. Se ha convertido en una estrella de la pequeña pantalla: acaba de presentar un programa en horario de máxima audiencia dedicado a la aventura en Antenne 2. Ya se ha grabado otro, programado para febrero. Contrariamente a los años 1983 y 1985, el cantante Daniel Balavoine no participa en la competición, porque ha decidido llevar a cabo una misión humanitaria en África apoyándose en la mediatización del *rally*. Sabine le ha propuesto utilizar su helicóptero para ir de un punto a otro mientras sigue la competición. El 14 de enero, el aparato hace un vuelo de más. Cae la noche y se levanta una tormenta de arena. En la niebla, el piloto vuela demasiado bajo y choca con una duna. Es el desastre. Los cinco ocupantes fallecen, entre ellos Sabine y Balavoine. Ante el golpe, incrédula, la caravana pierde a su guía, al que creía inmortal. Gilbert Sabine, el padre de Thierry, abandona de inmediato su consulta de Touquet para acudir al lugar del drama. Su vida cambia de un día para otro: abandona su oficio y a sus pacientes, y decide suceder a su hijo para salvar el Dakar.

Bajo su dirección, empiezan los años de éxito de Peugeot. Cuatro victorias seguidas entre 1987 y 1990. Compuesto por pilotos expertos, el grupo creado por Jean Todt, que se convertirá más tarde en el jefe de Ferrari en Fórmula 1 y presidente de la FIA, es invencible. Sin embargo, sufre una sucesión de incidentes inesperados. En 1988 roban el 405 Turbo 16 del campeón de *rally* finlandés Ari Vatanen durante la noche en Bamako. Acaba por encontrarse, pero ya es demasiado tarde para seguir en la carrera. Al año siguiente, Jean Todt se enfrenta a un problema: sus dos pilotos, Vatanen e Ickx, luchan por segundos y se arriesgan mucho. Demasiados riesgos para él. Para poner fin a esta guerra fratricida que promete acabar mal, el jefe de la escudería opta por echar a suertes al ganador con una moneda de 10 francos. Gana el finlandés. En cabeza de carrera, el piloto belga obedece en el último minuto, justo antes de la línea de llegada, deteniendo su coche para dejar pasar a Vatanen...

Con la perspectiva del tiempo, estos episodios rocambolescos simbolizan los años despreocupados del Dakar. A partir de la década de 2000, la carrera entra en un período mucho más difícil. El aumento del terrorismo y del islamismo en África amenaza directamente la seguridad de los competidores. Después del asesinato de cuatro turistas franceses en Mauritania, el *rally* incluso se anula en 2008.

Finalmente, el *rally* se traslada a América Latina en 2009. Es una idea genial porque la pasión popular es muy considerable en Argentina. Tuve ocasión de darme cuenta cuando seguía una etapa en el fantástico decorado de la cordillera de los Andes. Sin abandonar su nombre de Dakar, convertido en una marca, sigue en este continente hasta 2020, antes de volver a migrar hacia los desiertos saudíes. Bien organizado por Amaury Sport Organisation, que también gestiona el Tour de Francia y el Maratón de París, el Dakar es una cita imprescindible de la competición automovilística internacional. Thierry Sabine puede sentirse orgulloso de lo que nos ha legado.

Detroit

Cuando fui a Detroit por primera vez, la capital del automóvil ya estaba en plena agonía. La incapacidad de los fabricantes estadounidenses para resistir la ofensiva de los coches japoneses y la crisis financiera la habían puesto en apuros. Sumida en la pobreza, entregada a la delincuencia, vaciada de sus habitantes, la ciudad ofrecía un espectáculo lúgubre. El centro urbano recordaba a una ciudad golpeada por una guerra. Se veían inmuebles que ardían sin que intervinieran los bomberos. Bastaba con bajar del coche para enfrentarse a la inseguridad. Así que no es sorprendente que, en 2013, la ciudad se declarara en quiebra.

Sin embargo, allí fue donde se escribió una de las páginas más grandes de la historia del automóvil. Y donde los *Big Three* del sector (Ford, General Motors y Chrysler) todavía están instalados. Esta ciudad, fundada en 1701 por el francés Antoine de Lamothe-Cadillac, acogió sus primeras fábricas a finales del siglo XIX. Henry Ford abrió allí su primer taller en 1896, antes de crear la empresa que lleva su nombre en 1904. Entre 1900 y 1930, el crecimiento fue rápido. Todos los pioneros del sector se agruparon, desde William Crapo Durant (General Motors) hasta los hermanos Dodge, pasando por Walter Chrysler y los hermanos Packard. Se convirtió en la *Motor City*.

Pero fue duramente golpeada por primera vez por la Gran Depresión de la década de 1930, que hundió la economía estadounidense. Es cierto que después se recuperó gracias al New Deal de Roosevelt y al *boom* económico de la década de 1950.

Pero entró en una fase de declive duradera a principios de la década de 1960. La población cayó de 1,8 millones de habitantes en 1950 a un poco más de 600.000 habitantes en la actualidad, una evolución acorde con la del empleo industrial. Lo peor llegó durante la crisis de las *subprimes*, en 2008. La quiebra del banco Lehman Brothers acabó con el sistema financiero y provocó la ruina de millones de hogares, que estaban muy endeudados por comprar su casa. Esta vez, todos los gigantes del automóvil doblaron la rodilla. El propio presidente Barack Obama intervino para sacarlos a flote, lo cual no impidió el cierre de 59 fábricas pertenecientes a los *Big Three*. Por lo tanto, los trabajadores afectados a menudo perdieron al mismo tiempo su empleo y su techo...

Desde entonces, Detroit remonta lentamente la pendiente. Los fabricantes estadounidenses, reestructurados, están en mejor situación y se pasan también a la energía eléctrica. La ciudad sigue siendo un lugar importante para el sector automovilístico. Cada año, su Salón del Automóvil es una cita muy relevante para nuestra industria. En las calles han aparecido algunas tímidas señales de recuperación, sobre todo en el aspecto cultural. Pero el retorno de la prosperidad del siglo XX todavía parece ser un sueño.

Diseño

por Luc Donckerwolke, presidente de Hyundai Motor Group

Desde siempre, el diseño es lo que pone emoción al automóvil. A menos que se haga un uso estrictamente comercial, el coche se elige de entrada por su forma. En mi caso, la pasión por los coches bonitos se remonta a la infancia. El primer diseñador que me indujo a seguir este camino es, de hecho, un creador de cómics. Soy belga nacido en Perú, crecí en África y en América del Sur porque mi padre era diplomático. He vivido en países donde la pasión por el automóvil no existía en las calles de las ciudades. Pero, a los cuatro años, en Buyumbura, la capital económica de Burundi, enfermé gravemente. Para distraerme, mi padre intentó encontrar sin éxito un cómic de Tintín en una librería. En lugar de eso, consiguió un Michel Vaillant, dibujado por el belga Jean Graton. Éste fue el detonante. Gracias a la historia de los Valientes, los magníficos coches de competición que protagonizaban el álbum, el automóvil entró en mi vida. Así que, cuando regresé de África a los 18 años para cursar mis estudios, quise orientarme de inmediato hacia el diseño de automóviles. Intentaron disuadirme: «Olvídalo, sólo los diseñadores italianos viven de este oficio». Pero me obstiné. Obtuve un primer título. Por desgracia, una hepatitis me impidió entrar en el mercado de trabajo. Entonces regresé para estudiar en la delegación suiza de una gran escuela de diseño estadounidense.

Tres países han desempeñado un papel importante en la historia del diseño automovilístico. El primero es Italia. Para mí, el estilo italiano es la referencia. Aunque después me convertí en un gran coleccionista de Porsche y de coches deportivos alemanes, los diseñadores italianos forzosamente me han marcado. Pienso en Pininfarina, en Giugiaro, en Bertone o en Zagato..., sin olvidar a los actores más pequeños, como Michelotti o Scaglietti, artesanos carroceros que trabajaban a medida para las grandes marcas, como Ferrari.

El diseño italiano ha evolucionado con el tiempo y se democratizó en la década de 1970. Por ejemplo, Giorgetto Giugiaro diseñó vehículos como el VW Golf, el Hyundai Pony (con su diseño, dio origen al automóvil coreano) y el Lancia Delta, coches que tienen el mismo ADN estilístico. Pero otros actores, como Bertone, se orientaron más bien hacia los vehículos conceptuales presentados en el Salón del Automóvil. El Lamborghini Countach es uno de los coches más extremos que ha producido. Fue diseñado por Marcello Gandini, uno de los diseñadores formados con Bertone, como Giugiaro o Deschamps. El diseño italiano era la alta costura, con un aspecto arrollador, prestigioso. Los diseñadores italianos se convirtieron en el máximo exponente del diseño. Convirtieron el diseño automovilístico en un oficio apasionante. Ellos fueron los que me inspiraron y atrajeron a tantas personas al oficio del automóvil. Hay muchos diseñadores en el mundo, pero son los únicos que han conseguido exportar su diseño. Pininfarina diseñó los Honda en Japón, el Rolls-Royce Camargue en el Reino Unido, el Peugeot 406 Coupé en Francia y el descapotable Cadillac Allanté en Estados Unidos. Bertone diseñó el Citroën y el Škoda Favorit, Michelotti creó el Triumph Spitfire al otro lado del canal de la Mancha.

Al lado de la escuela italiana, el diseño francés ha desarrollado un enfoque diferente que recurre a artistas. Por ejemplo, el escultor italiano Flaminio Bertoni, que diseñó el 2 CV y el DS en Citroën. El uso de estos artistas reflejaba la actitud más refinada del consumidor francés. Es cierto que Francia democratizó muy pronto la utilización del coche, pero muchos vehículos muy inspirados tuvieron un gran éxito en marcas como Panhard o Facel Vega. Era la alta costura de la industria francesa.

Por último, la tercera escuela es la de Estados Unidos. Al otro lado del Atlántico, el automóvil ha estado durante largo tiempo inspirado por las visiones del futuro. Los estadounidenses soñaban con crear vehículos basados en la aeronáutica, los misiles o los cohetes. Era el nuevo continente donde todo era posible.

El proceso creativo variaba mucho de una escuela a otra. Pero Estados Unidos impuso sus reglas de juego con bastante rapidez. Crearon una nueva norma basada en la utilización del *clay*, una arcilla sintética para fabricar maquetas de tamaño real. Este material se vuelve maleable una vez calentado a 50 o 60 °C. Cuando se enfría, se endurece y se puede esculpir. Después se puede pintar y obtener una impresión de coche perfecta. El estudio de General Motors fue el primero que recurrió a este método, que después se generalizó por todo el mundo. Esto hizo surgir un nuevo oficio, el modelador de *clay*.

Estados Unidos consiguió establecer un estándar para la formación de los diseñadores a través de la creación de dos instituciones. En primer lugar, el Art Center College of Design de Pasadena, en California, que entregaba el diploma que todo diseñador debía tener, incluidos los europeos. Esta escuela tenía la gran ventaja de utilizar diseñadores profesionales, que aprovechaban para detectar a los mejores talentos del centro. Después, el College for Creative Studies de Detroit, donde se formó, por ejemplo, la francesa Anne Asensio, la mujer que hizo la mejor carrera en el diseño automovilístico. Trabajó en Renault y, sobre todo, en General Motors, en Estados Unidos, antes de pasar a Dassault.

Con el *clay* y sus escuelas, Estados Unidos modeló el diseño automovilístico moderno tal como lo conocemos en la actualidad. Sólo Italia intentó seguir su propio camino continuando con la creación de coches de yeso hasta principios de la década de 2000.

Pero la edad de oro del diseño italiano al final se acabó. La mayoría de las empresas automovilísticas empezaron a crear sus oficinas de diseño. Al principio, era un oficio poco atractivo. Algunos apasionados, artistas y perfiles reciclados de otras profesiones realizaban diseños por encargo. Era más económico que pedirle a un diseñador exterior que hiciera pequeños diseños. A menudo, las personas que habían seguido la fase de industrialización de un proyecto comprado en Pininfarina, Bertone o Giugiaro eran las que se responsabilizaban del estilo en Renault o Peugeot.

También llegaron diseñadores que habían conseguido aprender su oficio con los italianos, de la misma manera que Paul Bracq empezó su carrera en Italia antes de ir a Alemania y después a Francia con Peugeot.

Con estas oficinas integradas, las marcas crearon su ADN estilístico. Disponían internamente de jefes diseñadores que acabaron por descartar las propuestas procedentes del exterior.

Inevitablemente, comenzó el declive de los centros de estilo italianos. En un primer momento, se centraron en nuevos mercados, como Asia. Pero, a su vez, los fabricantes asiáticos también aprendieron a diseñar sus coches.

Pronto llegaron las dificultades para estas oficinas de estilo integradas. Con la internacionalización del automóvil, el diseño se convirtió en un producto mundial. Hubo que acostumbrarse a hacer coches que respetaran unas normas diferentes en cada país, lo que multiplicó los problemas creativos, como el tamaño de los parachoques o la separación de las luces traseras.

Lo peor fue la introducción de pruebas de marketing. Nivelaron el diseño por abajo. Si se pregunta al consumidor actual qué coche quiere dentro de tres, cuatro o cinco años, siempre responde: el mismo coche. ¡Por eso, todos los SUV se parecen!

Cuando hay que complacer al mismo tiempo a unos consumidores estadounidenses, franceses o asiáticos, se elimina todo lo que molesta.

Ya no es posible una revolución. Es cierto que renunciar a los test de mercado requiere un enorme valor. Una empresa que ha crecido se vuelve temerosa, tiene mucho que perder. Asimismo, un modelo que no se vende puede provocar el cierre de una fábrica. Por ello hay que ser prudente, no se debe pasar por alto la presión de los sindicatos.

La llegada del coche eléctrico cambia las reglas del juego. Ya no es necesario ser fabricante de automóviles para crear un coche. Los motores eléctricos son más o menos los mismos en todos los vehículos, ya no hay caja de cambios ni suspensiones especiales. Esto abre el camino a las *start-up*, como Tesla en Estados Unidos. De repente, los grandes grupos se ponen a competir, deben cuestionarse unos a otros. Yo veo esto como una gran oportunidad. Aunque no tengas el valor o la voluntad de transformar tu empresa, te verás forzado a hacerlo si no quieres desaparecer.

En lo referente al diseño, las consecuencias de la electrificación del coche son bastante considerables. De entrada, porque hay que alojar de 500 a 800 kilogramos de baterías. Sólo se pueden colocar debajo del habitáculo por razones de equilibrio del coche. Esto incita a hacer coches más altos, tipo SUV.

Después, porque desaparecen los componentes tradicionales, empezando por el gran bloque motor. El compartimento delantero donde estaba situado el motor es menos necesario. Lógicamente, por ello deberían volver los monovolúmenes.

Hasta el momento, los fabricantes vacilan en proponer modelos demasiado audaces, porque el consumidor reacciona de manera clásica. Es evidente que quieren evitar perderlo. Cuando vi llegar el Tesla, pensé que era increíble revolucionar el sistema de propulsión haciendo un coche tan clásico en lo referente a la forma. Pero fue a propósito: dejar de ir a la gasolinera ya era un gran choque para los consumidores, no había que poner en cuestión, además, los cánones estilísticos.

Tesla preparó el mercado para todos los fabricantes. Al inicio, todos se reían, pensaban que Tesla nunca tendría éxito. A palabras necias, oídos sordos. Y Tesla logró que el consumidor se adaptara a todos los recién llegados, especialmente los chinos.

¿Los coches eléctricos van a cambiar de forma? Por el momento, se actúa poco a poco realizando pequeños ajustes. Se justifica el capó delantero utilizando el espacio para el equipaje o un lugar para los cables. También se instalan componentes interiores, como el bloque climatizador: esto permite disponer de un panel de control más fino y con más espacio para los pies...

Este enfoque prudente está justificado: el éxito de los vehículos actuales es lo que permite financiar los proyectos del mañana. Pero todos trabajamos en el coche eléctrico del futuro. Porque cada crisis es pan bendito para un diseñador. Un diseñador que se contenta con vivir según las normas existentes es un cazador que ha renunciado a encontrar nuevos territorios de caza.

DS

Es inútil negarlo, el ambiente estaba enrarecido en Renault en el verano de 1955. El Salón del Automóvil de París se acercaba y surgían por todas partes informaciones cada vez más precisas sobre el lanzamiento inminente de un nuevo Citroën, descrito como revolucionario. Por más que la marca de las espigas lo hubiera desmentido en bloque y se hubiera rodeado de un inquebrantable secreto, los rumores eran insistentes. Así fue hasta la publicación por *L'Auto-Journal*, el 15 de septiembre de 1955, de fotos robadas y documentos técnicos que desvelaban lo esencial de la futura estrella. Esta exclusiva estrepitosa consiguió que Citroën persiguiera a la revista con registros, vigilancias y escuchas. En aquella época no se bromeaba con el secreto industrial. El proceso duraría doce años y fue cerrado por un auto de sobreseimiento.

Mientras tanto, *L'Auto-Journal* había acertado: el DS era una auténtica bomba, algo revolucionario. En cuanto abrió el Salón el 6 de octubre, el *stand* de Citroën se tomó por asalto. El sustituto del Traction destacaba como un objeto de ciencia ficción que hubiera aterrizado la víspera. Los visitantes estaban maravillados ante su apariencia de platillo volante, su carrocería estilizada con mezcla de plástico y aleaciones de aluminio, su estructura autoportante sin chasis, su volante de un solo radio, su parabrisas panorámico... Causó estupefacción el desenfreno de tecnologías futuristas, la suspensión hidroneumática de altura constante, los frenos asistidos, el embrague hidráulico semiautomático. El DS 19 de repente transportaba al automóvil francés a una nueva era. Los pedidos llegaron en masa: 749 en los tres primeros cuartos de hora; 12.000 durante la noche del primer día. Nunca se había visto algo así y no se repetiría nunca más. Aunque había un pequeño problema: solamente se habían fabricado una treintena de ejemplares. Y, a pesar de un rápido ascenso del ritmo de fabricación, los plazos de entrega eran superiores a quince meses. A causa de este entusiasmo, las primeras series experimentaron frecuentes averías hidráulicas. Como factor agravante, la red de talleres se veía superada por ese oleaje de innovaciones en las que no había tenido tiempo de formarse correctamente. Esta reputación de fragilidad repercutió durante largo tiempo en el coche. Por entonces corría esta broma en las calles: «No tengo medios para mantener un DS. Así que circulo en Rolls».

No importa, la locura Citroën devolvía a Francia su orgullo industrial. Con él, el país entraba en los «años de crecimiento» en los que todo parecía posible. El DS fue adoptado de inmediato por los políticos, los altos funcionarios, los empresarios y los grandes corredores. Animaba los trasiegos de coches oficiales en los patios de los ministerios. Y empezó una importante trayectoria en el cine, símbolo de la burguesía acomodada de la década de 1960, como rey de las escenas de riesgo y coche preferido tanto por los grandes policías como por los gánsteres. De *El cerebro*, de Gérard Oury, a *Atrápame si puedes*, de Steven Spielberg, pasando por *Fantomas*, película en la que se transforma en avión, será el coche francés más presente en la gran pantalla.

En 1957, el filósofo y semiólogo Roland Barthes le rindió honores en su gran obra, *Mitologías*: «El nuevo Citroën cae manifiestamente del cielo, en la medida en que se presenta primero como un objeto superlativo [...] y es posible que el dios marque un cambio en la mitología automovilística». En 1958 se produce la consagración, se convierte en el vehículo oficial del general De Gaulle. Fue el emblema itinerante del *savoir faire* azul, blanco y rojo en casi todos los viajes presidenciales. Incluso gana más aura con el atentado del Petit-Clamart, el 22 de agosto de 1962. Ese día, el coche está ocupado por el general, su esposa y su yerno. En la carretera que conduce al aeropuerto de Villacoublay, es ametrallado por un comando de la OAS: 187 balas disparadas, de las que sólo catorce alcanzan la carrocería. Ningún pasajero herido. Este balance milagroso se atribuye a la destreza del conductor, pero también a las cualidades del DS. Ha podido mantener el rumbo a pesar de los neumáticos reventados.

El Citroën, venerable rey de la carretera, y de las incipientes autopistas, nunca perderá su corona. Con el paso de los años, presenta nuevas versiones y audaces tecnologías. Siempre consigue sorprender. En 1961 aparece el sublime descapotable realizado por el carrocero Chapron. Su valor puede rozar hoy los 200.000 euros. En 1964 surge el acabado Pallas, con butacas club de ribetes generosos, piel de color rojizo por todas partes, acolchados gruesos y moqueta mullida. Seguirán la inyección electrónica y las luces pivotantes para iluminar mejor en las curvas. Como anécdota, hubo también una variante diseñada en 1966 especialmente para el mercado italiano, con un motor ligeramente reforzado. Porque, según el entonces director general de Citroën en Italia, la potencia original no era suficiente «para el temperamento volcánico» de sus clientes transalpinos. Los argumentos que se utilizaron después para venderlo se resumían así: *Elasticità, nervosità, velocità*. No se necesita traducción, ¿verdad?

En 1975, el DS todavía mantenía a raya a las grandes berlinas alemanas. Un periodista especializado lo puso en un último banco de pruebas: «Su estabilidad es fenomenal. Incluso bajo la lluvia, corta la carretera como un torpedero en mal tiempo, levantando un inmenso chorro de agua que ciega a sus perseguidores. La dirección mete al coche en las curvas con una sorprendente vivacidad». Sin embargo, ese año, el DS dejó de fabricarse: veinte años después de su presentación... y treinta y siete después del lanzamiento del proyecto. En efecto, en 1938 se lanzó el primer boceto con el nombre en código de VGD (de «vehículo de gran difusión»). Fue el principio de una historia llena de cambios y que, como hemos visto, permanecería como secreta hasta el último momento. La génesis es instructiva y demuestra que, tanto ayer como hoy, la industria automovilística se inscribe en un tiempo largo y duradero. Lo cual no siempre es compatible con los bruscos cambios reglamentarios que imponen los políticos y las administraciones.

En 1938, el jefe del proyecto se llamaba Pierre Boulanger. Era previsor y ya pensaba en la sucesión del Traction, aunque se había comercializado hacía poco. Tenía en mente dotar el proyecto VGD con las técnicas más modernas de su tiempo. Su consigna para los ingenieros era ésta: «Estudiadlo todo, incluso lo descabellado». ¡No pedían otra cosa! Se creó un grupo bajo las órdenes de un inconformista notorio, André Lefebvre, formado con el fabricante de aviones Gabriel Voisin, donde inventó el tren de aterrizaje de cuatro ruedas. Después lo echaron de Renault por insolencia. Citroën lo recuperó y le dio mucha libertad para trabajar en el Traction y después en el VGD. Durante la ocupación nazi, el proyecto avanzó con una confidencialidad total, lejos de la curiosidad de los alemanes. Pero, y es increíble, las grandes líneas del futuro DS ya estaban fijadas: capó descendente, carrocería ligera, suspensión hidráulica. En 1945, los estudios continuaron a un ritmo acelerado. Y las decisiones intrépidas también. En especial en lo referente al diseño, dirigido por Flaminio Bertoni, también creador del 2 CV y del futuro Ami 6. Se optó tanto por la transmisión como por la dirección hidráulica. Tras pruebas y sesiones de ensayo, algunas de las cuales fueron catastróficas, el DS estaba por fin listo para la apertura del Salón del Automóvil de 1955, y con el éxito que conocemos.

Al año siguiente, Ferdinand Porsche diría de André Lefebvre y de su obra: «Es genial. Nunca he visto tanta técnica concentrada en un coche de serie». Viniendo del inventor del Escarabajo, el homenaje tenía cierto peso.

E

Electrocombustibles

Se toma hidrógeno producido a partir de energías renovables y se captura carbono emitido, por ejemplo, en ciertos centros industriales; se mezcla todo y se obtiene un nuevo carburante llamado «de síntesis» que puede hacer circular los coches y volar los aviones. La ventaja de esta solución, que ya empieza a utilizarse en el sector aéreo, pero también en la Fórmula 1, es que es neutro en emisiones: el carbono emitido se compensa con el que se ha recuperado antes. Los electrocombustibles pueden utilizarse en todos los vehículos existentes, sin necesidad de equipamiento suplementario. Esto permitirá solucionar el problema de los mil quinientos millones de coches de combustión que estarán en circulación en el mundo todavía durante muchos años, mientras se despliega la flota eléctrica.

¿Y cómo podremos producir cantidades suficientes de este tipo de carburante? Se necesitará tiempo y decenas de miles de millones de euros de inversión industrial para responder a la demanda, pero la voluntad está ahí, y la tecnología también. Los países productores de petróleo saben que sus reservas se agotarán con el tiempo. Por lo tanto, se preparan para virar hacia nuevas fuentes de ingresos. Las granjas solares gigantescas les permitirán producir grandes volúmenes de hidrógeno. Transformado allí mismo en electrocombustible —infinitamente más fácil de transportar—, podrá aprovechar el sistema logístico del oro negro: superpetroleros, oleoductos, etc. En mi opinión, es el complemento ideal e imprescindible de la electricidad. ¡Allá vamos!

Escarabajo

¡Qué sorprendente destino! ¡El Escarabajo fue un deseo personal de Hitler antes de la guerra, pero terminó su carrera siendo alabado por los *hippies* de San Francisco! El modelo estrella de Volkswagen ostenta el récord del mundo como el coche más fabricado de la historia. Entre el final del conflicto mundial y 2003, fecha de salida del último ejemplar de la fábrica de Puebla, en México, llegaron al mercado 21,5 millones de unidades. Un resultado claramente superior al del Lada soviético (17 millones) y del primer bestseller del automóvil, el famoso Ford T (15 millones). Con su motor situado detrás y refrigerado por aire, dejó su huella durante más de medio siglo. Al Escarabajo no se le resistió ningún mercado y conquistó todo el planeta. Su diseño inimitable incluso lo convirtió en una estrella de cine. Walt Disney produjo cinco comedias y una serie entre 1968 y 2003 con el Escarabajo de protagonista. La primera, *Ahí va ese bólido*, realizada por Robert Stevenson, es sin duda la más famosa. La llegada del Golf equipado con un motor de cuatro cilindros situado bajo el capó delantero a mediados de la década de 1970 fue lo que aceleró el declive del Escarabajo. Era la hora: el gigante de Wolfsburgo necesitaba renovar su oferta para relanzar unas ventas globales en caída libre desde la década de 1960.

Yo era director de marketing de Volkswagen en 2011 cuando la marca intentó resucitar el Escarabajo con el New Beetle. La idea era seguir el ejemplo del Mini, relanzado en una versión más señorial que el original de 2001, y del Cinquecento, cuyo retorno triunfal yo mismo había orquestado en Fiat en 2007. El coche estaba muy bien logrado, pero no tuvo el éxito que se esperaba. Quizá porque recordaba a los alemanes una página sombría de su historia, a diferencia del Fiat 500. El Escarabajo se ha convertido en un objeto *vintage* buscado por los coleccionistas, pero nunca ocupará un lugar aparte en el *Hall of Fame* del automóvil mundial.

Estacionamiento

Un objeto que cuesta más caro a su propietario en reposo que en funcionamiento es bastante raro. Es lo que ocurre con el coche en las ciudades que han subido el precio del estacionamiento al nivel del coste del caviar. En 2022, de cuando datan las últimas cifras conocidas, había que calcular una media de 43,10 dólares para dos horas en Nueva York, récord mundial; 32,65 dólares en Sídney; 16,64 en Londres, y 12,73 en Ámsterdam, así como 11,50 dólares en París, en la posición 23. Por no hablar del recargo SUV establecido por la alcaldesa de la capital francesa, Anne Hidalgo: ¡en su mandato, la hora pasa a 18 euros en los once primeros distritos de la capital para un vehículo térmico de más de 1,6 toneladas y para un vehículo eléctrico de más de 2 toneladas; ¡las tarifas son de 396 euros cada día, la semana cuesta 1.980 euros y el mes vale más de 8.000 euros! El equivalente a un apartamento muy lujoso...

A la hora de comprar, los números son exorbitantes. En Hong Kong, un aparcamiento de unos metros cuadrados cuesta 1,3 millones de dólares. En Nueva York, los más caros han llegado al millón de dólares, antes de que el sector inmobiliario se calmara un poco. Winston Churchill tenía razón: «Con el capitalismo, la gente tiene más coches. Con el comunismo, tiene más aparcamientos».

A causa de esta escasez, los historiadores del automóvil son rotundos: antaño, la obsesión de los conductores era no tener averías, hoy es poder aparcar. El fenómeno no sólo afecta a las metrópolis, también llega a las ciudades de tamaño medio, donde proliferan zonas tranquilas y semipeatonales. Esto no mejorará este curioso indicador: un automovilista francés pasaría una media de dos meses y medio de su existencia buscando un lugar donde aparcar. Y el 20 por ciento del tráfico urbano sería debido a los coches que dan vueltas y más vueltas con la esperanza de poder detenerse por fin.

La reglamentación del estacionamiento es un asunto muy antiguo. Se remonta al rey asirio Senaquerib, gran constructor y urbanista antes de tiempo. Durante su reinado, de 705 a 681 a. C., se prohibió la detención de los carros a lo largo de la arteria principal de la capital, Nínive, para dejar el lugar necesario a los desfiles de tropas y los cortejos. La historia no nos dice cómo funcionaba el estacionamiento, pero se puede suponer que era un asunto bastante difícil. Las mismas disposiciones se tomaron más tarde en Roma para intentar regular la circulación en calles muy estrechas. Pero avancemos más en el tiempo. En diciembre de 1607, un edicto de Enrique IV impone dejar ciertas vías libres de «diligencias, carretas y carros». Con Luis XV, las sillas de mano tampoco podían estacionarse en cualquier lugar. Y ahora aceleremos, estamos en agosto de 1928, al inicio de los problemas de los automovilistas: el decreto de 21 de agosto reconoce por primera vez la legalidad del estacionamiento de pago. En 1960 se crean las zonas azules, acompañadas del disco horario, para organizar el reparto del espacio público y la rotación de los vehículos estacionados. En 1971 llegan a Francia los primeros parquímetros, inventados en Estados Unidos en la década de 1920. Funcionarán muy bien y proliferarán por todas partes. Hasta su sustitución, hace seis o siete años, por los *tickets* sin dinero y su control por los coches radar.

Todo esto somete a cierta presión a los conductores. Sobre todo porque el arte del aparcamiento entre dos vehículos se ha elevado a disciplina olímpica. Fallar siempre es humillante. Y es la temible prueba de los exámenes para obtener el carnet de conducir. Pero ¿por cuánto tiempo todavía? La ayuda electrónica al estacionamiento (*park assist*), que forma parte del equipamiento de cada vez más vehículos, ya se ocupa de esto. En el futuro, la conducción autónoma se encargará de todo el trabajo, incluso de detectar un lugar libre para aparcar. Pero esto no resolverá el problema de la falta de plazas de estacionamiento. Como decía el humorista Jean Yanne: «Lo mejor es comprar un coche ya aparcado».

Estafette

Primero, hay que sujetar firmemente el volante, grande y fino como un aro. También convendría pensar en hacer sesiones de musculación para girarlo, porque la dirección es dura como un yunque. Después, hay que acostumbrarse a esta extraña posición de conducción, inclinado hacia delante, como sobre la carretera. Transigir con las suspensiones saltarinas. Anticiparse a la lentitud causada por unos frenos endebles...

Bienvenido a bordo de la Estafette, que, a pesar de estos pequeños defectos, pronto se convirtió en una estrella. En un santiamén, se colocó en un primer plano y se impuso como uno de los objetos familiares de las calles y el campo franceses. Como una reina del transformismo y campeona de la modularidad, como todavía no se decía en aquella época. Se encontraba por todas partes como camioneta de artesano, tienda ambulante en pueblos pequeños, vendedora de helados en las playas, sandwichería (el antepasado de nuestros *food trucks*), minibús para colonias de vacaciones, autocaravana antes de que éstas existiesen, vehículo preferido de *El gendarme de Saint Tropez*... Desde su presentación, en 1959, insufló un viento de modernidad en el mercado insulso de la furgoneta, dominado por la Type H de Citroën y por la D4 de Peugeot. Dos modelos diseñados en la austeridad de la posguerra. No es sorprendente que la Estafette, con su aspecto de joven primicia, se identificara con la prosperidad y el optimismo de los Treinta Gloriosos.

Su nombre, por sí solo, era una apuesta. Tenía una personalidad femenina, a pesar de que se dirigía, en principio, a una clientela de brazos fuertes. Un riesgo asumido: la Estafette, como el repartidor militar del correo o de paquetes pequeños, debía ser veloz, ligera y compacta, menos destinada a cargas pesadas que sus rivales. Éste sería su punto fuerte: colmar el vacío entre el *break* utilitario y el camión de transporte. Renault reincidió con la originalidad de su nombre y utilizó la rima llamando Alouette a la versión acristalada de ocho asientos. En definitiva, el nombre de Estafette fue un buen hallazgo, hasta el punto de convertirse en sinónimo de camioneta.

Su frontal un poco mofletudo y sus colores vistosos sedujeron enseguida. Naranja, amarillo, azul. Era una manera de mofarse de la Type H, hecha muy groseramente y disponible sólo en un gris triste. Y, sobre todo, la relación entre volumen y carga útil pulverizó a la competencia: 4,09 metros de largo, como un Clio de hoy; con 6 metros cúbicos de carga. Una proeza posible gracias a la carrocería monovolumen, veinticinco años antes del Espace, y por la adopción de la tracción delantera. Una primicia para Renault, e incluso una revolución copernicana: Billancourt, en aquellos años, apostaba por ponerlo todo atrás. Por otra parte, habría que esperar dos años y al 4L para que la Régie convirtiera sus coches a la tracción.

Abandonar la propulsión permitió a la Estafette eliminar el árbol de transmisión del piso y ofrecer una suntuosa superficie de carga completamente plana: ¡3,80 metros cuadrados! La misma revolución en lo que respecta al motor. Para ganar espacio, se decidió colocarlo en medio de la cabina, entre los dos asientos. Así que nada de capó prominente, no se podía perder ni un centímetro, a pesar del ruido de bombardero que invadía el habitáculo. Estas opciones técnicas eran puro vanguardismo. Es cierto que la ingeniosa Combi Volkswagen había abierto el camino nueve años antes. Durante un tiempo, la oficina de proyectos de Renault quiso inspirarse en ella y mandó desmontar un ejemplar. Pero el motor colocado detrás sacrificaba demasiado volumen útil. De ahí las innovaciones radicales de la Estafette. Las defendía un joven ingeniero llamado Guy Grosset-Grange. Pero tenía en su contra a su jefe, el responsable de la oficina de proyectos Fernand Picard, que consideraba todo aquello demasiado arriesgado. El proyecto llegó hasta la oficina del director general del grupo, Pierre Dreyfus. Éste se puso a favor del intrépido Grosset-Grange y le dio carta blanca. Pero con una condición, que utilizara al máximo los elementos del Dauphine para limitar los gastos. El control de los costes, una segunda naturaleza en Renault...

En el momento del lanzamiento, la dirección organizó el Campeonato de Francia de conductores repartidores, que consistía en recorrer lo más rápido posible, al volante de una Estafette, un itinerario lleno de obstáculos, aceras con trampas y pasos estrechos como un embudo. Evidentemente, el objetivo era resaltar la manejabilidad y la facilidad de conducción del vehículo. Una operación de comunicación ingeniosa. Pero, en realidad, la Estafette no la necesitaba para nada: su éxito fue fulgurante. Hasta el punto de que los plazos de espera se prolongaron. Leí en una revista especializada en coches de colección el testimonio del propietario de una Estafette. Cuenta que lo consiguió de una tendera que lo había comprado en 1962. Pero la demanda era tan alta que la mujer había tenido que pedir también un Renault Floride para acelerar el asunto. Esto relativiza un poco los problemas de aprovisionamiento y entrega que la industria del automóvil ha experimentado recientemente...

De entrada, y esto también era revolucionario en la época, la Régie Renault comercializó su nueva furgoneta en un montón de versiones. Furgón elevado (con un techo de poliéster, lo cual era inédito), *pick up* con lona, minibús de nueve plazas... Incluso creó la serie Zone Bleue con una carga útil más baja para eludir la ley que prohibía la circulación de vehículos de más de 500 kilogramos de carga en algunas ciudades. La Zone Bleue recuerda que la Administración francesa ya era prolífica en reglamentación hace sesenta años y que los franceses también eran ya muy imaginativos para adaptarse. Entre las aplicaciones más famosas de la Estafette, recordemos las destinadas a las fuerzas del orden. En 1960, la gendarmería lanzó una licitación para renovar sus furgonetas. Frente a Peugeot y Citroën, la Alouette de Renault (una Estafette rebautizada) ganó con gran ventaja gracias a su cantidad de plazas sentadas y a su radio de giro ultracorto. Para ello contó con la ayuda de su estatuto de empresa pública, por supuesto (como en las licitaciones de Correos). En total, se entregaron 11.000 ejemplares. Acto seguido, la policía también optó por la Alouette. Cabe señalar que su estatuto de furgón de policía nunca perjudicó su cota de popularidad. Sin embargo, muchos franceses la conocieron de cerca, aunque sólo fuera a causa de un exceso de velocidad, pues en el furgón era donde se firmaba la denuncia.

¿Qué le debemos hoy a la Estafette, cuya carrera terminó en 1980? Muchas cosas. Prefiguraba los nuevos conceptos que irrumpieron largo tiempo después: monovolumen, *break* elevado, SUV, ludospace, SUV cupé... El Espace, el Scenic, el Dacia Jogger de siete plazas, el Kangoo, el Austral, el Captur y tantos otros se lo agradecen.

Europa

La Europa del automóvil es toda mi vida. Desde que terminé mis estudios, no he dejado de ir de un país a otro. He ocupado puestos de responsabilidad en las empresas de los mayores fabricantes del continente, de Fiat a Renault, pasando por Volkswagen, Audi, Seat y Toyota Europa. He vivido en Bruselas, en Turín, en Wolfsburgo, en Barcelona y en París. En todas partes me he integrado, en todas partes he mirado, escuchado, aprendido y, sobre todo, actuado. Con el paso de los años, he acumulado una experiencia que me permite hacer un diagnóstico sin concesiones sobre esta industria que es uno de los pulmones de la economía europea. El problema es que este pulmón necesita aire en el momento más crítico de su historia, el del paso a la energía eléctrica. ¡Un gran reto! Sin duda, es la transformación más grande de la historia industrial contemporánea. Todos los fabricantes están comprometidos a fondo. Han puesto en marcha programas de inversión gigantescos (¡250.000 millones de euros!) para acudir a la cita del final del motor de combustión en 2035.

El reto es enorme, sobre todo porque la electricidad impone dar la vuelta a la tortilla. La experiencia de ayer se difumina ante las nuevas disciplinas. Aparte de las cuatro ruedas y la carrocería, los coches ya no tendrán nada que ver con los actuales.

Ahora hay que aprender a dominar nuevas tecnologías extremadamente evolutivas, como las de las baterías. Y el software de a bordo es el nervio de la guerra, lo cual exige recurrir a nuevas competencias, las de GAFAM y la inteligencia artificial.

El problema es que no tenemos ni el más mínimo margen de cometer errores para mantenernos en esta carrera de alto riesgo. ¿Por qué? Porque no estamos solos en el mundo. Con el coche eléctrico, desaparece la barrera de entrada del motor de combustión, muy complejo de fabricar. Este *big bang* tecnológico ya ha hecho las delicias de recién llegados como Tesla.

Sin activos industriales históricos que preservar, con la ventaja de la confianza ciega de los mercados financieros, apoyado por los gobiernos, Tesla, a través de sus programas en otras cadenas de valor (espacio, energía, etc.), ha podido explorar nuevos modos de producción, construir gigafactorías ultramodernas y ocupar posiciones comerciales envidiables en el mundo entero.

Sobre todo, porque otra competencia todavía más temible se prepara para invadir nuestros mercados: la de los fabricantes chinos.

En la competición por la supremacía mundial del automóvil, su objetivo confesado, China dispone de varias bazas estratégicas, como veremos a continuación.

Ya controla los sectores de aprovisionamiento de tierras raras destinadas a las baterías. Además, gracias a sus numerosas empresas de electrónica para el gran público y de tecnología (TCL, Huawei, Xiaomi...), domina todo lo que convierte a los coches eléctricos en auténticos «smartphones sobre cuatro ruedas» (pantallas, aplicaciones, software, semiconductores, inteligencia artificial...).

Además, sus fabricantes automatizan a ultranza sus empresas. Cada año, más de la mitad de los robots que se instalan en el mundo se instalan en China. Esto le permitirá ser competitiva en todos los mercados.

Unos cuarenta fabricantes luchan como locos por ser uno de los cinco o diez que sobrevivirán con el tiempo. Rivalizan en audacia e innovaciones, a la vez que se roban mutuamente las innovaciones, lo cual, al final, es beneficioso para los consumidores.

Por último, y más importante, el gobierno de Xi Jinping hace todo lo posible, desde hace tiempo, incluso movilizando el sistema financiero, para que su industria automovilística se convierta en la primera del mundo. En este ámbito, como en los demás, la segunda economía mundial ha puesto en marcha un marco reglamentario claro. Las reglas del juego están hechas para provocar una mejoría de la competitividad del sistema.

Es cierto que, para hacerles frente, los fabricantes europeos no carecen de medios. Tienen bazas no despreciables en sus manos: sus mercados son muy valorados por los clientes, su sentido del marketing, la inventiva de sus ingenieros, la creatividad de sus diseñadores o la calidad de su mano de obra.

Pero esto no será suficiente. En el ámbito mundial, la industria europea pierde cuota de mercado. Con el aumento del poder de China, este retroceso corre el riesgo de amplificarse.

¿Qué podemos hacer para resistir? ¿Dónde es posible encontrar el impulso que falta para cambiar la tendencia?

Esta industria ha desempeñado, y desempeña todavía, un papel clave para la prosperidad del continente. A continuación, ofrezco algunas cifras de ello:

- La industria automovilística emplea a 13 millones de personas en Europa.
- El 8 por ciento de los trabajadores europeos trabajan en sus 164 fábricas.
- Produjo 12,1 millones de coches en 2023.
- Representa el 8 por ciento del PNB y un tercio de las inversiones europeas.
- Genera un excedente comercial con el resto del mundo de 102.000 millones de euros.

Sin olvidar lo referente a la recaudación: el automóvil aporta 392.000 millones de euros en ingresos fiscales.

En realidad, la industria automovilística es algo así como la industria de las industrias. Todos los sectores de actividad tienen alguna relación con ella. Como se ha dicho a menudo de la construcción: si va bien, todo irá bien. Pero hoy los fabricantes de automóviles están preocupados. Necesitan decisiones políticas claras y estables para enfrentarse a sus retos. Esperan que Europa cambie de programa. A sus ojos, es necesario poner en marcha una verdadera política industrial de la que el automóvil será uno de los beneficiarios. Y también que controle mejor su política de regulaciones. Es cierto que éstas son necesarias, pero han demostrado que además pueden ser contraproducentes, como ocurre con las normas establecidas para hacer los coches más seguros, que han conducido a hacerlos más pesados y caros. El resultado es que los compradores conservan durante más tiempo su viejo vehículo, lo cual va en contra de la estrategia de descarbonización. Asimismo, las regulaciones son demasiado numerosas y, a menudo, tienen un aspecto punitivo, con sus plazos de aplicación fijos y sus multas.

En mi opinión, Europa debe inventar su propio camino: un modelo híbrido que apueste a la vez por una forma de dirigismo, garante de la estabilidad de los objetivos y los métodos, y por la iniciativa privada.

Teniendo en cuenta todas las dimensiones de la descarbonización, ahora se deben impulsar las opciones innovadoras y de sentido común. Por ejemplo, habría que incitar a todas las grandes ciudades a que pongan en marcha un arsenal de medidas favorables a los pequeños coches eléctricos y a los vehículos que gozan de una homologación reciente. Esto dinamizaría el segmento de los microcoches, modelos más ligeros y baratos, y, por lo tanto, con menos emisiones de CO_2, desde su fabricación hasta su utilización.

¿El futuro del automóvil europeo será radiante? Así lo espero y lo creo. Nada será fácil, pero esta es mi batalla de todos los días.

F

Fanfarronería

La leyenda del fútbol brasileño Rai hizo una sorprendente confidencia en un plató de televisión en octubre de 2023: cuando jugaba en el PSG entre 1993 y 1998, el atacante estrella tomaba a menudo el tren de cercanías en Croissy-sur-Seine al salir del entrenamiento para ir a clases de francés en el centro de París. Un día, un pasajero que lo había reconocido se arriesgó a preguntarle: «¿No tiene coche?». ¿Podemos imaginar esta escena hoy? Para un jugador medianamente famoso, lo normal es no pasar desapercibido. Para conseguirlo, lo más fácil es adquirir un coche asombroso, fabricado con cuentagotas, que tenga sus 500 u 800 CV y supere el medio millón de euros.

Fanfarronería, apariencia, afectación. Es el mantra de los dioses del estadio, cuyo valor parece reflejado en el precio y las prestaciones espectaculares de sus bestias de cuatro ruedas. Lionel Messi da que hablar con su supercoche Pagani Zonda Tricolore, estimado en más de 1,3 millones de euros, con su Maserati Stradale, su Mercedes SLS AMG o su Cadillac Escalade. Cristiano Ronaldo está incluso por encima del argentino con sus Bugatti Chiron, Veyron y Centodieci (de 8 millones de euros), su McLaren Senna y su Rolls-Royce Cullinan. Tampoco está mal la escudería de Karim Benzema: Bugatti Veyron Pur Sang (de 2,5 millones de euros), Lamborghini Urus, Huracan Spyder, Porsche 911 Turbo...

Como él, Antoine Griezmann alinea un Rolls-Royce Wraith, McLaren 675LT, Ferrari F12 Berlinetta y McLaren 675LT. ¿Y Kylian Mbappé? Lo vemos con un Ferrari, valorado en cerca de 500.000 euros, aunque en este caso en el lado del pasajero, porque el *crack* de Bondy no tiene carnet y ha de desplazarse obligatoriamente con un chófer. No importa, estos bólidos no están hechos para la vida de todos los días, sino para alardear cuando se va al entrenamiento, en los chalets de lujo, delante de los lugares nocturnos de moda y en las cuentas de Instagram. Estos príncipes del fútbol pueden de esta manera presumir de su poderío, según indica la web comercial Autodoc, que reveló su clasificación con motivo del último Mundial. Mercedes, en cabeza, se lleva la palma. Seguido de Audi, Land Rover, Ferrari, Bentley, Lamborghini, Porsche, BMW y Aston Martin. El palmarés por modelos es interesante. Los favoritos son el Bentley Continental (veinticuatro de las estrellas del fútbol tienen uno), el Range Rover Sport (veinte), el Lamborghini Gallardo (ocho), el Porsche Panamera Turbo S (ocho), el Audi R8 (siete)... Hay cinco Bugatti Veyron, ocho Ferrari 458, cuatro Ferrari Berlinetta, cuatro Lamborghini Aventador...

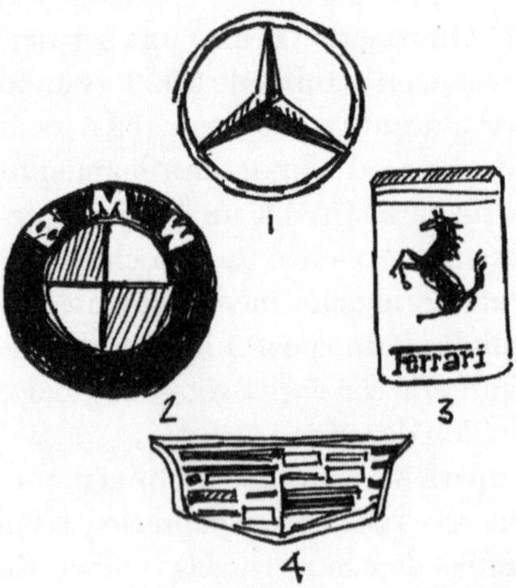

La fascinación de las estrellas del balón redondo por las grandes mecánicas se inspira en la que se observa entre los raperos. No es demasiado sorprendente, entre el rap y el fútbol hay una vieja historia de amor. Los dos universos se frecuentan, se mezclan, se influyen. Y quién sabe si el coche espectacular alimenta el rap. El marsellés Jul cita una marca de automóvil en cerca de 115 títulos —récord mundial—, 34 de ellos Audi. En segunda posición, el rapero alemán Kollegah con 112 títulos, 37 de ellos Mercedes. Por otra parte, es la marca estrella la que tiene la puntuación más elevada entre los raperos de todos los continentes, con 1.180 menciones. Supera por poco a BMW. Ferrari (844 menciones), Cadillac (824), Lamborghini o Bentley detrás. Porsche no aparece hasta la undécima posición. Globalmente, las marcas de automóviles se citan más que las marcas de prestigio Gucci, Rolex, Louis Vuitton, Fendi, etc. Como si la gran cilindrada fuera una fantasía absoluta. Sociólogos y especialistas del lujo tienen una explicación para ello: «Los raperos y los futbolistas proceden de barrios difíciles y de familias muy desfavorecidas. Cuando acceden a la fortuna, siendo jóvenes, hacen realidad una parte de sus sueños utilizando unas marcas que les estaban prohibidas poco tiempo antes». Así que lo disfrutan mucho. Entre ellos, es una lucha de *punchlines* y de videoclips contundentes, y muy sexualizados, en homenaje al *buga* o al *carro*, términos utilizados para citar un coche. SDM y Booba agasajan a Audi: «Ella me llama Daddy, cree que voy a ponerle el anillo y hacerla subir en el cuatro anillos».[2] Y SCH responde con Ferrari: «Fefe por los Campos Elíseos, no alquilado, no alquilado».[3] Por su parte, Gims rebota con Lamborghini: «Armas de fuego de tipo A en el cráneo, 'ghini, 'ghini, Lambo', sí, huele a quemado».[4] Y finalmente Benab vuelve a Audi: «En RS3, la conducción es violenta. / Fumo hierba, tengo el cambio en el volante».[5]

Pero ¿qué dicen las marcas presentes en los videoclips provocadores de los raperos? La mayoría ponen al mal tiempo buena cara y quieren ver en ello una forma de promoción. Por el momento, no se alinean con el ejemplo de Ferrari, que ha prohibido la venta de estos modelos a las estrellas consideradas demasiado vacilonas, como el cantante Justin Bieber y el rapero 50 Cent. El crimen de este último es haber lavado su «fefe» con champán.

Ferrari

Quien ve rojo piensa en Ferrari. ¿Qué otra marca puede jactarse de haberse apoderado de un color? Es un fenómeno de marketing único que simboliza por sí solo el insultante éxito económico de la empresa

2. SDM, featuring Booba, *Daddy*, en «Ocho» (Bramsito y Trent 700, 2021).
3. SCH, *Champs-Élysées*, en «A7» (Myd, Aurélien Mazin y Kore, 2015).
4. Gims, featuring JUL y SCH, *GJS*, en «L'Empire de Méroé» (Boumidjal, 2021).
5. Benab, featuring Timal, *RS3*, en «Au clair de la lune» (Koston y Bersa, 2020).

de Maranello. Con su aparato industrial ultramoderno, entregó más de 13.500 coches en 2023, tres veces más que en 2002. La demanda es tan grande que los clientes tienen que esperar pacientemente más de dos años después de haber hecho el pedido para entrar en posesión de un Stradale, un Daytona o un F40. En menos de treinta años, la pequeña factoría italiana se ha convertido en una figura mundial del lujo. Un icono que ahora juega en la misma categoría que Rolex o Vuitton. Un dato que lo apoya: la marca Ferrari brilla en los mercados bursátiles de Milán y Nueva York para gran gozo de sus accionistas, empezando por la familia Agnelli, que, a través del *holding* Exor, posee el 24 por ciento del capital.

Cuatro personajes han moldeado esta historia fuera de lo común. Cuatro hombres con un perfil y unas competencias muy diferentes, todos ellos devorados por la pasión de hacer triunfar al caballo encabritado, emblema legendario de la marca.

El primero es, por supuesto, Enzo Ferrari, el fundador. Nace en Módena en 1898, hijo de un empresario de la reparación del automóvil, y siente desde muy joven la pasión por la carrera automovilística. Quiere ser piloto, pero el destino a veces es curioso, pues Alfa Romeo es quien le permite acceder a su sueño. A principios de la década de 1920, la marca del trébol le confía el volante de uno de sus coches que participan en las principales competiciones de la época, como la Targa Florio. Obtiene algunos resultados buenos, pero, al darse cuenta de la proliferación de jóvenes pilotos más rápidos que él, decide poner fin a su carrera en 1931. Aunque no abandona del todo el deporte automovilístico y en 1929 crea su escudería, la Società Anonima Scuderia Ferrari, cuya misión es hacer correr a los mejores pilotos en Alfa Romeo. Logra cumplir su misión: gana numerosas carreras y hereda el apodo de «Il Commendatore», que conservará hasta el final de su vida. Con Alfa Romeo y como accionista de la joven empresa desde su creación, las relaciones experimentan altibajos. Se envenenan cuando el fabricante decide, por orden de Mussolini, tomar el control total de la escudería en 1937. Esto es insoportable para Enzo Ferrari, que acaba por recuperar su libertad y de paso firma una cláusula de no competencia. Acto seguido, crea una nueva empresa que fabrica piezas de recambio para el automóvil y la aviación durante la Segunda Guerra Mundial. Cuando vuelve la paz, regresa de inmediato a su pasión: los coches de carreras. El primer Ferrari, el 125 S, sale del taller que ha mandado construir en Maranello, a 15 kilómetros de Módena, en 1947. Introduce sus modelos en todas las disciplinas, empezando por la Fórmula 1, que acaba de nacer. En la mente de Enzo Ferrari, los coches de serie sirven, ante todo, para financiar su actividad deportiva. Muy pronto, se le ocurre la idea de simular una especie de escasez para justificar su precio elevado. Aun así, se producen 950 ejemplares del Ferrari 250 GTE, un cupé 2+2 preparado por el diseñador Pininfarina, entre 1960 y 1963. Pero esta gestión industrial se muestra insuficiente para evitar las dificultades financieras ya que la competición cuesta cada vez más cara. En 1963, Ford le propone ayudarlo, sin que se llegue a un acuerdo. El orgulloso Enzo Ferrari quiere ser el único dueño en su casa. Un poco más tarde, en 1969, encuentra una solución italiana más aceptable a sus ojos. Gianni Agnelli acude en apoyo del Commendatore. Fiat adquiere el 50 por ciento del capital de Ferrari sin interferir en el funcionamiento operativo de la empresa, pero con la promesa de que Fiat aumentará su participación al 90 por ciento después del fallecimiento del fundador. Tras su desaparición, el 18 de febrero de 1988, los directivos procedentes de Turín llegan a Maranello. ¡Es es un verdadero choque de culturas! Desestabilizada, la empresa se hunde en la crisis. Las ventas de coches caen a la mitad.

En este momento, entra en escena un segundo hombre llamado Luca Cordero di Montezemolo. Gianni Agnelli lo propulsa al puesto de presidente de Ferrari en 1991 con el objetivo de poner a la empresa en el camino del crecimiento. Este hijo de aristócrata piamontés nativo de Bolonia entró en Fiat a principios de la década de 1970. Apasionado por el deporte automovilístico, había pasado una primera vez por Ferrari en 1973 y aceptó una misión de confianza. Fue el asistente de Enzo Ferrari.

Seducido por su sentido del liderazgo, éste lo coloca después a la cabeza de la escudería de Fórmula 1. Tenía sólo 26 años, pero destacó en este puesto: el piloto austriaco Niki Lauda se llevó dos títulos de campeón del mundo, en 1975 y en 1977, al volante de un Ferrari. Después, encadenó puestos de responsabilidad en la galaxia Agnelli, incluso dirigió la empresa de bebidas Cinzano. En 1990 también dirigió el comité de organización de la Copa Mundial de Fútbol en Italia.

Montezemolo estuvo al mando de Ferrari durante veintitrés años y su balance es impresionante. Mejoró la rentabilidad de la marca acelerando la creación de nuevos modelos y limitando a la vez el número de unidades producidas. Para conseguirlo, puso en marcha un programa de modernización industrial de 200 millones de euros. En unos años, Maranello se proyectó hacia el futuro. Buscó para ello a los mejores arquitectos del momento, como el italiano Renzo Piano. El punto culminante fue el edificio que alberga la línea de ensamblaje, confiada al francés Jean Nouvel.

Ganar dinero está bien, pero, cuando se dirige Ferrari, también hay que ganar en la Fórmula 1. Por eso, Luca di Montezemolo se dedicó a ello desde su llegada, aunque el éxito no fue inmediato. La década de 1990 está marcada por el dominio de los McLaren y, sobre todo, los Williams-Renault, cuatro veces campeones del mundo. Ante esta cruda competencia, Ferrari lucha por volver a alcanzar los puestos en el podio y los esfuerzos acaban por dar resultado, todo ello gracias a una contratación decisiva. El francés Jean Todt llega a Maranello en 1993, después de haber acumulado las victorias en Peugeot en todas las competiciones: *rallies*, París-Dakar y 24 Horas de Le Mans. Es el tercer personaje clave de la historia, siendo el primer extranjero que se ocupa de esta función. Todt se encuentra al frente de un ejército de cuatrocientos técnicos. El apodado «Pequeño Napoleón» no tarda mucho tiempo en reestructurar una organización minada por las peleas intestinas. En unos años, crea una increíble máquina de ganar con un método infalible: reclutar a los mejores, nunca dar nada por sentado y mostrar autoridad. En 1995, Todt convence a un *crack*, el alemán Michael Schumacher, dos veces campeón del mundo al volante de un Benetton Renault, y a dos de los mejores ingenieros de la Fórmula 1. Juntos alcanzarán el mejor palmarés de la historia de Ferrari: 14 títulos mundiales y 116 victorias en grandes premios. Todt abandona la empresa en 2009, unos años antes que Montezemolo, para ocuparse de la presidencia de la FIA (Federación Internacional del Automóvil).

Pero la historia no se detiene aquí. Entra en escena un cuarto actor:

Sergio Marchionne, director general del grupo Fiat, de 2002 a 2014, y de FCA (Fiat Chrysler Automobiles), de 2014 a 2018, año de su fallecimiento brusco. No sólo levantó Fiat, también siguió muy de cerca a Ferrari, de la que fue presidente después de la partida de Luca de Montezemolo en 2014. Tuve la suerte de trabajar a su lado dirigiendo las marcas Fiat y Alfa Romeo entre 2002 y 2009. Puedo dar testimonio de su amor por esta marca. Durante los últimos cuatro años de su vida, amplificó el despegue vertiginoso de las ventas. Él fue quien quiso, y consiguió, transformar Ferrari en una marca de lujo y quien aumentó su deseabilidad en todos los mercados del mundo. También fue él quien desligó Ferrari de Fiat y quien la introdujo en bolsa, revelando a los mercados financieros su estatura de joya del negocio mundial.

Es el 21 de octubre de 2015, a las nueve y media de la mañana. Wall Street se tiñe de rojo. Varios Ferrari, uno de ellos de Fórmula 1, están aparcados delante del edificio neoyorquino. Una gran bandera adornada con el blasón de la marca cubre la fachada. En el interior, Sergio Marchionne, vestido como siempre con un simple jersey de cuello redondo que le hace parecer más un director de Hollywood que un empresario, está acompañado en el famoso balcón del edificio por John Elkann, el presidente de FCA. Pero es él quien, muy sonriente, se encarga de hacer sonar la campana que marca el inicio de la cotización en el mercado bursátil. Se repite la misma ceremonia en la Bolsa de Milán el 4 de enero de 2016. Esta vez, es John Elkann quien da la señal del inicio de la cotización, aplaudido en el escenario por Marchionne. Ferrari, ahora posicionado en el sector del hiperlujo, ya no está obligado a ganar en los circuitos para tener éxito económicamente. En mi opinión, actualmente la Fórmula 1 desempeña el papel de la muleta del torero en el ruedo, permite mostrar el color rojo de vez en cuando. ¡Y quien ve rojo... piensa en Ferrari!

Fiat

Decir que los italianos aman Fiat es quedarse corto. Yo soy el primero que lo hace, que fui el director de la marca en el momento del lanzamiento del Fiat 500 en 2007. Con la empresa nacida en Turín en 1899, mantenemos desde siempre unas relaciones simbióticas, emocionales, pasionales... Por otra parte, ningún fabricante ha sido tan dominante en su país durante decenios. En 1970, tres años antes de la crisis del petróleo que lo cambiaría todo para la industria del automóvil, su cuota de mercado era del 64 por ciento en su territorio. Es cierto que, después, las cosas cambiaron radicalmente. La competencia entró por la fuerza en mi país. Y la familia Agnelli optó por unirse al grupo PSA para reforzar, y globalizar, su actividad en el seno de Stellantis, lo que diluyó inevitablemente la dimensión transalpina de Fiat. Pero, para nosotros, Fiat siempre será Fiat. Con sus joyas Abarth, Alfa Romeo y Lancia, marcas cuyo potencial sigue intacto, a mi modo de ver. Pero lo que me fascina desde hace tiempo es la increíble epopeya industrial de esta empresa diferente de las demás. Giovanni Agnelli, el fundador, se inspiró muy pronto en los métodos estadounidenses para invertir en una herramienta industrial muy competitiva. El máximo exponente es el famoso Lingotto, un edificio de cinco plantas en forma de lingote de 500 metros de largo, cuya construcción se inició en Turín en 1916. Fue diseñado por el arquitecto Giacomo Trucco y se terminó en 1922. En aquel momento, era con mucha diferencia la fábrica más moderna y revolucionaria del mundo. Las piezas llegaban a la planta baja y los coches se ensamblaban progresivamente, para someterse a pruebas, una vez terminados, en la pista de ensayos ovalada de 1,5 kilómetros, dotada de dos curvas parabólicas dispuestas en el tejado. Después bajaban por una rampa hacia los aparcamientos de almacenaje. En esta fábrica fuera de lo común trabajaban diez mil obreros. Durante treinta años, la mayoría de los modelos de Fiat salieron de Lingotto, empezando por el Fiat 508 Balilla, lanzado en 1932 en el Salón de Milán, y el Fiat 500 Topolino, un mini-Balilla diseñado por el ingeniero Dante Giacosa, en 1936. En total, se fabricaron ochenta modelos de coches en Lingotto hasta 1982, el año de su cierre definitivo. El último fue el Lancia Delta.

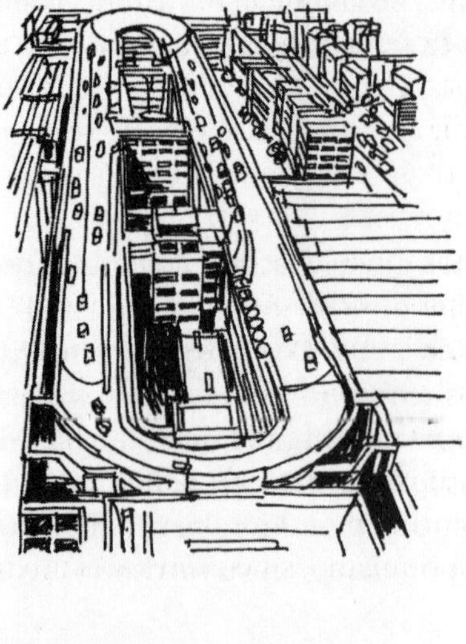

Entretanto, Fiat había adquirido una gran ventaja al lanzar, en 1937, el proyecto de la fábrica de Mirafiori, también en Turín. Gozaba de una organización industrial más avanzada que la de Lingotto. Se terminó en 1939 y empezó produciendo tanques, antes de ser destruida por los bombardeos y reconstruida en 1956. Como los demás fabricantes europeos, Fiat surfeó hábilmente la ola provocada por los Treinta Gloriosos.

El grupo también fue uno de los primeros que apostó por la globalización de los mercados, invirtiendo en fábricas por casi todo el planeta, antes de entrar en un largo período de crisis, marcado por movimientos sociales de gran magnitud. La continuación es conocida: el final del reinado del arrollador Gianni Agnelli, la llegada del genial financiero Sergio Marchionne y, más recientemente, la entronización del brillante John Elkann al mando de Exor, el *holding* de la familia Agnelli, el mayor accionista de Stellantis. Italia ha admirado y esperado mucho de cada uno de ellos. Con toda la razón, ya que estos directivos han luchado y luchan todavía para que la empresa conserve su rango. Como se dice en italiano: *rispetto* (que significa «respeto»).

Ford

por Jim Farley, director general de Ford

Hay fabricantes de automóviles... y después está Ford. En todas partes del mundo, la simple evocación de este nombre provoca una emoción particular. Son vehículos emblemáticos, con los que se siente el escalofrío de la carretera que se abre delante de uno, y además son el ejemplo de los hombres y las mujeres que realizan cada día un trabajo agotador y que hacen funcionar nuestra economía. Ford es también un nombre cargado de una prodigiosa historia: es la empresa que creó la industria del automóvil hace cerca de ciento veinte años y que nunca ha dejado de estimularla desde entonces.

En Ford hacemos mucho más que ensamblar unos vehículos formidables. Somos la empresa que democratizó la autopista con unos vehículos accesibles a la mayoría de las personas. Podemos reivindicar nuestra aportación en la elaboración del sueño americano y del propio concepto de clase media, basada en unos empleos que constituyen la base de una vida mejor para millones de familias. La historia de Ford no se reduce a nuestros productos. La innovación nunca ha sido, para nosotros, un objetivo en sí mismo, sino siempre el medio de dar vida a una empresa sana, que genera consecuencias positivas en la vida de la gente. Yo personalmente nunca pierdo de vista esta cualidad tan valiosa.

Todavía hoy, la marca Ford no deja indiferente a nadie. Y esto no es más que justicia, porque no tiene ningún equivalente en el mundo. Le debemos el Ford T, el Bronco y el F-150. Y, por supuesto, el Mustang, un bólido lanzado a las carreteras de Francia en *Un hombre y una mujer*, que propulsa a Steve McQueen por el San Francisco de *Bullitt* y cuya versión GT40 rompe todos los pronósticos en *Le Mans 66*. Como los que los fabrican, los vehículos de esta marca están animados por el ardor y la pasión.

Toda mi vida he sido un enamorado de los coches. Cuando era pequeño, estaba tan fascinado por todo lo que tenía ruedas que me llamaban «Jimmy Tuture» en la familia. A los 14 años me contrataron para montar motores en el garaje californiano de Phil Hill; con el dinero que me pagaron pude ahorrar para comprarme un Mustang negro azabache de 1966 y seis latas de Coca-Cola para mantenerme despierto, y circulé toda la noche hasta mi casa en Michigan. Sólo me faltaba un pequeño detalle en toda esa aventura: no tenía carnet de conducir.

Desde mi tierna infancia, siempre adoré la marca Ford. Mi abuelo fue uno de los primeros trabajadores de Henry Ford, con la ficha de empleado número 389. Trabajaba en la fábrica de Highland Park, en

Míchigan, la cuna histórica de las cadenas de montaje. Aquel empleo cambió su vida y el destino de toda la familia. Por eso, cuando conseguí mi primer empleo en Toyota, mi familia me hizo saber que no habría un lugar para mí en la mesa de Navidad aquel año. Y también por esa razón, al unirme a Ford en 2007, mucho antes de convertirme en director ejecutivo, tuve la sensación de volver a casa. Siempre he llevado esta empresa en la sangre y, sin duda, también en el sudor de mi frente.

Cuando Henry Ford creó la Ford Motor Company en 1903, iba por su tercer intento de creación de una empresa automovilística: ¡nunca hay dos sin tres, dice el refrán! Cinco años más tarde, el Ford T entraba en escena. Este vehículo revolucionario, lo suficientemente asequible y robusto como para convertirse en un auténtico producto de masas, cambió el rostro del mundo.

Pero la historia de Ford no se detiene aquí. Construimos las cadenas de montaje que moldearon la revolución industrial. Nuestros salarios y nuestra mano de obra inventaron la idea misma de clase media. Los aviones y los tanques ensamblados en las fábricas Ford de Willow Run detuvieron la victoria del fascismo. Nuestros camiones y nuestros T-birds acompañaron el *baby boom*. Construimos el centro de control de la misión que mandó a los primeros hombres a la Luna y realizamos innovaciones importantes, como los sistemas de airbags avanzados y el ABS, que protegen las vidas de los automovilistas en la Tierra. Unas proezas que hacen de Ford uno de los grandes pioneros de un siglo de éxitos, aventura y progresos para la humanidad.

Somos depositarios de una destacable herencia y podemos sentirnos orgullosos de ello. Pero también sabemos que no debemos dar nada por sentado. La historia del Ford T da testimonio de ello: en 1926, Ernest Kanzler, uno de los ejecutivos que dirigían la empresa, mandó a Henry Ford un informe que cuestionaba el vehículo que había constituido la gloria de la marca. Este modelo, que había definido y dominado el mundo del automóvil, estaba entonces eclipsado por sus competidores, dotados de nuevos equipamientos, motorizaciones más potentes y, sobre todo, carrocerías de color.

Kanzler aceptó su responsabilidad al servicio de nuestros clientes. Quizá era demasiado avanzado para su tiempo —por otra parte, aquella audacia le costó el puesto—, pero estaba en lo cierto. Fue necesario que el hijo de Henry, Edsel Ford, se alineara con esta óptica centrada en el cliente para que naciera el Ford A, que finalmente salvó a la empresa. Es una historia a la que tengo mucho cariño, porque nos recuerda que honrar la herencia no implica dormirse en los laureles. Todavía hoy, nuestra empresa lleva en sus genes esta atención casi obsesiva por los deseos y las necesidades reales de los clientes.

Actualmente, Ford posee fábricas en 125 países y nuestros vehículos se exportan hacia todos los destinos del planeta. Contamos con cerca de 180.000 asalariados en el mundo, a los que se añade un millón de empleos indirectos generados sólo en Estados Unidos. Ford inventó el camión *pick up* hace más de un siglo; casi cincuenta años después de su aparición, nuestro F-150 domina todavía el mercado estadounidense y no parece que nadie vaya a destronarlo. Por otra parte, en el mundo, el Ford Ranger tiene un éxito clamoroso en los 180 países donde se comercializa. Nuestro lema: *Built Ford Tough* (que significa «robusto como un Ford») es mucho más que un reclamo de marketing, es la promesa hecha a nuestros clientes de que siempre podrán contar con nosotros para las tareas más exigentes.

Todo ha cambiado desde la época del Ford T, pero algunos hilos conductores marcan también continuidades históricas, en la actualidad, más que nunca, Ford se distingue por unos productos emblemáticos que forjan su identidad. Por ejemplo, el Ford Bronco acompaña ahora a una nueva generación de aficionados al todoterreno. Reinventamos sin cesar el Mustang para que, al acercarse ya a los sesenta años de vida, continúe encarnando el mito del paseo en coche, con el pelo al aire, los Doobie Brothers a tope en la radio y la mochila llena de cosas para picar. En cuanto al Transit, fiel compañero de todas las pequeñas empresas que hacen girar la economía, ahora está disponible en versión eléctrica.

Estos vehículos están diseñados para la acción y también para la originalidad. Se dirigen a todas las personas que tienen que efectuar tareas duras y a las que sienten amor por el volante y llevan la autenticidad pegada al cuerpo.

Supimos democratizar las nuevas tecnologías al alba del siglo XX y continuamos haciéndolo en el presente. Nuestro sistema BlueCruise de conducción con manos libres es un ejemplo, entre otros, de la manera en que nuestros vehículos, diseñados en función de sus programas informáticos, responden a todas las necesidades de nuestros clientes y hacen sus trayectos cada vez más seguros y agradables. Hace cien años, Clara Ford, la esposa de Henry, optaba decididamente por un vehículo eléctrico. Hoy proponemos a nuestros clientes un abanico de motorizaciones más amplio que nunca, entre ellas una versión eléctrica Lightning del F-150, que sigue siendo el vehículo más apreciado en Estados Unidos. Nuestras fábricas punteras abren una nueva era de producción responsable, como atestigua el centro de BlueOval City, en Tennessee. Por último, nuestra gama de servicios Ford Pro acompaña día a día a los agricultores que cultivan los alimentos que consumimos, a los artesanos que son los engranajes de nuestra economía y a los servicios de emergencia que velan por nuestra salud y nuestra seguridad. Contamos con ellos todos los días y, a la inversa, ellos pueden contar con Ford Pro para que les proporcione vehículos fantásticos, por supuesto, pero también para utilizar los sistemas informáticos que hacen más eficaz y rentable su trabajo.

Hoy como hace ciento veinte años, Ford saca toda su fuerza de los hombres y las mujeres que constituyen esta empresa. Estoy muy orgulloso de pertenecer a una de estas familias, cuyo destino está unido al de Ford desde hace varias generaciones. Ahora atraemos talentos de un nuevo perfil, procedentes de Silicon Valley y de otros lugares: personas que nunca habrían pensado en trabajar para un fabricante de automóviles, pero que se apasionan por la aventura de la revolución digital en el automóvil. Y velamos por que Ford cree un entorno profesional donde cada uno, sea cual sea su recorrido y su antigüedad, pueda dar lo mejor de sí mismo.

También estamos profundamente anclados en nuestra tierra de origen, el sureste de Míchigan donde Henry Ford decidió enraizar la empresa hace más de un siglo. No sin razón Detroit se llama *Motor City*: es la cuna obrera de la producción manufacturera estadounidense y hacemos lo posible para que la ciudad siga para siempre fiel a esta vocación. No hay un emblema más poderoso que la renovación de la Michigan Central Station, esta estación que fue el centro vibrante de la edad de oro de Detroit antes de caer en el abandono durante varios decenios. Durante largo tiempo erigida como símbolo del triste declive de la ciudad, encarna hoy su espectacular recuperación: Ford ha transformado la estación y las 12 hectáreas de suelo urbano que la rodean para convertirla en una nueva capital de la innovación estadounidense y un modelo ejemplar de renovación urbana. Aquí se inscribirá el futuro de la industria automovilística de Estados Unidos. La historia de Ford está íntimamente unida a la de Detroit, y las dos están forjadas con una determinación inquebrantable: siempre que nos creen vencidos, nos echamos una mano, nos ponemos a trabajar y escribimos un nuevo capítulo de nuestro destino.

Por último, cultivamos esta relación particular que nos une a Francia desde la inauguración en París, hace más de cien años, del primer concesionario Ford fuera del territorio americano. Hemos añadido un hito a esta bella historia común con nuestro retorno triunfal al circuito de Le Mans en 2016, cuando, cincuenta años exactos después de nuestra primera victoria, eclipsamos de nuevo a la competencia y ganamos la prueba, contra toda expectativa. Cerca de un siglo después de que Aloha Wanderwell efectuara la primera vuelta al mundo en Ford T, con el hotel Le Royal de Niza como punto de partida y de llegada, otra exploradora realizó la misma proeza al volante de nuestro nuevo Ford Explorer eléctrico; fue un honor para mí asistir a este acontecimiento histórico.

En Ford no sólo queremos fabricar los mejores vehículos. Queremos construir un mundo mejor. Como en la época de Henry Ford y de mi abuelo, la empresa que dirijo hoy con Bill Ford siempre ha sido mucho más que la simple suma de sus componentes. Bill está guiado por una visión clara y unos valores sólidos. Y los dos sabemos que el éxito de toda empresa se mide con el rasero de sus consecuencias para los clientes, los asalariados y los colectivos a los que debe servir. Cuando se cumplen los ciento veinte años de historia de Ford, estamos orgullosos de los empleos que hemos creado, de las colectividades a las que apoyamos y de los progresos realizados en el camino de un futuro sostenible. Es la herencia que hemos recibido y que hemos prometido honrar. Pero la única historia que cuenta ahora es la que nos queda por escribir.

Fórmula 1

por Stefano Domenicali, director general de la Fórmula 1

Cuando se crece en Imola, la ciudad italiana famosa por su circuito de culto, es difícil no enamorarse del deporte automovilístico. Por lo tanto, mi carrera no fue una elección, sino una parte de mi vida en la que me he sentido feliz de participar. He trabajado para Ferrari, Audi, Lamborghini y ahora para la Fórmula 1. ¡Un niño de Imola no podía esperar más!

Pero ni siquiera en mis sueños más locos pude imaginar la fuerza del crecimiento del deporte al que he dedicado mi vida desde que me convertí en director general de la Fórmula 1 (F1). La F1 es la reina del deporte automovilístico. Seduce los corazones y las mentes de los aficionados al deporte desde hace decenios. Desde sus inicios en la Europa de la posguerra, cuando el continente intentaba estimular su pasión por el deporte automovilístico, hasta el fenómeno global en que se ha convertido hoy, con un calendario que se despliega en cinco continentes y 500 millones de aficionados que siguen cada uno de sus actos, este deporte evoluciona permanentemente para asegurarse de que sigue en la intersección de la innovación y la diversión.

Dicho esto, por más importante que sea el crecimiento, soy consciente de que nuestro deporte debe dejar una huella positiva, sea cual sea el lugar donde tengan lugar las carreras. Y de que, en el centro de nuestro compromiso, figura la ambición de conseguir el «cero neto» de aquí a 2030.

El desarrollo sostenible se ha convertido en un componente vital del futuro de todos los deportes. Forma parte de cada aspecto de nuestro negocio. Incluso creo que debemos utilizar nuestra posición de líder tecnológico para reducir significativamente la huella de carbono más allá de las carreras automovilísticas.

El compromiso de la Fórmula 1 de recurrir a carburantes completamente sostenibles y la próxima generación de motores híbridos que llegará a los circuitos en 2026 pueden tener un efecto positivo importante en el modelo que nos rodea. Hay 1.400 millones de vehículos equipados con un motor de combustión que circulan actualmente por el planeta. Y este número aumenta. El carburante que desarrollamos para nuestros coches se ha concebido para ser un *drop-in fuel.* Esto significa que podrá utilizarse en cualquier coche sin modificaciones, con lo que el impacto social podría ser extraordinario.

También hemos tenido importantes iniciativas para reducir nuestras propias emisiones. En 2023, por ejemplo, nos equipamos con una flota de camiones que circulan con carburante bio cuando se desplazan por el Reino Unido o por Europa. Esto ha permitido reducir las emisiones de nuestras operaciones de flete europeas en un 83 por ciento. Además, en los circuitos, empezamos a utilizar una nueva generación de generadores que funcionan con energía baja en carbono, una mezcla constituida por carburantes alternativos y energía solar. En un ensayo efectuado en Austria, esto se traduce en una reducción de las emisiones de CO_2 de los boxes y de las actividades de los equipos de más del 90 por ciento.

Al recurrir a estas nuevas tecnologías, no sólo reducimos nuestra huella de carbono, sino que, además, aceleramos su despliegue más allá de la Fórmula 1 y con efectos potencialmente masivos. Y no nos vamos a quedar aquí; la próxima etapa será examinar la manera en que nuestro deporte se desplaza por el mundo. Ya hemos modificado nuestro calendario para optimizar los movimientos de mercancías en 2024. Iremos más lejos en esta dirección los años siguientes. También evaluamos las ventajas de los diferentes medios de transporte —el cielo frente al mar, por ejemplo— y nos preguntamos sobre los equipamientos que deben imperativamente viajar con nosotros. Podríamos comprar una parte de nuestro material en los países a los que vamos y almacenarlo en el lugar en vez de transportarlo.

Todos estos cambios refuerzan nuestro compromiso de conseguir el «cero neto». En este camino avanzamos con firmeza, dando la vuelta incansable y metódicamente a cada piedra.

Fracasos

¿Un coche fúnebre? ¡No, un Pontiac Aztek! Un extraño cruce de SUV y monovolumen, aderezado con unos toques de *pick up*. Bueno, decir «toques» es algo exagerado... La revista *Time* consideró esta desgracia como una de las cincuenta peores invenciones de todos los tiempos. El semanario *Der Spiegel* lo metió en su lista de los diez coches más feos. Y una encuesta del *The Daily Telegraph* lo propulsó al primer lugar de los cien coches más horribles. Con estas premisas, de 2000 a 2005, este proyecto fallido vendió en sus primeros años 27.000 unidades, lejos de las 75.000 previstas. El automóvil ha conocido bastantes fracasos como éste. Podemos deplorarlo o, por el contrario, ver en ello el precio a pagar por la innovación permanente a la que se ve obligada nuestra industria. Pocos sectores tienen que avanzar tanto y arriesgarse sin pausa. La cultura del riesgo se comprende mal en Europa —especialmente en Francia—, al contrario de lo que ocurre en Estados Unidos, donde se teoriza mucho y el fracaso se considera un motor de aprendizaje. Un dirigente de IBM declaró un día: «Si no nos equivocamos una vez de cada tres o cuatro, es que no lo hemos intentado lo suficiente». Por mi parte, yo más bien lo estimaría en una de cada diez veces, pero, bueno, no importa. Para tener éxito, hay que aceptar la posibilidad de fracasar.

Pienso que hay dos tipos de fracasos. Los debidos a un exceso de modernismo y de audacia, a una forma de anticipación excesiva; y los debidos a errores. Renault conoce bien la primera categoría por haber formado siempre parte de los pioneros y los creadores de tendencia, aunque a veces haya tenido que pagar un alto precio. Es la historia del Avantime, cuyo nombre, por sí solo, era todo un programa y al que los chistosos llamaban *Aftertime* o «plancha», a causa de su silueta elevada sobre las ruedas, tipo carroza. Un «glorioso fracaso», como tituló el periódico *Le Monde*. Este vehículo insólito fue uno de los primeros que mezcló géneros, mucho antes de que se hablara de los *crossovers*, que son a la vez cupé y monovolumen. Sin montante central entre las puertas delanteras y los asientos traseros, cristales sin marco, con enorme techo de cristal, interior luminoso, y un diseño que tenía su atractivo. ¿Era demasiado inconformista? Probablemente. Entre 2001 y 2003, solamente se vendieron 8.552 ejemplares. Después, empezó una recuperación. El valor de este objeto extravagante subió en el mercado del coleccionismo. Un museo estadounidense situado en Nashville (Tennessee) incluso decidió exponer un ejemplar. Al descubrirlo, un periodista local describió su incomprensión: ¿cómo habían podido los franceses dar la espalda a este hallazgo?

Otro Renault, en 1983, cometió el error de ir demasiado adelantado: el R11 TSE Electronic, primer vehículo que hablaba con el conductor. Mucho antes de OK Google, una voz sintética pedía que se quitara el freno de mano o se comprobara el nivel del aceite. Indicadores de todos los colores parpadeaban en un salpicadero lleno de luminosos LCD, como si fuera un árbol de Navidad. Pero finalmente fue un fracaso. Los usuarios no comprendían aquellas extrañezas, y la antigua Régie lo mandó todo a paseo.

También fue un disgusto, una estrella fugaz que pagó caro su futurismo, el Audi A2. Su presentación en 2000 impresionó al público: peso pluma gracias a su carrocería de aluminio, aerodinamismo récord, motor de tres cilindros, sistema de parada y arranque automático... Sus emisiones de CO_2 eran de un máximo de 81 g/km, lo cual lo convertía en el campeón absoluto de la sobriedad, un ferviente ecologista, pero con veinte años de adelanto. A veces, es un error tener razón demasiado temprano. La gente únicamente se fijó en su línea rarita, su potencia debilucha y su imagen alejada de un «verdadero» Audi: logró sólo 176.377 ventas, en comparación con el millón de la muy bien pensada Clase A.

Ha habido muchos otros coches demasiado originales para su tiempo. El Peugeot 100, con sus dos puertas correderas; el Chevrolet Corvair, con su línea insólita, su motor de seis cilindros horizontales y sus cuatro ruedas independientes; el Tucker Torpedo, que, en 1947, ofrecía arco de seguridad, parabrisas de vidrio laminado, frenos de disco y luces adaptadas al giro. Todos fueron unos fracasos magníficos. Hoy podemos considerarlos con indulgencia, a juzgar por los avances que, a su manera, han permitido realizar. Además, es difícil reprochar a ciertos modelos muy logrados que no hayan tenido suerte, simplemente. ¿Quién podía prever la guerra de Yom Kipur en 1973 y sus consecuencias para el sublime Citroën SM? ¿Quién se podía imaginar el crac de 1929 cuando General Motors se disponía a lanzar una nueva marca, La-Salle, destinada a intercalarse entre Buick y Cadillac? A pesar de sus cualidades, los Convertible Type 328 y 345 conocieron las amarguras de la debacle. El suntuoso y muy caro Panhard Dynamic, por su parte, llegó en el mismo momento que el Frente Popular, lo cual asustó a su rica clientela.

Se puede ser más severo con coches que se buscaron a conciencia sus dificultades, si podemos decirlo así. El origen de éstas se encuentra, a menudo, en errores de diseño. El Ford Edsel (como el nombre del hijo de Henry Ford) lo ilustra con claridad. Supuestamente, iba a revolucionar el mercado; se lanzó en 1957 con una gran cantidad de opciones disponibles: dieciocho versiones diferentes, con dos o cuatro puertas, descapotable con capota o con techo duro, *break*, motores V8 de 300 a 350 CV. El presupuesto de comunicación hizo explotar los contadores, con la culminación de un espectáculo televisivo animado por Frank Sinatra, Bing Crosby y Louis Armstrong. Sin embargo, todo eso se fue al traste a causa de una línea increíblemente recargada. Lo peor era la calandra, enorme, desproporcionada y un poco ovalada, que supuestamente simbolizaba un cabestro de caballo. El público vio, sobre todo, o bien el asiento de un váter o bien la réplica de un sexo femenino. El balance fue terrible: 30.000 Edsel vendidos, diez veces menos de lo que habría sido necesario para alcanzar la rentabilidad.

Un diseño *kitsch* también resultó fatal para el Fiat Multipla, lanzado para responder al éxito del Renault Megane Scenic. Sin embargo, el proyecto del monovolumen compacto a la moda italiana era ingenioso: podía acoger a seis pasajeros y sus equipajes en una longitud de 3,99 metros, gracias a dos filas de tres asientos. Para ello, se necesitaba una anchura respetable de 1,87 metros. El pliego de condiciones preveía un habitáculo diseñado para «hacer feliz a la gente», con grandes superficies acristaladas que debían, precisamente..., «permitir ver a la gente feliz en su interior». Todo esto metido en una coctelera da lugar al Multipla, inmediatamente calificado de «patito feo». Se convirtió en el hazmerreír del programa inglés *Top Gear* y fue elegido como el «coche más feo» por una revista británica. Se pidió a los vendedores de la red que acortaran al máximo el tiempo empleado en mostrar «el bicho» con sus clientes por fuera y que los hicieran subir a bordo lo más rápidamente posible. Todo con la esperanza de que el interior, ingenioso, hiciera olvidar el *look* desastroso. En Italia, las cifras de venta fueron correctas. Pero en el extranjero rozaron el desastre.

¿Hay que acusar al diseñador, Roberto Giolito? Eso sería demasiado fácil. No siempre se equivocó: ¡también diseñó el 500! El lanzamiento de un nuevo modelo es de una complejidad extrema y en él intervienen un número considerable de servicios y competencias. Los arbitrajes son incesantes y los más importantes tienen lugar en el nivel directivo. Al final de todo, el empresario es el que da el pistoletazo de salida. Veamos el ejemplo del fracaso del Renault 14. Tenía muchas cualidades objetivas, suficientes para salir adelante: rivalizar con los Opel Kadett, Volkswagen Golf y Citroën GS. Y, sin embargo, su destino pronto descarriló. Al menos fue por tres razones: su falta de personalidad; su motor de origen Peugeot, que no gustó a los comerciales de la casa, y su famosa campaña de publicidad, que lo comparaba, y a su propietario de rebote, con una pera. Por más que después se intentara rectificar el tiro con versiones bien equipadas y más potentes, no gustó. Y quien pueda desentrañar con precisión las responsabilidades concretas se puede considerar muy inteligente.

Este tipo de desilusión afecta también a los modelos de gama muy alta. Como ocurrió en 2002 con el Volkswagen Phaeton, que estaba destinado a hacer realidad las ambiciones de la marca de Wolfsburgo.

Se había hecho todo lo posible para elevarlo al nivel de los competidores más prestigiosos: dimensiones imponentes, acabados de un refinamiento extremo, motor W12 de 450 CV. El propio presidente del grupo, Ferdinand Piëch, impulsó el proyecto y lo siguió casi día a día. Algunos dirigentes temerarios intentaron oponerse o reducir los costes más desorbitantes, pero fueron expulsados. No obstante, tenían razón: aquel paquebote de cuatro ruedas representaba el pecado de orgullo. Y su presidente, al que todo le había salido bien, esta vez pasó por alto una cosa: no se cambia la imagen de marca de un día para otro. La clientela rica no tenía ningunas ganas de gastarse 100.000 euros en un «coche del pueblo», cuya línea parecía extrapolada a partir de la del Passat. Un factor agravante fue que la red no estaba en absoluto preparada para vender un vehículo de categoría tan alta. El balance fue demoledor: por cada ejemplar vendido, Volkswagen perdía 28.000 euros.

Este problema de posicionamiento no es raro en el automóvil y explica muchos otros fracasos. Como el del Jaguar rebajado, el X-Type, apodado *Baby Jag*. No era más que una especie de Ford Mondeo recarrozado y no tenía nada de un auténtico felino, pero la dirección de la época quería creer que su nombre prestigioso seduciría a los compradores. No ocurrió así. Recuerdo también la triste suerte del Alfa Arna, surgido en 1983 de la asociación entre la firma del trébol de cuatro hojas y Nissan. Este compacto debía unir el rendimiento y el encanto italianos con la tecnología y la seriedad japonesas. Algo que parecía perfecto sobre el papel. En la realidad, no asoció lo mejor, sino lo peor de los dos mundos. La banalidad japonesa y la falta de fiabilidad italiana.

En la categoría de coches Frankenstein, es decir, manipulados sin discernimiento por comités de dirección con objetivos indecisos, uno de mis preferidos en el Talbot Tagora. Un coche de carretera de líneas puras, casi rectangulares, de un clasicismo elegante..., echado a perder por intereses contradictorios. Se imaginó en Chrysler Europa y debía llevar la marca Simca. Pero lo desarrolló Peugeot y lo vendió con el nombre de Talbot. A cámara lenta, veamos a continuación la película: a finales de la década de 1970, Chrysler y Simca se asociaron para lanzar un coche de carretera de gama alta. Un proyecto que Peugeot encontró que se había desestimado cuando compró Chrysler-Simca. Aceptó ponerlo en marcha con una condición: colocar piezas Peugeot en todas partes donde fuera posible, empezando por el motor. Por lo tanto, los ingenieros tuvieron que hacer de nuevo su trabajo. Por ejemplo, para poder alojar el motor diésel del 604 hubo que desplazar las ruedas delanteras unos centímetros. Y, al recuperar un eje trasero de 505, las ruedas traseras del Tagora resultaban demasiado metidas en la carrocería. Como golpe de gracia, durante la comercialización, en 1979, los vendedores de Peugeot casi se negaron a venderlo, porque competía directamente con el 604.

Por curiosidad, veamos otro ejemplo muy reciente: el Amber eléctrico del fabricante ruso Avtotor, presentado recientemente como el futuro Tesla eslavo. Su apariencia esperpéntica, sus luces minúsculas y su capó ampuloso han sido el blanco de las redes sociales. «Un minicoche sin carnet, pero más feo», «Al lado del Fiat Multipla, es bonito», «El primer e-Babybel». «La indiferencia es el inicio del fracaso», dice el proverbio. Por una vez, se equivoca.

Google

por Sundar Pichai, director ejecutivo de Google

Desde mis primeros años, me ha fascinado la tecnología, su funcionamiento y la manera de mejorarnos la vida. Mi interés se centró después en los ordenadores, cuando entré a estudiar en Stanford. Pasé largas horas en el laboratorio de informática para aprender todo lo posible. Los medios de transporte suscitaban en mí la misma fascinación. De los trenes y los autobuses que tomaba en mi juventud a los coches y los aviones que descubrí más adelante. Pero ni siquiera en mis sueños más alocados me habría imaginado unir estas dos pasiones ni anticipado el acercamiento de las industrias en las que se basan. Incluso al inicio de mi carrera en la tecnología, este sector me parecía muy distinto al del automóvil. La informática era mi tema de trabajo. El coche me permitía ir a la oficina. Ahí se quedaba el asunto.

Cuando llegué a Google, todo cambió. Lo que vi me permitió comprender que la tecnología y los transportes empezaban a converger. En aquella época, la web evolucionaba, pasaba del contenido a unas aplicaciones ricas e interactivas. Estábamos entonces especialmente concentrados en los sistemas de explotación modernos y los aparatos en los que funcionaban. Esto influyó mucho en mi manera de comprender el automóvil.

En informática, el «programa» —software— designa tradicionalmente la manera en que se crean aplicaciones útiles. El «equipo» —hardware— designa el medio de poner los programas en manos de las personas. El acceso a la tecnología está determinado por los límites o las oportunidades del equipo disponible en un momento determinado. Con los avances tecnológicos, un número creciente de personas han podido acceder a unas herramientas útiles desde una amplia gama de aparatos, como los ordenadores de sobremesa, los ordenadores portátiles o los teléfonos móviles. Y, de una manera más natural e intuitiva, gracias a los navegadores web, a las aplicaciones o a la asistencia mediante voz. Actualmente, queremos que la informática nos ayude en el momento y el lugar que elijamos, desde el aparato más cercano a nosotros en un momento dado, e incluso cuando estamos en movimiento. En muchos sentidos, el coche es el aparato original. Mantenemos una relación personal con él. El coche forma parte de los momentos importantes o insignificantes de la vida de numerosas familias, así como del funcionamiento de nuestras comunidades, nuestras ciudades y nuestras economías. Y, de la misma manera que la informática ha transformado la forma en que utilizamos otros aparatos, también ha hecho la experiencia de conducción más segura, fluida y agradable.

En Google, el proceso empezó con la navegación. Por una parte, Google Maps ha permitido responder a una gran pregunta de nuestros ingenieros: ¿podemos poner el mapa del mundo entero en el bolsillo de las personas? Por la otra, Google Maps se ha diseñado como una herramienta práctica, capaz de ayudar a la gente a obtener información útil para dirigirse de un punto A a un punto B. La combinación de estas dos visiones es lo que se muestra revolucionario. Todavía recuerdo el entusiasmo compartido con un conductor de taxi al llegar a Bombay en plena noche. Gracias a Google Maps, fui capaz de darle indicaciones precisas para seguir el itinerario correcto a través de las callejuelas hasta la dirección de un amigo, sin tener que pedir ayuda a nadie.

El paso al móvil no se limitó a poner ordenadores en el bolsillo de los conductores (o de los pasajeros). Los sistemas de explotación diseñados para alimentar los smartphones, como Android, nos han permitido integrar aplicaciones útiles directamente en los propios vehículos. La idea de pedirle al coche que haga sonar tu canción preferida habría sido algo de ciencia ficción para la generación de mis padres. Hoy, puedes subir a bordo de un Renault Megane E-Tech y, mediante la voz, controlar Spotify, Google Maps o más de cuarenta aplicaciones a través de la tecnología integrada, para informarte o para entretenerte cuando estás al volante. El hecho de que esto sea natural para muchas personas en la actualidad ilustra la velocidad a la que la tecnología puede pasar de extraordinaria a ordinaria.

La próxima gran transformación es la de la inteligencia artificial (IA). En el momento actual, se trata de la tecnología más significativa en la que trabaja la humanidad. Su impacto será visible en todos los sectores y en cualquier aspecto de la vida, incluida la conducción, la industria automovilística y los sistemas de transporte de los que forman parte.

Hoy vemos las oportunidades que ofrece la IA para proponer herramientas radicalmente más útiles a los conductores. Pienso en los sistemas avanzados de ayuda a la conducción basados en una estructura neuronal o en las interfaces capaces de proporcionar información mediante un lenguaje conversacional en tiempo real, un campo en el que trabajamos con la Fórmula E. Los coches del futuro serán más seguros y estarán más conectados. A más largo plazo, la tecnología disponible en el automóvil pasará progresivamente de la asistencia a la automatización. Numerosas empresas, como Alphabet, exploran estas posibilidades y estamos impacientes por participar en el debate sobre lo que los vehículos autónomos significan para nuestras ciudades, nuestras economías y nuestro entorno.

La IA diseña también la manera en que se producen los coches. Google Cloud y Renault han trabajado juntos en un nuevo enfoque de las operaciones industriales, donde el *machine learning* lo alimenta todo, desde los robots en las fábricas hasta los sistemas de seguimiento que permiten a los fabricantes resolver los problemas de *supply chain*, reducir tanto el consumo de energía como las emisiones y llevar los coches hasta los clientes de manera más rápida. Paralelamente, las nuevas maneras de producir y de distribuir coches nos ofrecen la posibilidad de crear nuevas oportunidades de empleo y de tener un impacto positivo sobre las comunidades, siempre que se desplieguen programas de formación adecuados. Los polos de innovación destinados a la movilidad, como el Michigan Central de Ford, en Detroit, contribuirán a elaborar programas de formación basados en cualificaciones flexibles, como las propuestas por los Google Career Certificates.

Antes, un ingeniero automovilístico y un informático habrían podido admirar su trabajo respectivo sin cruzarse nunca. Con la IA, colaboran cada vez más y pronto podrán aceptar grandes retos y aprovechar grandes oportunidades juntos.

La lucha contra el cambio climático es el ejemplo más significativo. Las ventas de vehículos eléctricos aumentaron un 37 por ciento en 2023 y ya constituyen una quinta parte de los coches en circulación. Este enfoque visionario que observamos en la industria automovilística es una de las razones por las que, a pesar de la urgencia y la magnitud del reto, soy optimista en cuanto a nuestra capacidad de encontrar las soluciones que el mundo necesita. En Google, queremos ayudar a la gente a encontrar la información necesaria para tomar decisiones sostenibles, sobre todo en sus desplazamientos. El motor de búsqueda proporciona ahora información para ayudar a la gente a comprender el coste y los incentivos relacionados con la compra de un vehículo eléctrico, mientras que Google Maps muestra también los puntos de recarga cercanos para los vehículos eléctricos y propone itinerarios más ecorresponsables, optimizados para ahorrar carburante o batería.

Con la ayuda de la IA, también podemos empezar a repensar los sistemas de transporte en su conjunto. A modo de ejemplo, Google trabaja con una docena de municipios de todo el mundo en el proyecto Green Light, que utiliza la IA para mejorar la eficacia de los semáforos. Los primeros resultados muestran que es posible reducir hasta un 30 por ciento las paradas de los vehículos y disminuir así las emisiones de 30 millones de trayectos en coche cada mes. Asimismo, la IA nos da la posibilidad de tener una visión de conjunto de las redes de transporte y de tomar decisiones más inteligentes sobre la manera en que las personas y los vehículos se desplazan. Será una herramienta potente para diseñar mejores sistemas en el futuro.

Asociada a unos procesos de producción más limpios y a una navegación más eficaz permitida por la IA, la transición energética del automóvil puede ser una hoja de ruta inspiradora para otras industrias que tienen que transformarse para construir un futuro más sostenible.

Por casualidades de la historia, Google y Renault se iniciaron en garajes, con un siglo de intervalo. Louis Renault dio el toque final a su primer Voiturette 1 CV en un pequeño garaje de Boulogne-Billancourt en 1898. Cuando Larry Page y Sergey Brin crearon Google en septiembre de 1998, lo hicieron en el garaje de una casa de Menlo Park, en California. Incluso en aquella época, habría resultado difícil anticiparse a los pasos tecnológicos futuros y al acceso creciente a la tecnología del último cuarto del siglo XX o imaginar que los coches actuales tendrían «más software que hardware», como dice Luca de Meo, el director general del grupo Renault.

Sin embargo, en eso estamos. Y no podría ser más entusiasta ante el camino que nos queda por recorrer.

H

Híbrido

por Nicolas Fremau, Ahmed Ketfi-Cherif y Antoine Vignon, ingenieros de Renault Group

La idea de asociar un motor de combustión y un motor eléctrico es tan antigua como el automóvil. En 1894, Paul Pouchain, un inventor de Lille, diseña un coche de seis plazas capaz de recorrer 70 kilómetros a 16 km/h con esta doble motorización bajo el capó, en el que la gasolina desempeñaba el papel de generador para recargar los acumuladores, es decir, para aumentar su autonomía. Un poco más tarde, en 1899, las fábricas Piper, una empresa belga de Liège, desarrollan un automóvil que presenta unas características similares. Sus patentes permiten a la sociedad Auto-Mixte lanzar la producción en serie de modelos híbridos entre 1905 y 1914. Al mismo tiempo, en Alemania, el famoso Ferdinand Porsche adopta esta solución tecnológica colocando pequeños motores eléctricos en los cubos de las ruedas, cuyas baterías se recargan con un motor de gasolina. Pero la Primera Guerra Mundial pone fin a estos experimentos. La electricidad se abandona y empieza el reinado en solitario de la combustión. Éste durará hasta 1997, año del lanzamiento del Prius por Toyota. Es un giro en la industria del automóvil. El coche está dotado del sistema HSD (*hybrid synergy drive*).

Por primera vez, los dos tipos de motorización interactúan con el objetivo de reducir el consumo de gasolina. En 1999, Honda lanza a su vez un vehículo híbrido. Después, las repetidas crisis del petróleo, la voluntad de proteger el planeta y la crisis financiera de 2008 incitan a los fabricantes a poner electricidad en sus motores.

Los más audaces empiezan a desarrollar modelos que funcionan completamente con baterías. Renault es uno de los primeros en hacerlo: un prototipo del Zoe, que se lanzaría más tarde, en 2012, se presenta en el Salón de Ginebra en 2005. Pero el éxito del Prius, con un millón de unidades vendidas en 2008, confirma que el sistema híbrido es una etapa imprescindible en el camino de la sobriedad energética. Fascinados, los ingenieros europeos desmenuzan a la estrella nipona. El coche no es muy bonito, su conducción por autopista es floja, pero seduce. El principio por el cual funciona el coche es que sus baterías se recargan cuando el coche desacelera, lo cual permite circular unos minutos con electricidad. Y, sobre todo, consumir menos. El ahorro realizado es del 10 por ciento de media.

Evidentemente, las oficinas de proyectos buscan soluciones para aumentar esta duración. La primera opción, utilizada de entrada por las marcas alemanas, pero recuperada después por otros, es la del híbrido recargable: el usuario conecta su coche a la red eléctrica para recargar las baterías y beneficiarse así de una autonomía mayor. El principal inconveniente es el tamaño de las baterías y el equipamiento suplementario que hay que instalar, como un segundo embrague, que complican y aumentan el peso de los coches. No sólo son más caros, sino que además consumen más si uno se olvida de cargarlos.

De ahí el interés por trabajar en una solución alternativa.

Gracias a su experiencia con la electricidad y con la Fórmula 1, Renault desarrolla una tecnología híbrida inédita, cuya idea es proporcionar al cliente una experiencia que se acerque al máximo a la de un vehículo eléctrico. La idea central es simple: considerar el motor eléctrico como el motor principal, que asegurará sistemáticamente los arranques del vehículo. Esto permite simplificar y prescindir del embrague, e incluso del sincronizador de cambio, sustituidos por la tecnología de *crabots*, procedentes directamente de la Fórmula 1. Para optimizar el placer de conducir, se utiliza un segundo motor eléctrico que facilita los cambios de marchas. Se dispone en circulación de al menos quince combinaciones de marchas, transparentes para el usuario, pero que permiten mejorar el rendimiento. Si se añaden unas leyes de gestión de la energía para maximizar el uso del motor eléctrico, también procedentes de la experiencia en Fórmula 1, y el sistema E-Tech, ¡ha nacido el coche híbrido! Los trabajos han durado más de diez años, pero los resultados son espectaculares. Mientras que el rendimiento medio del motor térmico es del 25 al 27 por ciento (la parte de la gasolina consumida que sirve para hacer avanzar al coche), el de un modelo híbrido de la última generación E-Tech se eleva a cerca del 40 por ciento. Esto representa un ahorro medio de consumo del 25 por ciento (y puede alcanzar el 40 por ciento en ciudad). Son progresos debidos a la mejora del motor térmico; cada vez más ligero, ahora se diseña especialmente para funcionar acoplado a baterías, lo favorece mucho al ahorro. En esta ocasión, la empresa demostró que era capaz de rivalizar con Toyota, la referencia incontestable en materia de híbrido. Un rendimiento destacable, teniendo en cuenta que la compañía japonesa no ha dejado de perfeccionar su tecnología desde el lanzamiento del Prius.

Todo el mundo debería alegrarse de ello. En espera de un cambio completo hacia el coche eléctrico, este avance aporta una contribución importante a la reducción de las emisiones de CO_2 del automóvil.

Hidrógeno

Hace tiempo que sabemos cómo hacer funcionar los coches con hidrógeno. Ya se comercializan varios modelos, sobre todo utilitarios. En París circulan diariamente sin problemas cuatrocientos taxis Toyota. Por lo tanto, esta tecnología está probada y es fiable. ¿Cómo funciona? Una minicentral, una pila de combustible que funciona con hidrógeno, que es a su vez cargada en un depósito como si fuera un carburante, produce electricidad que alimenta la batería del vehículo de forma permanente. Por lo tanto, éste circula con electricidad. Esta tecnología presenta varias ventajas sustanciales:

- Permite aligerar el peso de los coches. Las baterías no necesitan ser tan voluminosas. Conviene saber que pesan 500 kilogramos de media, ¡el peso de una vaca!
- La autonomía puede llegar hasta 650 kilómetros con un depósito de tamaño razonable.
- Las emisiones de CO_2 son cercanas a cero durante los desplazamientos.

Por lo tanto, es una buena alternativa al sistema de baterías clásicas, por el momento las más elegidas para pasar a la propulsión eléctrica. Incluso parecen ser imprescindibles para los pequeños vehículos utilitarios eléctricos que deben efectuar largos trayectos: es la única manera de darles un radio de acción suficiente sin equiparlos con baterías enormes que ocupan el lugar que se podría llenar con mercancías transportadas. El hidrógeno también permite reducir las cantidades astronómicas de materiales, como el cobre o el litio, que hay que extraer de los suelos para fabricar las baterías.

El problema es que, hasta ahora, el hidrógeno se producía quemando energías fósiles. Una decisión de Europa permitirá poner remedio a esto. Todo empezó en la guerra de Ucrania, que ha privado de golpe a la industria alemana del gas natural ruso. Este gas era el que hacía funcionar las fábricas. La idea es sustituirlo por el hidrógeno, más competitivo que el gas importado de Estados Unidos o de Qatar. Por lo tanto, se ha puesto en marcha un gran plan de inversión europeo para desarrollar la producción de hidrógeno limpio. Concretamente, se fabricarán electrolizadores gigantes que funcionarán con energías renovables (paneles solares, eólicas). El hidrógeno circulará después a través de oleoductos (hidrogenoductos) hacia los lugares de consumo. Según un estudio de la Agencia Internacional de la Energía, el coste de producción del hidrógeno será muy claramente inferior al obtenido utilizando energía nuclear. Y más teniendo en cuenta que hoy estamos seguros de disponer de volúmenes de energías renovables suficientes para hacer frente a las necesidades. En 2028, los paneles solares producidos en China representarán una capacidad de producción de electricidad equivalente a 250 reactores nucleares. ¡Y esto es enorme! A lo que hay que añadir las capacidades de la energía eólica, que también aumentarán mucho y rápidamente. Si todas las inversiones previstas se hacen realidad en un plazo razonable, tendremos cantidades astronómicas de hidrógeno que descarbonizarán nuestra industria y asegurarán nuestra soberanía energética.

¿Es una buena noticia para la industria del automóvil? Indudablemente. Una vez producido, el gran reto del hidrógeno es su distribución. Nada es posible si no se pone en marcha una red de estaciones de recarga. Por el momento, los hidrogenoductos abastecerán a las grandes cuencas industriales. La buena noticia es que su trayecto corta más o menos el de los grandes ejes de carreteras europeos. Por lo tanto, podemos imaginar que los pesos pesados también se beneficiarán. Para avanzar en este sentido, una reglamentación europea conocida como AFIR impone a los Estados miembros la colocación, de ahora a 2030, de una estación de hidrógeno cada 200 kilómetros en la red utilizada por el transporte por carretera. Los precios de este carburante deberían ser atractivos, puesto que se estima que serán parecidos a los del diésel.

En un primer tiempo, habíamos pensado que el hidrógeno estaría reservado, a causa de los problemas de logística, a los vehículos utilitarios que regresan regularmente a su base para llenar el depósito. Utilizando esta red prevista inicialmente para los camiones, van a poder efectuar trayectos más largos, y desbloqueará el mercado. ¡El semáforo se pondrá en verde para el hidrógeno!

Hispano-Suiza

En España, como en mi país, Italia, el capitalismo familiar desempeña un papel importante en la vida económica. Generalmente, muestra una resiliencia muy grande, una capacidad de sobrevivir, recuperarse o incluso renacer, generación tras generación. La historia de Hispano-Suiza es un ejemplo perfecto de ello. Esta empresa, creada en 1904 en Barcelona por los empresarios españoles Damián Mateu y Juan Castro, y por el ingeniero suizo Mark Birkigt, renace hoy de sus cenizas, gracias al espíritu de iniciativa de un descendiente directo de uno de sus tres fundadores, Miguel Mateu.

La historia ha sido despiadada con este pionero del automóvil de lujo y la aviación. Hispano-Suiza desempeñó un papel esencial en estos dos sectores durante la primera mitad del siglo XX. Le debemos la creación de coches muy valorados en la actualidad por los coleccionistas. El 32CV type H6, preparado por Mark Birkigt y presentado en el Salón de París de 1919, dominó el mercado de los vehículos de gama muy alta hasta principios de la década de 1930. Los expertos consideran que, con su motor de seis cilindros en línea de aluminio, era superior a su competencia directa, el Rolls Royce 20 HP, producido entre 1922 y 1929. El primero de los veintiséis ejemplares fabricados en Francia en 1919 se entregó al rey de España, Alfonso XIII, un cliente fiel de la marca. El H6, mejorado año tras año, multiplicó con rapidez sus victorias en las carreras automovilísticas. Hasta el punto de aparecer como el símbolo del éxito. Da testimonio de ello el éxito de la novela *L'Homme à l'Hispano*, publicada en Francia en 1925. Contaba la historia de un joven que estaba ahogado por las deudas y que pidió prestado este coche para seducir a la mujer a la que amaba. El gran director Julien Duvivier incluso la llevó al cine.

En lo referente a la aeronáutica, la empresa también fue una referencia imprescindible en la Primera Guerra Mundial, pues diseñó los motores de la mayoría de los aviones de caza de la época.

Pero todo se detuvo con la Segunda Guerra Mundial. En 1938, la empresa se vio obligada a abandonar la fabricación de automóviles y concentrarse en la aeronáutica. Después del conflicto, fracasó un intento de reactivar su producción de automóviles. Sólo sobrevivió la sección de fabricación de motores de avión. Finalmente, fue recuperada por Snecma, una empresa nacionalizada creada desde cero por el Estado francés en 1945. Esta empresa, privatizada en 2005, que proporciona motores a Airbus y Boeing, se convirtió en Safran en 2016.

Celebro el regreso de la marca al automóvil con mucho respeto e incluso admiración. Miguel Mateu decidió centrarse en el *nec plus ultra* del sector, el segmento de los hipercoches en el que evolucionan, por ejemplo, Bugatti o McLaren. Hispano-Suiza presentó uno tras otro, entre 2019 y 2024, tres modelos de formas audaces. Son vehículos que utilizan todas las ventajas tecnológicas que han aparecido recientemente. Las carrocerías, inspiradas en formas de avión, son de fibra de carbono, las motorizaciones son completamente eléctricas y muy potentes (¡más de 1.000 CV!) y permiten pasar de 0 a 100 kilómetros por hora en tres segundos; además, los interiores están dotados de pantallas gigantes y perfumados en función del gusto del comprador. La idea es producir un número muy pequeño de unidades, pero venderlos a un precio elevado. El primero, llamado Carmen, se vendió a 1,5 millones de euros; el segundo, el Carmen Boulogne, se ofreció a 1,63 millones de euros; y el recién llegado, el Carmen Sagrera, se vende a 2,5 millones de euros más impuestos. ¡En suma, recuperan todos los códigos del ultralujo! Una curiosidad: ¿por qué se eligió el nombre de Carmen? Porque era el nombre de la madre de Miguel Mateu, a su vez nieta de Damián Mateu, fallecida en 2018, justo antes del primer lanzamiento. ¡No cabe duda de que la familia desempeña un papel importante en la vida de los países del sur de Europa!

Honda, Soichiro

No es un japonés como los demás, porque Soichiro Honda, el fundador de Honda, falleció en 1991 a los ochenta y cuatro años y siempre cultivó todo aquello que lo distinguía de quienes lo rodeaban. Todo en él era sorprendente. De entrada, al contrario que sus colegas nipones, encerrados en el silencio y la discreción, a él le gustaba hablar con los medios de comunicación; además, fue uno de los escasos fabricantes que destacó a la vez en la producción de motos y en la de coches; y, por último, Honda ganó un premio en Fórmula 1. Esto sucedió en 1965, con un coche completamente Honda, y más tarde puso los motores en el monoplaza del campeón brasileño del mundo Ayrton Senna. Como otros grandes pioneros del automovilismo, Soichiro Honda se hizo a sí mismo. Persiguió muy temprano el sueño de convertirse en ingeniero y empezó como aprendiz de mecánico en Tokio cuando sólo tenía 15 años. Después se lanzó a la fabricación de coches de carreras a finales de la década de 1920. «Cuando era joven, conducía el coche que había fabricado yo mismo —contó, ante las preguntas de una cadena de televisión japonesa—; en algunos momentos, tenía tantos problemas que solucionar que podía pasarme una semana sin dormir para corregirlos. Era como una mamá con su bebé.»

Su aventura industrial empezó después de la guerra con la creación en 1948 de la Honda Motor Company. Es uno de los inventores de la moto moderna. Fue un creador genial y también fue un empresario audaz. Comprendió antes que otros que tenía que ser agresivo en la exportación y destacó, sobre todo, en el mercado estadounidense. A finales de la década de 1950, Honda era el líder mundial de la moto.

En lo referente a los coches, aunque nunca se han vendido tanto como los Nissan o los Toyota, los Honda siempre han tenido una personalidad muy fuerte, del Civic al CRV.

Abierto al mundo, Soichiro Honda multiplicó sus encuentros con los jefes de Estado y las celebridades. Vestido con una chaqueta blanca de técnico, los invitaba a menudo a visitar su fábrica de Suzuka.

Finalmente, se retiró de todas sus funciones operativas en 1973 para convertirse en «consejero supremo» de su empresa, lo que no le impidió mantenerse activo. Por ejemplo, se dedicó a restaurar por completo un coche muy viejo del British Royal Museum. Al volante de este coche, incluso participó en la carrera Londres-Brighton. También se puso a pintar lienzos de estilo japonés. «Cuanto más envejezco, más sueños tengo», decía este eterno optimista; «cuando se pierden los sueños, la vida ya no tiene sentido». Tres años antes de su muerte, en 1988, fue el primer japonés que entró en el Automotive Hall of Fame. Un reconocimiento merecido para este personaje tan atípico, tan inventivo, tan enamorado de sus productos. Es uno de los empresarios que han modelado esta industria del automóvil que tanto amo. Respeto, *Honda-san*.

I

Iacocca, Lee

A Iacocca le debemos el Ford Mustang, uno de los coches más fascinantes de la historia del automóvil, y, al menos por eso, le estamos (le estoy) eternamente agradecidos. Lido Lee Iacocca es una leyenda, un gigante de la industria del automóvil estadounidense. Con su título de ingeniero, este hijo de inmigrantes italianos llegados de Campania en 1919 pasó por todo tipo de responsabilidades empresariales para ponerse al frente primero de Ford y después de Chrysler. Por lo tanto, dirigió sucesivamente dos de los famosos *Big Three* (con General Motors) del sector en Estados Unidos. Era un apasionado, el ejemplo muy raro de un técnico convertido en un as de las ventas. No vacilaba en aparecer en anuncios publicitarios que acabaron siendo convertidos en culto para elogiar las cualidades de sus coches. Es cierto que tenía el aspecto de un actor de Hollywood, al que se le añadía su fuerte carácter. Estados Unidos adoraba sus fórmulas sorprendentes, pero sus accionistas a veces no tanto: Henry Ford 2 lo expulsó en 1978 de su empresa, a pesar de que generaba grandes ganancias.

Pero sus cualidades de directivo no permanecieron mucho tiempo inactivas, porque lo llamaron para encargarse de Chrysler, que estaba por entonces al borde de la quiebra. Y levantó la otra firma de Detroit aplicando medidas sociales de una brutalidad inaudita: el 50 por ciento de los empleados fueron despedidos... Simbólicamente, el 12 de agosto de 1983, posó delante de la reproducción gigante de un cheque de 813 millones de dólares: la obtención del enorme préstamo garantizado por el Estado que permitió sacar a flote la empresa. En 1987, incluso compró American Motors Corporation (AMC), el cuarto fabricante del país —famoso, sobre todo, por sus jeeps— a Renault, que no había conseguido digerir este gran bocado. El mismo año, también compró Lamborghini.

Iacocca se marchó en 1992 y después intentó lanzar una OPA hostil contra Chrysler asociado al multimillonario Kirk Kerkorian, aunque no logró triunfar. Esto abrió el camino a la fusión de la empresa con la alemana Daimler-Benz en 1998.

Su herencia son unos modelos que han marcado la historia del automovilismo, a veces durante mucho tiempo. En Ford lanzó el Mustang en marzo de 1964. Tras aparecer en *James Bond contra Goldfinger* y, después, conducido por Steve McQueen, en una increíble persecución en *Bullitt*, obtuvo un gran éxito comercial: 400.000 ejemplares vendidos el primer año, un millón al cabo de dos años. Posteriormente se han sucedido numerosas generaciones de este modelo estrella. La versión más mítica es el modelo Shelby, reconocible por las dos franjas blancas que cubren su carrocería.

Iacocca también fue el origen de bestsellers como el Escort y el Continental Mark III. Pero su instinto por lograr el éxito se estrelló por completo con el Pinto.

En Chrysler creyó, antes que otros, sobre todo en el desarrollo de los monovolúmenes. Por otra parte, el Voyager se lanzó un año antes que el Renault Espace en Europa. También hizo un buen diagnóstico al apostar por una respuesta estadounidense a los pequeños coches japoneses que empezaban a irrumpir al otro lado del Atlántico, aunque no pudo aportar las respuestas adecuadas. En la cumbre de su gloria, frecuentó Washington y la esfera política. Para defender su industria, era un hábil negociador, pero su carisma lo había convertido en un potencial candidato para las funciones más elevadas. ¿Habría podido llegar a la Casa Blanca? Mucho antes del multimillonario Donald Trump, pensó en lanzarse a la carrera por la sucesión de Ronald Reagan. En 1988, una encuesta del periódico *The New York Times* lo colocó en cabeza por delante de los demás candidatos demócratas a la investidura. Entre ellos, ya se encontraba un tal Joe Biden.

Impacto

El automóvil a menudo se critica y, a veces, incluso es víctima de la desinformación. Cada uno es libre de tener su opinión, pero quiero dar aquí algunos elementos clave incontestables para cambiar las ideas preconcebidas y mostrar su verdadero impacto económico, industrial, social y medioambiental.

La industria del automóvil es, en primer lugar, una fuerza de choque industrial vital para Europa: posee 127 fábricas en el continente, que produjeron 12,1 millones de vehículos en 2023, una cifra que aumentó un 11,3 por ciento con respecto al año anterior. Esto representa 2,4 millones de empleos industriales directos. Pero la influencia social del sector se extiende mucho más allá de estos centros manufactureros. Según la ACEA (Asociación de Fabricantes Europeos de Automóviles), si se tienen en cuenta todos los oficios relacionados (subcontratistas, concesionarios, garajes, transportistas, arrendadores, etc.), 13 millones de europeos trabajan directa o indirectamente para la esta industria. A esta dimensión social, hay que añadir una influencia determinante sobre la innovación. La industria del automóvil prepara el futuro a través de grandes inversiones en investigación y desarrollo. En Europa es el sector que gasta más en este ámbito, bastante por delante de los laboratorios farmacéuticos. Y este esfuerzo se amplifica con la conversión a la energía eléctrica, que impone repensar el conjunto del sector.

Una revolución que, con el tiempo, debería producir una fuerte caída de las emisiones de CO_2. El sector del automóvil ya se ha movilizado desde hace varios años en esta batalla. De entrada, los grandes fabricantes han reducido las emisiones de sus centros de producción (31 por ciento menos desde 2005); además, los nuevos coches de motor de combustión han hecho progresos considerables en este campo. Su huella de carbono se ha reducido una media del 17 por ciento desde 2012. Pero el reto es inmenso: el automóvil representa alrededor del 15 por ciento de las emisiones de CO_2 en Francia, aunque es superado por la industria y la agricultura (21 por ciento cada una) y la construcción (20 por ciento). A escala mundial, incluidas todas las actividades, su porcentaje se evalúa en alrededor del 6 por ciento, lejos por detrás de la agricultura (20 por ciento), las centrales de carbón (19 por ciento) y la deforestación (11 por ciento), pero por delante de los camiones (4 por ciento) y los aviones (2 por ciento).

La energía eléctrica es la solución para disminuir las emisiones. Pero se necesitará tiempo para convertir la totalidad del parque mundial de vehículos térmicos, ¡que supera los 1.400 millones de unidades! Y no será posible pasar por alto el problema del peso de los coches. Éstos han aumentado de peso a medida que se instauraban nuevas normas de seguridad. Los consumidores han estimulado esta tendencia prefiriendo los SUV. Es un hecho: la huella de carbono de un coche grande, incluso eléctrico, es más elevada. En lo que se refiere a su fabricación, por definición, es un modelo de alta gama que contiene más acero y plástico, y lleva unas baterías enormes. ¡No estamos muy lejos del disparate ecológico!

Inteligencia artificial

por Luc Julia, director científico de Renault

¿Y si la IA fuera un coche? Si quisiera ser provocador, respondería que quizá sería uno de esos improbables vehículos conceptuales cuyo diseño es más para alimentar fantasías que para recorrer algún día la carretera. O bien un personaje de serie B como *K 2000*, ¡que ya no es realmente futurista, sino retro! ¡El coche autónomo, constantemente en el horizonte desde hace años, parece alejarse a medida que nos acercamos a él! No tengamos la tentación de hurgar en los archivos para ver las profecías que nos anuncian desde hace lustros la llegada inminente de la plena autonomía, ¡la famosa autonomía de nivel 5!

Sin duda, es mejor comenzar por descender unas etapas en su evolución. ¡Pero no hay que preocuparse! Nuestra realidad es al menos tan apasionante como la ciencia ficción. La primera constatación de ello es que la IA ya existe. ¿La IA? No, en realidad, *las* IA. Porque hace mucho tiempo que funcionan, aplicadas a una multitud de actividades y oficios, y ya han transformado nuestras vidas y nuestra manera de trabajar. Es una IA omnipresente, pero que, sin embargo, casi olvidamos, desde los sistemas expertos utilizados ya desde hace tiempo, por ejemplo, en la industria nuclear, hasta el filtro antispam de nuestras mensajerías electrónicas, pasando por los *chatbots* y los innumerables sistemas que ya automatizan aspectos enteros de nuestra vida cotidiana.

El automóvil no es una excepción. Independientemente de donde se busque, se encontrará esta «industria de las industrias» atravesada por la IA. Lo que ocurre actualmente es que el movimiento se acelera y se generaliza, abriendo perspectivas nuevas en el conjunto de los oficios, desde el diseño hasta la logística posterior. Donde las averías que inmovilizan máquinas generarían millones de euros de pérdidas, el entrenamiento de algoritmos mediante aprendizaje estadístico permite, trabajando con las señales débiles y las vibraciones reveladas por sensores, poner en marcha operaciones de mantenimiento incluso antes de la aparición del problema y sin tener que detener las tareas en la fábrica. Al aumento de la productividad, se añaden las reducciones de las emisiones de CO_2, por la mejora de los circuitos de entrega de piezas desde los proveedores hacia las fábricas, por la optimización de la carga de los camiones... Cada vez más, también los diseñadores sacan provecho de la IA generativa. Herramientas como Midjourney estimulan su creatividad explotando la posibilidad de obtener imágenes de vehículos en los entornos más diversos.

No nos equivoquemos: todas estas herramientas no caen del cielo. Las personas que las construyen, empezando por el enorme trabajo previo de recogida y armonización de los datos, son la base de todo. Por eso, las cualidades y los defectos de la IA son el resultado de quienes la ponen a punto y quienes la utilizan. Frente a la aceleración tecnológica actual, de la que ChatGPT es el síntoma más espectacular, el primer reto es inventar la correcta articulación entre la IA, por una parte, y las personas que la utilizan, por otra. ¿Qué mejor ejemplo que el surgimiento en Silicon Valley de empresas especializadas en la elaboración de *prompts*? El arte de dar las instrucciones adecuadas a la máquina, de dialogar con ella, es lo que permite liberar su fuerza, al servicio de una creatividad que sigue siendo humana.

Esta realidad es también la de las mujeres y los hombres en las líneas de producción del automóvil. El oficio de los operadores se transforma; se convierten en parte interesada del aprendizaje de la máquina, dialogando, por una parte, con los especialistas de los datos, y desarrollando, por otra parte, una capacidad casi artesanal de aprovechar el funcionamiento de los sistemas de IA para reaccionar mejor. Consideremos el caso de un sistema de identificación de los defectos de fabricación: para el operador, se trata de saber atribuir una disfunción del sistema hasta modificaciones tan sutiles como un cambio de enfoque o de exposición con respecto al contexto en el que la IA ha sido entrenada; al lado del progreso de la automatización, se utilizan más que nunca el ingenio y la inteligencia propiamente humanos de las situaciones.

Para los fabricantes, este reto de la colaboración entre persona y máquina concierne también al producto, porque la IA puede ayudarnos a humanizar la tecnología convirtiendo nuestros coches en los compañeros de sus usuarios, aprendiendo de ellos y evolucionando con su contacto. Con la IA generativa, tenemos un nuevo reto en nuestro asalto por lograr que el automóvil entre en la era de la experiencia hiperpersonalizada y adaptativa en función de los contextos detectados. ¿Y cómo ignorar los avances espectaculares y los miles de vidas que se pueden salvar de sufrir accidentes gracias al aumento de la potencia de los sistemas de asistencia a la conducción? ¡Por no hablar de la detección automática de ciclistas, que advierte a los conductores en caso de riesgo de colisión!

Pero ya imagino la siguiente pregunta que te haces: «Entonces, después de todo esto, ¿cuándo llegará el coche autónomo?». Acostumbro a responder esta cuestión con otra: ¿quién querría confiar su vida a unos sistemas a los que siempre les faltará el discernimiento necesario para comprender que si un peatón que camina por el arcén saca una señal de stop ésta no debe tenerse en cuenta?

Como puedes ver, ¡con la IA, la conducción automática está más lejos que nunca!

J

Japón

por Makoto Uchida, director general de Nissan

Después de cerca de un siglo de desarrollo gradual, la industria a la que he dedicado toda mi carrera hoy se enfrenta a profundos cambios. El mundo aspira a unos vehículos sobrios en emisiones, cada vez más autónomos y diseñados alrededor de sus programas informáticos.

Un cambio de rumbo tan radical para nuestro sector de actividad exige un replanteamiento también radical para los grandes grupos que lo animan.

La industria automovilística japonesa sabe muy bien que no se puede permitir dormirse en los laureles. Como en anteriores períodos de turbulencia, todos los fabricantes, incluido Nissan, reaccionan ofreciendo productos inéditos e innovadores. También hemos reducido nuestros costes y racionalizado nuestra actividad.

Pero sabemos que esto no será suficiente. En un entorno en perpetua evolución como el nuestro, el éxito no puede venir de una simple reiteración de métodos probados.

Al contrario, tenemos que adoptar medidas decisivas y hacerlo rápidamente, si queremos asegurar nuestro éxito para el decenio que viene y aún más allá.

Quizá haya que recordar que, en la posguerra, los fabricantes de automóviles japoneses entraron en liza en posición de rivales. Estas empresas japonesas fueron las que inventaron el concepto de producción en flujo tenso, el proceso *kaizen* de mejora continua y el enfoque *monozukuri* de la optimización de la eficacia operativa.

Podemos apoyarnos en esta sólida tradición industrial para enfrentarnos a la próxima era de rupturas tecnológicas. Por otra parte, creo que es el momento propicio para aplicar en nuestra actividad este método ampliamente aceptado en Japón, que concierne a la toma de decisión: el *danshari*, un enfoque muy extendido en la organización del hogar que pretende ordenar, perfeccionar y precisar el mundo que nos rodea. Estoy convencido de que este modelo puede tener un gran alcance en la producción industrial.

Nuestra industria se basa en unos fundamentos sólidos. Desde hace más de una generación, las marcas japonesas se distinguen por la excelencia de sus productos y por la calidad de su ingeniería, sus diseños, sus servicios y su innovación. A lo largo del siglo XX, hemos actuado como pioneros en la eficacia de las cadenas de aprovisionamiento y en la productividad de las líneas de ensamblaje. De esta manera, los fabricantes japoneses han conquistado el 30 por ciento del mercado mundial de los vehículos de turismo, el 16 por ciento del mercado de los vehículos comerciales y el 46 por ciento del mercado de motocicletas.

Los fabricantes japoneses han aprovechado esta posición para convertirse en líderes de segmentos como los microcoches o los deportivos de nivel básico, y para desarrollar los primeros vehículos híbridos del mundo. El propio grupo Nissan puede jactarse de haber lanzado el primer vehículo eléctrico con batería destinado al gran público, el Nissan LEAF. Y también podemos estar orgullosos de que las primeras motorizaciones GNC ampliamente difundidas y los primeros vehículos con pilas de combustible lleven el sello *made in Japan*.

Éstos son triunfos que constituyen nuestra fuerza.

El capítulo de la globalización está bien cerrado. A mediados de esta década de 2020, el mercado mundial del automóvil se está fragmentando y los consumidores buscan productos diferenciados en cada zona geográfica. Es cierto que debemos continuar decididamente en el camino de la estandarización de nuestras plataformas y nuestros diseños; pero la época requiere también una mayor autonomía de decisión, a nivel regional, para la planificación, la producción y el establecimiento de los precios de nuestros productos.

En la práctica, esto significa que debemos ofrecer a los clientes estadounidenses los tipos de vehículos utilitarios y *pick up* que este mercado pide; en Japón, veremos más *kei cars* eléctricos y una gama más completa de vehículos híbridos de bajas emisiones; en el mercado chino, tenemos que presentar una oferta de motorización con energías renovables que tenga un precio y una autonomía competitivos con respecto a las marcas locales; por último, debemos adaptarnos a la transición del mercado europeo hacia un parque totalmente eléctrico, aunque sea con menos rapidez de lo inicialmente previsto.

En cada región, el éxito dependerá de una formulación específica de nuestros objetivos de cuota de mercado y del ajuste de nuestra gama de productos a las preferencias locales. En algunos mercados, sobre todo en Estados Unidos, China, Japón y Europa, nuestra organización está en condiciones de efectuar unilateralmente estas modulaciones: tenemos la capacidad de producir modelos adecuados en nuestras propias fábricas, con nuestros propios circuitos de aprovisionamiento, y, sobre todo, de movilizar diferentes tecnologías de baterías y de activar los sectores correspondientes para alimentar el conjunto de los segmentos del mercado con vehículos eléctricos.

En la era de volatilidad y de mayores turbulencias que se avecina, debemos redescubrir la sensación de urgencia que tan bien ha funcionado para la industria japonesa históricamente.

Jeep

Ésta es una información para las oficinas de proyectos del mundo entero: ¡es posible diseñar en tres meses un coche revolucionario, destinado a convertirse en un mito y a seguir siéndolo ochenta y cinco años después de su nacimiento! Jeep lo hizo. La aventura, inaudita, empezó a toda máquina en la primavera de 1940. La guerra causa estragos en Europa, Francia está ocupada, el Reino Unido resiste, la Alemania nazi extiende su dominio. En Estados Unidos, muchos saben que tienen que prepararse para lo peor. Ahora bien, al formidable ejército que el país se dispone a constituir le falta un eslabón esencial: un vehículo de enlace que sirva para todo, ligero, pero capaz de transportar hombres y materiales en cualquier tipo de condiciones.

El ejército norteamericano crea entonces, en junio de 1940, una comisión encargada de elaborar el pliego de condiciones de este mirlo blanco. Debe poder trepar por los peores repechos, superar los vados, maniobrar en el barro, resistir los golpes violentos, repararse con los ojos cerrados... Además, como una prueba suplementaria, deben entregarse setenta ejemplares de preserie antes de setenta y cinco días. ¿Misión imposible? ¡De las ciento treinta y cinco empresas que estudian la licitación, sólo una responde: «Vale»! Se trata de un pequeño fabricante, Bantam, que fabrica con licencia de Austin Seven. Para cumplir con el reto, contrata a un ingeniero superdotado, Karl Probst, que prepara un prototipo en cinco días. El futuro Jeep ya está aquí: calandra con aberturas, zona trasera vertical con la rueda de recambio a la derecha, transmisión 4×4. Las primeras pruebas son una absoluta decepción. El pequeño aventurero tiene bastantes debilidades, algo de lo más normal, pero se corrigen con celeridad. Lo esencial es que su base y su potencial resultan prometedores. Pero he aquí que la plana mayor prepara un golpe sucio a Bantam, al que considera demasiado limitado en cuanto a tamaño para fabricar los miles de ejemplares que el ejército necesita con tanta urgencia. Así que muestra el proyecto a otros dos fabricantes, Willis y Ford. Ambos podrán plagiar totalmente el prototipo y, gracias a sus capacidades de producción, obtener el contrato. *Bye bye*, Bantam... El genial inventor apenas recibe una indemnización por un reducido contrato de suministros.

El 18 de noviembre de 1941, los primeros vehículos salen de las cadenas de montaje con el nombre de Jeep. ¿Por qué se llamó Jeep? Se barajan varias tesis. La más seria aboga por la reducción de «*general purpose*» («para todos los usos»). Otra opina que es por el acrónimo de «*just enough essential parts*» («las piezas esenciales justas»). La última se decanta por Eugene le Jeep, un simpático animalito que aparece en las aventuras de Popeye y que tiene el don de superar los obstáculos más difíciles. Una cosa es segura, el Jeep tiene de inmediato un éxito estrepitoso. Un periodista estadounidense lo resume así: «¡Por Dios! No creo que podamos continuar la guerra sin el Jeep. Tan fiel como un perro, tan fuerte como una mula y tan ágil como una cabra». Las cadenas de montaje echan humo: en cuatro años, cerca de 700.000 ejemplares salen de ellas. En junio de 1944, enjambres de Jeep desembarcan en Francia y se extienden por toda Europa. Son símbolos de la libertad recuperada y del *American way of life*. En un homenaje del general y futuro presidente Eisenhower dice: «El Jeep, el DC-3 y el buque de desembarco son los tres instrumentos que han ganado la guerra». Una vez que llega la paz, el pequeño 4×4 continúa su carrera. Aunque sigue metido en todos los conflictos bélicos, de Corea a Vietnam, inicia una fructuosa reconversión a la vida civil. En 1945 aparece el Willis CJ-2A. «CJ» viene de *Civilian Jeep*. Con el paso de los años, el coche se aburguesa un poco, con un chasis más suave, frenos delanteros de disco, *hard top* en lugar de la capota, pero nunca traiciona su valiente ascendencia. La serie de los CJ se abandona en 1987 en provecho del Wrangler, el Cherokee y después, en la actualidad, el Avenger.

Durante este tiempo, entre bastidores, se movilizan los accionistas: American Motors Corporation (AMC) en 1956, Renault en 1979; lo cual hace enfadar a muchos estadounidenses, hostiles a la idea de que una firma francesa compre semejante emblema. En 1987, la Régie, que goza de muy mala salud, tira la toalla y abandona su aventura de ultramar. ¡Zas! Chrysler recupera la marca. Pero, en un estado lamentable, el grupo es absorbido en 1998 por el alemán Daimler..., que lo revende unos años más tarde, no en la mejor forma, a un fondo de inversiones. La crisis de 2008 acaba con lo poco que queda de Chrysler. En este momento, el audaz Sergio Marchionne, directivo de Fiat, puede echarle el guante a buen precio, entre 2009 y 2014. Así se crea el grupo FCA (Fiat Chrysler Automobiles). Su joya se llama Jeep, y Marchionne apostará fuerte por él, con éxito. El pequeño Renegade, sobre una plataforma de Fiat 500 remodelada, arrasa. Las ventas del Cherokee, convertido en SUV de lujo, se elevan. El último cambio se produce en 2021, cuando PSA se fusiona con FCA para formar Stellantis.

¿Está ya cansado de verse así bamboleado por un accionista tras otro? Esto sería conocer poco al Jeep. El ejército norteamericano lo había advertido: «Queremos un vehículo irrompible».

K

Kangoo

Todos tenemos un amigo o un familiar que nos dijo un día que se acababa de comprar «un coche formidable, lleno de artilugios, muy espacioso, una especie de camioneta que se conduce como un microcoche». Su nombre: Kangoo. Este modelo transgresor, ni bonito ni feo, tiene su público en todas las clases sociales. Seduce tanto a las familias numerosas como a los creadores de *start-ups* parisinos. Caben los niños, las tablas de surf o los muebles comprados en los mercadillos. Cuando conocí este modelo, primero me sorprendió ver que también lo compraban los ejecutivos. Pero lo comprendí con rapidez: simplemente era genial.

No debía de ser el único que lo pensaba, porque, en veintiséis años de carrera, se vendieron más de cuatro millones de ejemplares, incluidas las versiones utilitarias (VU) y particulares (VP). El Kangoo triunfa con modestia. No es insolente ni es objeto de casos de empresa en las escuelas de negocios. Sin embargo, podría serlo. Porque Dios sabe que su posicionamiento era acrobático, y su tarea, nada evidente. Desde su nacimiento en 1997 se le pide que sirva a objetivos casi antagónicos. Que guste tanto al artesano, al comerciante o al jefe de obras como al recién jubilado, al deportista o al padre de familia. Que sea a la vez una bestia de carga y una *pin up*. Que pueda transportar un armario con espejos y tenga un interior mullido. Un temible reto que los equipos de Renault aceptaron con gran éxito: el Kangoo se ha convertido en uno de los coches más polivalentes del mercado. Con él, según una expresión corriente, «tenemos el oro y el moro».

Cuando llegó al mercado, su estilo contrastaba con todo lo que se conocía en la época. Se olvidó su predecesor, el Renault Express, ¡que era un tanto rústico! Se arrinconaron, a pesar de sus grandes cualidades, los competidores Berlingo y Partner, ¡lanzados un año antes por Citroën y Peugeot! El Kangoo aterrizó con su diseño jovial, sus faros tipo Twingo, sus colores acidulados, su modularidad récord y un arma secreta: una puerta lateral corrediza. Su nombre, un guiño al marsupial australiano, tenía chispa. Para resaltar su doble vocación, para uso de particulares tanto como de profesionales, Renault lanzó el concepto de ludovolumen, que recordaba a los monovolúmenes, término muy en boga en la época. La misma audacia se empleó en cuanto a la publicidad, con lo que le debemos al Kangoo anuncios antológicos. «Esto no funcionará nunca» hacía desfilar los nuevos conceptos que la marca del rombo impulsaba desde hacía cuarenta años. Siempre que los aguafiestas dudaban de su futuro, el éxito acudía a la cita. También es un recuerdo conmovedor el anuncio (yo era entonces director general del grupo Fiat, donde no dejó a nadie indiferente) en el que un padre de familia miraba un libro de imágenes con su hijo pequeño. «¿Y cómo se dice "coche"?», preguntaba el padre. «Kangoo», respondía invariablemente el pícaro chiquillo. Más tarde, en 2008, los Simpson harían la promoción del Kangoo II. Fue todo un éxito. Era la primera vez, en un anuncio de la televisión, que la banda de Bart cambiaba el universo animado por el mundo real. Se desarrolló un enorme sentimiento de simpatía alrededor del Kangoo. «Utilitario» ya no era una palabrota. Se convirtió en el coche fetiche del servicio postal francés y en el vehículo de reparto de la empresa Darty. Incluso se crearon clubes de fans casi por todas partes. Hasta en el Reino Unido, donde unos entusiastas se atrevieron a ponerle un motor del Megane 2 RS. Y en Japón, donde tenían lugar reuniones regulares de amantes del Kangoo a los pies del monte Fuji.

Con el paso de los años y las generaciones (Kangoo II, Kangoo III), el coche continuó con éxito su equilibrismo entre la clientela de los profesionales y la de los particulares. Perfeccionó sus aspectos prácticos al mismo tiempo que su facilidad para crear simpatía entre los usuarios. Para hacerlo más señorial, adoptó en 2007 la plataforma del Scenic y después, en 2019, la llamada Common Moduel Family, común a Renault-Nissan-Mitsubishi. Posteriormente se sucedieron los cambios de estilo y también las innovaciones técnicas, como la puerta lateral corredìza sin montante, llamada «ábrete, Sésamo», que libera un enorme espacio para acceder al habitáculo. O el sistema Easy Inside Rack, que se presenta como una inmensa baca interior capaz de contener objetos muy largos. El concepto de ludovolumen, un poco anticuado, se sustituyó por el de «combispace». Es cierto que las dimensiones del Kangoo han aumentado: 4 metros de longitud cuando se lanzó, frente a 4,48 metros en la actualidad. E incluso 4,91 metros para el Grand Kangoo, comercializado hace poco. Un auténtico galeón de las carreteras, con siete plazas y un maletero que se lo traga todo, incluidas las neveras combi de dos puertas y las bicicletas sin desmontar.

Entonces, ¿no ha habido ningún fracaso en la vida de este superdotado? ¿Nada, ni siquiera un pequeño percance? Claro que sí, se cometieron errores. No podría ser de otra manera cuando se corren riesgos, ya que el fracaso forma parte del juego. El fiasco se llama Be Bop, versión corta del Kangoo lanzada en 2009. Un modelo con tres puertas, cuatro asientos, poco espacio para los pasajeros de atrás, un techo muy extravagante de apertura manual en tres partes y un maletero chiquitín. Un ludovolumen cortado, en resumen. Por falta de compradores, el episodio sólo duró dos años. Pero se olvidó con rapidez gracias al éxito, en 2011, de la variante eléctrica del Kangoo. Estaba destinado a las empresas y se vendieron más de 60.000 ejemplares. Una cantidad bastante fabulosa en este mercado que todavía era balbuciente. ¿El coche eléctrico? Esto no funcionará nunca... Pues sí, Kangoo ha abierto el camino.

Kei cars

Son el arma de Japón para luchar contra los atascos y la contaminación y allí proliferan. Se llaman *kei cars*, abreviación de *keijidōsha*, que significa «vehículo ligero». Nada que ver con nuestros cochecitos sin carnet. Se trata de auténticos coches, ligeros, pequeños y muy baratos. Existen incluso algunos en versión utilitario. Disfrutan de diversas ventajas fiscales y primas de seguros reducidas. Para entrar en esta categoría, el vehículo debe tener una longitud máxima de 3,40 metros y una cilindrada inferior a 660 centímetros cúbicos. Detrás de su aspecto simpático de coche de juguete, el *kei car* es un negocio muy serio, y la mayoría de los grandes fabricantes nipones ocupan este segmento, muy dinámico. Representó un 38,80 por ciento de las ventas en 2022, con 1,63 millones de unidades vendidas. Fue el único modelo que resistió cuando el mercado del automóvil retrocedió un 5,6 por ciento con respecto a 2021. ¡Esto es un logro considerable! Evidentemente, la gran densidad que tienen las ciudades del archipiélago nipón explica en parte este éxito. Pero es interesante señalar que una parte creciente de las ventas tienen lugar fuera de las metrópolis japonesas. Como si un auténtico coche de 8.000 euros fuera ampliamente suficiente para el campo. ¿Lo probamos aquí?

L

Lamborghini

El origen de Lamborghini es una increíble historia de testosterona. Un duelo fuera de lo normal entre dos italianos, orgullosos y desconfiados, que se enfrentaron a partir de principios de la década de 1960. Uno, Enzo Ferrari, expiloto y directivo de Alfa Romeo, creó su empresa en 1947; el otro, Ferruccio Lamborghini, rompió con su destino de campesino en la provincia de Umbría para fabricar tractores en 1948. Lamborghini, forofo de la carrera automovilística, se compró varios Ferrari con los beneficios de su actividad floreciente. Era aficionado a las carreras automovilísticas y envidiaba el éxito de la firma del caballo encabritado. En 1960, como se quejaba de que sus bólidos se averiaban a menudo, decidió llamar la atención a Enzo Ferrari y fue a verlo a su feudo de Maranello. En general, un proveedor debe recibir bien a un cliente, sobre todo si no está contento. Esta vez no ocurrió así. Entre los dos empresarios, pronto subió mucho el tono. Después de haber hecho esperar a Lamborghini, Il Commendatore lo despidió secamente como si estuvieran en un patio de escuela: «¡Tú sabes conducir un tractor, pero no un Ferrari! ¡Vuelve a tus tractores, campesino!». Circulan varias versiones de las palabras envenenadas de Enzo Ferrari. Sea cual sea la formulación exacta, desencadenaron una tormenta en el cerebro de Lamborghini. Mortificado y humillado, esa misma noche decidió lanzarse a la producción de coches deportivos. Con una idea simple y audaz: hacer modelos más bonitos y rápidos que los Ferrari. Para conseguirlo, puso su fortuna sobre la mesa. Se instaló en Bolonia para acercarse a los subcontratistas del automóvil y fichó a un equipo de jóvenes talentos, algunos de los cuales habían trabajado para Ferrari. Rápidamente, un hombre clave se unió a la empresa, el diseñador Marcello Gandini. Él fue quien diseñó el Miura, lanzado en 1966, que es un coche fantástico. Gandini, un auténtico genio formado en Bertone, realizó después creaciones espectaculares: Urraco, Espada, Diablo o Countach. Este último, comercializado en 1974, es para mí uno de los coches más bonitos jamás fabricados en el mundo. Recuerdo que dejé de respirar durante un minuto y medio al verlo por primera vez cuando tenía ocho años. Ferruccio Lamborghini falleció en 1993, siete años antes que Enzo Ferrari. En lo referente a los productos, mantuvo su reto de hacer algo igual e incluso, a menudo, superior a los coches del caballo encabritado. Económicamente, la cosa fue más difícil. Debilitada por las crisis del petróleo, la empresa pasó de mano en mano antes de llegar en 1998 al grupo Volkswagen. Una decisión personal de su dirigente de aquella época, Ferdinand Piëch, que quería constituir una cartera de marcas diversificada para lo que también compró Bugatti y Bentley. Cuando llegué al grupo alemán en 2009, tuve el honor de ser nombrado para el Consejo de Administración de Lamborghini cuando era director comercial de Audi. Participé, en especial, en las reflexiones para el desarrollo de un SUV lujoso realizado sobre la plataforma de un modelo Audi. El Urus nació en 2017 y llegó varios años antes que el Purosangue, su *alter ego* lanzado por Ferrari... en 2022. Tuvo un gran éxito, lo cual consiguió que la marca pasara a formar parte de los grandes. Stefano Domenicali, que dirige ahora la Fórmula 1, y Stephan Winkelmann, el actual director ejecutivo, hicieron un trabajo destacable al frente de la empresa. ¿Y cuál es la prueba de ello? Se presentaron compradores potenciales, cuando no estaba todavía a la venta. Luego, un fondo de inversión hizo una oferta de varios miles de millones de euros al grupo Volkswagen, que la había adquirido por un precio estimado de sólo 120 millones de euros. En la actualidad, se piensa en la entrada en bolsa, siguiendo el ejemplo exitoso de Ferrari. El exfabricante de tractores se ha convertido en un negocio muy muy rentable.

Le Mans

por Jacky Ickx, expiloto

En cierto modo, nosotros, los pilotos, somos ladrones de gloria. Todo el resplandor es para nosotros. Es cierto que, cuando la cosa no funciona, también somos las primeras víctimas, pero, cuando funciona, las fórmulas de cortesía expresadas hacia nuestro entorno son ampliamente suficientes para dar cuenta de la realidad. Gané seis veces las 24 Horas de Le Mans en doce participaciones, pero mantengo un perfil bajo. Considero que somos la parte emergida del iceberg. Aunque somos tres los que pilotamos un coche, entre bastidores, decenas de mecánicos e ingenieros han puesto todos sus conocimientos, toda su experiencia y toda su pasión en el proyecto. Sin ellos, la victoria sería imposible.

Poca gente ha corrido tanto como yo. Durante mi carrera, encadené las participaciones en todas las disciplinas de moto y auto: trial, enduro, coches de turismo, Fórmula 1, resistencia, *rally* raid. He conducido Cortina, Ford, Mirage, Ferrari, Porsche... Pero, cuando uno llega por primera vez a Le Mans, cambia de dimensión y deja de dárselas de listo. Allí siente el peso de la historia. Le Mans es un monumento que acaba de celebrar sus cien años de existencia. La vida de los seres humanos a menudo es mucho más corta.

Todos los que participan en esta prueba mítica están dispuestos a firmar lo que sea por ganar una vez. Así que ganar seis veces es como si fueras al casino y, en una docena de intentos, sacaras el premio gordo seis veces. Dicho esto, después de mí, el danés Tom Kristensen lo hizo todavía mejor. Consiguió nueve veces este premio gordo, ocho de ellas al volante de un Audi. ¡Esto es algo magnífico!

Me preguntan a menudo cuáles son las victorias que más me han marcado. Recuerdo dos. La más bonita a los ojos del público sin duda fue la de 1969. ¿Por qué? Porque, si se vence sin peligro, se triunfa sin gloria. Porque todo se juega en la última vuelta. La diferencia en la llegada será la más pequeña nunca registrada entre dos coches. Es fabuloso para los espectadores no saber quién va a ganar hasta el último segundo, hasta la última curva. Hay que recordar que esta edición inaugura una era para la televisión pública francesa, que todavía retransmite el acontecimiento en blanco y negro, pero que, por primera vez, coloca una cámara en la puerta trasera de un avión Breguet Atlantic. Durante tres horas, hay un suspense total. Los que están alrededor del circuito se vuelven locos, los que están delante del televisor también, porque no se pierden ni un minuto del duelo entre el Ford GT 40 que yo conduzco y el Porsche 908 del alemán Hans Herrmann, gracias a las imágenes vistas desde el cielo.

Hay otra cosa que da relieve a esta victoria: me atreví a ser atrevido desde la salida. En aquella época, los pilotos tenían que atravesar la pista corriendo, subirse a los coches alineados en batería y arrancar sin perder tiempo en abrocharse el cinturón. A mí esto me parecía demasiado peligroso. Había reflexionado detenidamente en mi decisión sin hablar con mi entorno. Decidí caminar hacia mi Ford GT 40 y salir el último. Era una carrera de resistencia, no figurábamos entre los favoritos. Por lo tanto, la salida en realidad no tenía mucha importancia. Quedaban veinticuatro horas para recuperarse. Evidentemente, visto en perspectiva, se puede decir que era mejor ganar esta carrera, porque, si hubiera terminado segundo, vencido por unos metros, me habrían reprochado que me hubiese pasado de listo en el momento de empezar. Por desgracia, aquel día, en la primera vuelta, un accidente terrible me dio la razón unos minutos más tarde. El piloto *amateur* John Woolfe, un industrial británico de 37 años que se había comprado un Porsche 917 para participar en la prueba, se salió del circuito en la curva de Maison-Blanche. Se mató. No había tenido tiempo de abrocharse el cinturón. A causa de este accidente, y no debido a mi iniciativa, se tomó conciencia de que había que cambiar el procedimiento de salida. Se decidió en la edición siguiente.

La victoria de 1969 se jugó pues en la última vuelta. Para ganar, tenía que poder ir pegado detrás del Porsche en la larga recta de Mulsanne. Aquel coche era muy rápido. Sólo podía adelantarlo aprovechando el rebufo. Era importante que lo rebasara al final de estos 5 kilómetros recorridos pisando a fondo. Sabía que no podría recuperarse después. Durante tres horas, como en un *ring* de boxeo, habíamos tenido tiempo de observar al adversario. Sabíamos dónde éramos mejores y dónde éramos menos buenos.

La clave fue que pasamos por la línea de meta veinte segundos antes del final de las 24 Horas. Por lo tanto, tuvimos que dar una vuelta más. Él sabía lo que yo iba a intentar hacer, puesto que lo había hecho en la vuelta anterior, pensando, al igual que yo, que no haríamos esta vuelta de más. En aquella época, no teníamos una radio que nos informara.

Tuve que replantear mi estrategia. Fue la que practicaba cuando quería seducir a una mujer: la artimaña de quedarse sin gasolina. Al llegar a Mulsanne, puse el intermitente. Los dos sabíamos que el carburante no tardaría en faltar. Ralenticé fuerte. Empezó por seguirme a baja velocidad. ¡La trampa había funcionado! En un momento determinado, él se dijo: «Me he librado, ataco». Entonces me adelantó. Inmediatamente, me puse detrás de él y ya no lo solté. Como había previsto, lo adelanté al final de la recta de Mulsanne y gané. ¡A veces, hay que engañar un poco para alcanzar los fines! Estaba muy contento. Encontrarte de pie sobre el techo del coche en medio de 250.000 personas que gritan de alegría es emocionante: uno se siente infinitamente pequeño en este momento.

Sin embargo, mi victoria más bonita en Le Mans es la de 1977. Tuve una avería después de tres horas de carrera al volante del Porsche 936 que compartía con Henri Pescarolo. Tenía una ventaja sobre él, yo era piloto de reserva en el otro coche de la escudería. Enseguida me pidieron que reforzara su equipo. El problema era que aquel coche había caído en puestos inferiores de la clasificación. Víctima también de una avería grave, estaba en la posición 41 y llevaba varias vueltas de retraso.

En algunas carreras es posible enaltecerse, superarse. Y, lo que es más formidable aún, es posible enaltecer a los del propio equipo. Resulta maravilloso poder ser luchador: como todo está perdido, se puede utilizar la máquina a fondo. Todas las horas ganábamos algunas posiciones. ¡Era increíblemente motivador! He hecho algunas carreras así en mi vida, en las que todo parece salir bien y no tienes miedo de nada. Durante toda la noche encadené los relevos circulando a fondo. No sentía ninguna fatiga. Echaba chispas, tenía una determinación absoluta. ¡Los mecánicos también se superaron en sus intervenciones! Remontamos en la clasificación. Los ingenieros y los directivos de la escudería, que ya no lo creían, comprendieron progresivamente que la victoria era posible. Los Renault que lideraban la carrera se averiaron uno tras otro. Estábamos a ocho vueltas del coche que iba a la cabeza y, de repente, nos encontrábamos en la misma vuelta. ¡Eso cambió las cosas! De ahí el lema: «*Never give up*» (que significa «no renuncies nunca»). En el deporte siempre ocurre alguna cosa. Nos pusimos en cabeza por la mañana, pero los últimos instantes de esta carrera, primero perdida y después ganada, fueron agitados. El motor funcionaba con cinco cilindros en lugar de con seis, no sabíamos si podríamos terminar. El cuentakilómetros estaba averiado, pilotábamos de oído. A veces puede funcionar. Son experiencias inauditas, fascinantes, increíbles. ¡El ángel de la guarda debe de tener algo que ver!

Con estas victorias soy consciente de haber hecho mi contribución a la historia extraordinaria de las 24 Horas de Le Mans, y estoy orgulloso de ello. La suma de aventuras, pasiones, esfuerzos humanos, entusiasmos, desastres y decepciones es lo que hizo de las 24 Horas lo que son hoy: una leyenda.

Para todos los fabricantes y los pilotos que se inscriben, y son cada vez más numerosos, es la carrera que hay que ganar. Consideremos los Ferrari. Volvieron a Le Mans en 2023, el año del centenario. Contra todos los pronósticos, ganaron. Es algo mágico. ¡Esta victoria borró años de frustración en Fórmula 1!

Por último, no olvidemos nunca que el éxito de una prueba se mide por el número de personas que asisten a ella. Es como el juez de paz. Gracias a la acción de los organizadores actuales, Le Mans ha conservado su atractivo (¡250.000 espectadores en 2023!) y su carácter humano, en un momento en que el mundo moderno tiende a deshumanizar los acontecimientos. Hay seguridad en todas partes, no se puede ir donde uno quiera libremente. Como ocurre en el circuito de Goodwood en el Reino Unido, las 24 Horas de Le Mans demuestran que se puede ser profesional y hacer negocio, pero también respetar infinitamente a los que permiten que este mundo esté vivo: los espectadores. Deben ser bien tratados, como si fuesen invitados. Es lo que permitirá a las 24 Horas existir durante numerosos decenios más.

Llave de contacto

Es un dispositivo sorprendente. Estamos ante un accesorio cuyas innovaciones, muy numerosas a lo largo de los decenios, han conducido a un único resultado: su desaparición completa. Es la historia de la llave de contacto, que ha pasado en un siglo de ser una llave a ser... nada de nada, una simple aplicación descargada en un smartphone. En los inicios heroicos del automóvil, había que girar la manivela para arrancar, y se necesitaba una buena habilidad manual. Y también mucho cuidado con el retroceso de la susodicha manivela cuando la maniobra fracasaba ya que podía ser de una violencia extrema. La prueba es que, en 1910, en Estados Unidos, un chófer falleció. Este drama convenció entonces a Henry M. Leland, fundador de Cadillac, para intentar buscar un procedimiento alternativo. Bastaron dos años para lograrlo. En 1912, la sociedad Delco creó el arranque eléctrico con una llave y todas las marcas estadounidenses lo adoptaron. El invento cruzó el Atlántico en la década de 1920. Se produjo un gran avance en 1931, cuando el francés Neiman inventó el antirrobo instalado en la columna de dirección. Pero seguían siendo necesarias dos llaves: una para abrir la puerta y la otra para arrancar. Hubo que esperar a la década de 1960 para que ambas piezas se fundieran en una sola. En la década de 1990, se produjo una sucesión de innovaciones: el bloqueo centralizado primero y después el mando a distancia inalámbrico. ¡Se reconocía a los conductores que tenían el privilegio de poseer uno por su gesto ligeramente desenvuelto —¡bip!— para abrir su coche a distancia, como quien no quiere la cosa. No como los pobres, que tenían que aplicarse para abrir la cerradura. Sobre todo, bajo la lluvia.

La llave todavía no lo sabía, pero sus días estaban contados. En los laboratorios, los McGyver del coche ya trabajaban en el concepto del *contactless*. Primero la simple tarjeta que se guardaba en la cartera y después la llave virtual descargada en un smartphone. Hoy ya es cosa del pasado la pregunta antiguamente muy corriente: «¿Dónde he puesto las llaves?». El único superviviente del encendido a la vieja usanza es el pulsador. Porsche, dicho sea de paso, es el único fabricante que siempre lo coloca a la izquierda del volante. Una coquetería cuyo origen se remonta a las carreras de resistencia que, antaño, se iniciaban con el motor apagado. Durante la salida, la llave a la izquierda permitía liberar la mano derecha para poner primera y conseguir unas décimas de segundo de ventaja. En realidad, la posición a la izquierda permitía, muy prosaicamente, ahorrar un poco de cable. En la penuria de después de la guerra, este truco era bienvenido, y sobrevivió.

M

Marca

Hay algo mágico en una marca: unos centímetros cuadrados cuentan una historia a veces de varias decenas de años de duración. Una sucesión de hechos, imágenes y coches grabados en nuestras memorias han modelado un relato y una reputación. ¡En el caso de Ferrari, incluso un color, el rojo, es el que ha hecho todo el trabajo! A menudo, las marcas se asocian con una cualidad bien identificada. Volvo es la seguridad, Toyota es la calidad, Mercedes es el prestigio. O a su cultura nacional: cuando alguien se compra un coche italiano, se regala un pedacito de un verano en Roma, una forma de alegría de vivir. Con un coche alemán, se invierte en la robustez. Con un coche inglés, uno se imagina conduciendo un vehículo un poco excéntrico por la campiña inglesa. Esto no ocurre cuando se adquiere una lavadora o un televisor. Por esta razón, en Fiat en Italia, en Seat en España o en Renault en Francia, siempre he procurado cultivar la dimensión cultural del país de origen del fabricante.

El primer contacto con una marca es, por supuesto, su nombre. En el automóvil, no nos hemos complicado la vida: en general, el fundador ha utilizado el suyo. Así pasa, por ejemplo, en Citroën, Ford, Peugeot, Renault, Rolls-Royce o Ferrari. Era un poco la prehistoria del marketing. ¡Hoy sería impensable que Apple se denominase Jobs y que Tesla llevara el nombre de Musk!

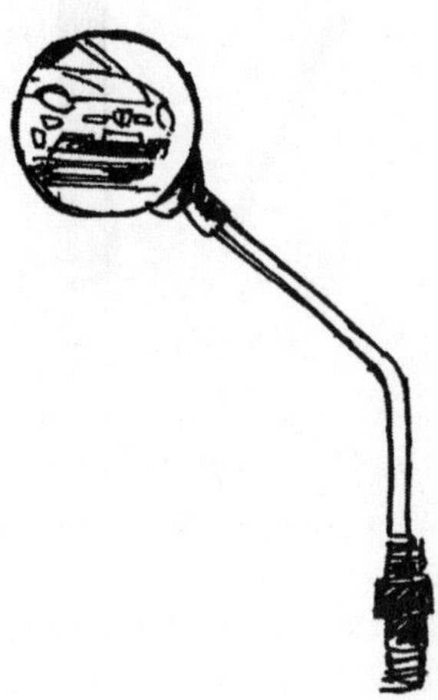

¿Cómo se construye con éxito una marca? Aunque no vengo del marketing, pienso que un buen producto es más importante que una buena comunicación. El marketing sólo es un embellecedor. Nunca se puede engañar al mercado. Aumentar la popularidad es fácil, puesto que es una cuestión de dinero. Cuanto más se gasta, más conocida es la marca. En cambio, es mucho menos evidente tener una buena imagen, porque eso supone hacer las cosas bien. La confianza, que es el pilar principal de la construcción de una marca, tiene este precio. Cuando la confianza se pierde, entonces se pierde todo. Se necesitan decenas de años para consolidarla y, a veces, sólo diez minutos para destruirla. ¡La eternidad no está garantizada para nadie! Por desgracia, no se puede esperar recuperarse cambiando de posicionamiento. Ninguna marca destinada al gran público se ha convertido nunca en *premium*, lo único que se puede hacer es volver a conectar con el ADN original.

Es lo que hice al resucitar Abarth durante mi paso por el grupo Fiat. Me decían que esta marca sólo la conocían los mayores de 60 años. ¡Tres meses después de su lanzamiento, todos los jóvenes de nivel adquisitivo alto querían un Fiat 500 Abarth! Sólo había que resucitar los valores del pasado.

Paralelamente, siempre hay lugar para nuevas marcas. En los países asiáticos, como China, son muy aficionados a esto, porque sus habitantes piensan que mañana será mejor que ayer. Por otra parte, los que predijeron una concentración del mercado alrededor de un número restringido de protagonistas se han equivocado. Efectivamente, se han constituido grupos (Stellantis, Volkswagen), pero han conservado un lugar para cada marca. Y entretanto han surgido nuevos actores, como Tesla o BYD. En Europa, nos gusta mucho mirar por el retrovisor, ¡pero esto también es nuestro encanto!

Marchionne, Sergio

Este hombre es un icono en Italia. Lo beatificamos por haber salvado Fiat. Cuando se puso al frente de la empresa, en 2004, el grupo perdía 5 millones de euros al día. Tres años más tarde, las cuentas se habían equilibrado. Los accionistas fueron los primeros en sacar beneficios. A lo largo de su mandato que se extendió durante dieciséis años, la valoración del grupo controlado por la familia Agnelli subió de 5.000 a 65.000 millones de euros. Por lo tanto, su balance contable es indiscutiblemente muy bueno. La verdad quizá es un poco diferente de la historia oficial. Tuve la suerte de trabajar siete años a su lado, cuando dirigí la marca Fiat, Abarth y después Alfa Romeo. Por lo tanto, puedo asegurar que lo conozco bien. Nunca he querido hablar de él, de nuestra historia común, desde su fallecimiento en la habitación de un hospital suizo, el 25 de julio de 2018. Tenía 66 años. Pero, evidentemente, tiene su lugar en este *Diccionario sentimental del automóvil*. Y ha llegado el momento de hablar del hombre que era Sergio Marchionne según mi visión.

Nuestro primer encuentro tuvo lugar una noche de julio en la oficina que ocupaba en Turín para dirigir la marca Lancia. Había dejado

Toyota Europa para unirme al grupo Fiat en 2002. Él se hizo cargo de sus funciones dos años más tarde. Nunca nos habíamos visto antes. Era tarde, no había nadie en las oficinas. Alguien llamó a la puerta, era él. Fue la primera vez que un directivo del grupo llegaba al centro de Mirafiori de improviso. ¡Lo reconocí porque había visto su cara en los periódicos! Estaba realmente sorprendido. Me preguntó en inglés: *What do you do?* Yo le dije que era el responsable de Lancia. Hablamos durante una hora y media. Le conté todos los retos de Lancia, que era una marca extraordinaria y que era absolutamente necesario invertir dinero para salvarla. Sin duda comprendió que estaba un poco loco, que llevaba en la sangre la pasión por el automóvil. Dos semanas más tarde, me llamó para decirme: «De Meo, se ocupará usted de la dirección de Fiat». Le respondí: «¡Pero, señor Marchionne, no sabré hacerlo!». Intenté convencerlo de que renunciara a esta decisión. Fiat era el agujero negro de la empresa y no estaba seguro de estar a la altura de la tarea, pero no aflojó. «No se preocupe, lo voy a ayudar», me prometió. El problema es que, para él, ayudar consistía en golpear sin descanso a sus propios colaboradores como un tambor. Dicho esto, aquello me endureció. Y debo reconocer que puso en marcha mi carrera. Me sacó de ninguna parte y me confió el corazón del grupo. ¡Sólo tenía 37 años!

Marchionne no era realmente un directivo como los demás, sino un gran trabajador, comprometido y obsesivo. No había lugar para otra cosa en su vida. Esto tenía un impacto en las relaciones con sus equipos, con los que alternaba las actitudes extremas: podía ser de una inmensa benevolencia o de una asombrosa inhumanidad. Unas veces ángel y otras demonio, su actitud no era del agrado de todo el mundo. Tenía una molesta tendencia a confundir a sus colaboradores con limones que se exprimen hasta la última gota de jugo antes de tirarlos. Esta brutalidad coexistía con una profesionalidad reconocida por todos. En la vida cotidiana, sus competencias como financiero, adquiridas en el mundo de la auditoría, hacían maravillas. Nadie analizaba las cifras mejor que él. Ante los analistas financieros, era como un encantador de serpientes. Sus presentaciones los subyugaban, porque empleaba todos los argumentos que ellos querían oír. Una de sus grandes cualidades era su agilidad, su capacidad de cambiar de opinión, lo que le permitía aprovechar todas las oportunidades. Su visión le permitía prever muy deprisa el siguiente golpe. Así evitaba numerosas trampas. Por ejemplo, había dejado con mucha habilidad que su competidor Carlos Ghosn (dirigente de Renault-Nissan) se apresurara a comprar el fabricante ruso AvtoVAZ. ¡Una inversión difícil de digerir que dio mucha guerra a Renault!

También era un temible negociador, un jugador de póquer que muy a menudo ganaba. Para marcar la diferencia, este hijo de inmigrantes italianos a Canadá cultivaba una apariencia especial, en las antípodas de los grandes capitanes de la industria. Había optado por llevar siempre un jersey negro (tras abandonar el azul), lo cual le daba un aspecto de profesor de universidad. Todo el mundo acabó por aceptar este uniforme, un poco como nos hemos habituado a ver a Giorgio Armani siempre vestido con una camiseta negra. Por otra parte, aquello irritó a Silvio Berlusconi, famoso por la elegancia de sus trajes. Cuando era primer ministro, éste le había dicho, en mi presencia: «¿Tan mal vais en Fiat que ni siquiera puede comprarse una corbata?». Ofendido, nunca dejó de criticar a Berlusconi. Como anécdota contaré que solamente el papa había tenido el honor de verlo con corbata...

¿Qué balance se puede hacer de su legado? En primer lugar, Sergio Marchionne enderezó las cuentas de Fiat; después, a partir de 2009, las de Chrysler, que la Administración Obama le dio por cuatro perras en el momento de la crisis de las *subprimes*. Al otro lado del Atlántico fue donde forjó su imagen de gran directivo. Salvó a uno de los *Big Three*, como se conoce a los tres gigantes históricos del automóvil estadounidense (Chrysler, Ford y General Motors), algo que para nada fue sencillo. Gracias a su acción, las marcas Dodge y Jeep experimentaron un verdadero resurgimiento. En 2014 también ganó una batalla homérica contra el poderoso sindicato único de la empresa estadounidense. Lo convenció de que le cediera el 41,5 por ciento que retenía del capital. El grupo Fiat salió reforzado y mejor valorado.

Pero, respecto a los intereses de la industria italiana, sus resultados son menores. El relanzamiento del Cinquecento no se debe sólo a él. En un grupo automovilístico se moviliza mucha gente para un proyecto así. A mi lado, estaban el diseñador Roberto Giolito, el ingeniero Mauro Pierallini y Lapo Elkann, que era el encargado del marketing. Pero comprendió enseguida que este coche mítico iba a recuperar la imagen de la marca que me había confiado Y también que era un momento clave para el grupo. En realidad, no era un hombre de productos, sino un hombre de cifras, un as de la negociación. Tenía una velocidad de lectura y una agilidad mental que le permitían aprovechar todas las oportunidades y crear negocios. Soñaba con terminar su carrera como accionista principal de Ferrari, al que veneraba. Sus últimos días fueron trágicos. Le atemorizaba la operación de hombro que lo hacía sufrir desde hacía largo tiempo. Durante su última aparición en público, el 26 de junio de 2018, parecía muy cansado. El mal que había ocultado a todo el mundo (¡incluso a su accionariado!) era más invasivo y grave de lo que pensaba. Víctima de un accidente vascular cerebral durante la intervención quirúrgica, murió unos días más tarde. En el momento de su muerte, Marchionne se había convertido en un hombre solitario. Había roto con sus allegados y tenía una gran cuenta en el banco...

Seguirá siendo para mí como un padre. Un padre famoso con el que discutí mucho, lo cual me condujo a dejarlo para ir a Volkswagen. Pero le tengo un agradecimiento eterno, me propulsó al mercado de los grandes directivos europeos. No lo olvidaré nunca.

Matra

Coupé 530, Bagheera, Murena, Rancho, Espace..., el lanzamiento de un nuevo Matra era como un gancho de boxeo. Tanta audacia y tanta creatividad impresionaban al público. Con cada lanzamiento, el fabricante invadía un nuevo segmento e inventaba un concepto destinado a hacer época en la industria del automóvil. El pequeño GT con motor central y tres plazas de frente, el *break* aventurero precursor del ludovolumen, el monovolumen. Para mí, este torbellino era el símbolo de un cierto genio francés. Una especie de laboratorio *in vivo* que se atrevía a todo y sabía arriesgarse considerablemente.

Detrás de este papel de *enfant terrible*, había un hombre excepcional, que falleció demasiado pronto, Jean-Luc Lagardère, tan mago como ingeniero y hombre de negocios. Por sus venas corría menos la pasión por el automóvil que la de la pura competición. A principios de la década de 1960, el Gascón, como lo apodaban, dirigía, antes de convertirse más tarde en accionista, la sociedad Mécanique Aviation Traction, cuyo acrónimo es Matra. El centro de sus negocios consistía en el armamento, la aeronáutica y el sector aeroespacial. Para dar valor a la imagen de su grupo, este joven directivo se diversificó con el automóvil. A su manera, por supuesto, a lo D'Artagnan. Su primer modelo, lanzado en 1967, el 530, llevaba el nombre de un misil vendido por la casa matriz. De entrada, su diseño, su comodidad y su agilidad lo convirtieron en leyenda. Lagardère lo llamó *la voiture des copains* [«el coche de los amigos»], en referencia al programa de culto de la cadena de radio Europe 1, «Salut les copains», cuyo propietario era uno de sus allegados.

Pero el pequeño bólido era demasiado caro. No importa, la saga Matra podía empezar y entrar a participar en los circuitos. La marca realizó una inmensa proeza que hoy se observa con incredulidad: subir a la velocidad del rayo a los podios. En menos de diez años, 330 victorias, entre ellas un doble título de campeón del mundo (pilotos y fabricantes) en F1, dos títulos en deporte-prototipos, tres primeros lugares en las 24 Horas de Le Mans, dos Tours de Francia automovilísticos... Al volante, nombres que hacen soñar: Beltoise, Ickx, Pescarolo, Stewart, Larrousse... Entre bastidores, se encontraba el genial ingeniero Philippe Guédon, el gran mago responsable de los aciertos de Matra, especialmente del Espace. Recuerdo una de sus entrevistas en la que contaba sus inicios, en 1965: «Cuando llegué, no tenía oficina. El local carecía de teléfono y de calefacción. ¡Jean-Luc Lagardère me dijo que íbamos a construir coches de carreras y que íbamos a ganar las 24 Horas de Le Mans! Al regresar a casa, le dije a mi mujer: "¡He conocido a un tipo formidable, pero completamente loco!". No teníamos nada y, cuando faltaba un gato, íbamos a comprarlo a la tienda más próxima. En estas condiciones, sólo quedan los más apasionados».

Y ellos fueron los que hicieron de Matra esta marca mítica, hasta el golpe maestro absoluto, ¡el Espace! Era como un ovni en la época, mezcla de berlina, *break* y utilitario. Una anticipación absolutamente brillante que Philippe Guédon intuyó durante un viaje a Estados Unidos, país de la camioneta. A finales de la década de 1970, Matra ya no era lo suficientemente sólido para construir y comercializar únicamente un modelo ambicioso. Por lo tanto, necesitaba un colaborador potente. El prototipo se propuso primero a Peugeot, en 1980. Recibió un rechazo educado. Después, a Citroën. Nuevo rechazo, un poco despectivo para este sucedáneo de camioneta. A continuación, le tocó el turno a Renault, en 1982, cuyo dirigente, Bernard Hanon, se convenció de inmediato. Mucho más que sus equipos, que lloriqueaban a propósito de mil problemas técnicos. Hanon aguantó e impuso el proyecto. Y ya conocemos la continuación de la historia. Después de unos inicios difíciles, sobre todo a causa de problemas de calidad, las ventas aumentaron. El Espace pasó así de vehículo de nicho a un segmento de mercado y después a un estándar: se construyeron 1,4 millones de ejemplares. Progresivamente, el Matra Espace se convirtió en Renault Espace. Ésta es la culminación de la última y quizá la más bella obra de los equipos Lagardère. Yo no me olvido de quiénes fueron sus padres.

Matrícula

Nuestros amigos belgas tienen bastante sentido del humor. Incluso cuando personalizan su placa de matrícula. Desde 2014 pueden hacerlo por 1.000 euros. APEROOO, BATMAN, CATCH-MEN... Unos once mil belgas se gastan cada año un dinero para poder elegir qué pone en su matrícula, lo que ha supuesto que en diez años las arcas públicas recaudaran 70 millones de euros. Éste era el objetivo de la reforma. También en Quebec, desde 2018, todo el mundo puede expresar su creatividad. Siempre que no caiga en el mal gusto. DRVAGIN, BURNS, GOGOBOY... La Administración que gestiona el servicio no quiere ser laxa con las licencias. Afirma que ha denegado decenas de solicitudes consideradas fuera de lugar. PRNHUB, FCKCOPS, COCAINE... y, en todos los casos, aunque se deniegue la petición, cobra 257,54 dólares canadienses (177 euros).

De esta manera, el negocio de las placas prospera en el mundo a medida que los países se pasan a la personalización. Un número creciente de conductores quieren mostrar su estatus en este pedacito de metal. El fenómeno adquiere dimensiones homéricas en los países del Golfo y en Asia, donde tienen lugar subastas gigantes en un ambiente de fiesta para ultrarricos y, año tras año, los récords se pulverizan. En abril de 2023, la placa P7, que simboliza la buena suerte en el islam, se pagó a 15 millones de dólares en Dubái, en un acto benéfico organizado por el emir Mohammed bin Rashid al Maktoum. El objeto de deseo se presentaba y se protegía tras una pantalla como si fuera un cuadro de Picasso. El anterior récord se elevaba a 14 millones de dólares, en Abu Dabi, para otra numeración mágica: P1. Los Emiratos Árabes Unidos han llevado a su paroxismo el esnobismo estadounidense, que considera que hay que tener el menor número posible de signos grabados en la placa. Se cuenta que se negó el acceso a un establecimiento selecto de Dubái a un magnate local porque la matrícula de su Rolls tenía demasiadas cifras. Un paleto, en suma.

En Hong Kong, la locura es sólo un poco menor. Cada año, el Ministerio de Transportes vende a los que ofrecen más unos cientos de placas especiales. En febrero de 2023 se adjudicó la simple «R» por 3,2 millones de dólares. «R» como *Rabbit*, puesto que empezaba el año del conejo. En 2021, la «W» se pagaba a 3,8 millones. Un poco por debajo, los vips gastan alegremente varios miles de dólares para lucir su palabra fetiche. CARPEDM, MYTH, ELONMUSK... Esto es un medio de exhibir su fortuna, sus aficiones, sus creencias o su humor. Tailandia vive la misma pasión. Una vez al año, el Estado vende en subasta un lote de placas especiales y la recaudación se destina a la seguridad en carretera. El año 2022 fue muy bueno, con la venta de una serie de 301 placas que contenían la cifra 9, la más codiciada, porque se supone que aporta suerte y longevidad. La victoria la obtuvo la combinación 9nn 9999, cedida por 1,3 millones de dólares a una sociedad local de capital riesgo. Unos años antes, un joven conductor, hijo de un rico hombre de negocios tailandés, había firmado un cheque de 635.000 dólares por una matrícula amuleto. Es decir, cincuenta veces el valor de su coche, un Nissan Almera.

En este nuevo tipo de casino, los estadounidenses han encontrado a ciudadanos de otros países más manirrotos que ellos. Sin embargo, son los inventores, en 1931, de la placa personalizada, la llamada *vanity plate*, y no son pequeños jugadores. Por otra parte, la placa más cara del mundo se encuentra allí: ¡veinte millones de dólares! Pero se trata de una estimación, porque nunca ha sido objeto de una transacción. ¿Por qué esta potencial mina? Porque la sucesión de las letras forma la palabra *NEW YORK*, así de simple. Al parecer, la ostenta un modesto Volvo V70 cuyo propietario, prudente, se guarda muy bien de sacar. No todos los estados autorizan las placas personalizables y transferibles. Los que lo hacen, como Delaware, evidentemente mantienen una especulación activa. Las matrículas de dos cifras se venden por varios miles de dólares. Las de tres o cuatro caracteres se ceden por unos 1.000 o 2.000 dólares. Se cuenta que la placa 11 fue propiedad durante largo tiempo de un ciudadano de Delaware. Al fallecer, constituía la parte principal de su patrimonio, con un valor mayor que su casa, y se vendió por 675.000 dólares a un promotor inmobiliario.

En realidad, cada estado norteamericano hace más o menos lo que quiere en materia de matrículas. Uno de los pocos requisitos es el tamaño: 15 por 30 centímetros. Y, además, hubo que esperar a 1956 para que se firmara este acuerdo sobre las dimensiones. Por lo demás, cada uno hace lo que le apetece. La matrícula delantera, por ejemplo, sólo es obligatoria en una treintena de estados. Las *vanity plates* digitales se permiten desde hace poco en California. Resulta práctico para indicar a distancia *STOLEN* (robado) cuando roban el vehículo. Aunque un grupo de investigadores en ciberseguridad ya ha conseguido piratear algunas de estas placas. Colores, diseños, eslóganes promocionales..., todo esto se deja también a la valoración de las autoridades locales, que fijan las reglas generales. Los conductores deben rebuscar libremente entre ellas para formar su obra personal. Y no se privan. En Estados Unidos, las placas son coloridas y abigarradas.

Todo lo contrario que las placas francesas, serias y monocordes, hasta el punto de ser tristonas. Como una metáfora del Estado centralizador y celoso de sus prerrogativas, la única libertad es poder elegir el número del departamento que figura a la derecha de la placa. No deja de sorprender al italiano que soy que el departamento más solicitado sea la Alta Saboya, cuando ocupa el lugar 27 en términos de población. La misma rareza ocurre con Córcega del Sur, siendo el quinto departamento más solicitado, cuando es el 96 respecto al tamaño de su población. Los autores del estudio, realizado en 2021 por una web de venta de placas, justifican esta distorsión como un testimonio de afecto por la diáspora corsa, muy numerosa en el continente. También la analizan como una señal de que el conductor, que se supone corso, es forzosamente un tipo duro al que no hay que buscar las cosquillas. Y también como una forma de seguridad para todos los veraneantes que van a la isla de la Belleza con su vehículo.

Pero lo realmente chic, lo que entusiasma a todos los expertos en *vanity plates*, es circular sin ninguna placa. ¡Esto es lo máximo en excentricidad! Un hombre lo consiguió en el planeta, Steve Jobs, el fundador de Apple. Aprovechó una ley californiana que daba seis meses al propietario de un vehículo nuevo para matricularlo. Así que compraba un coche nuevo cada semestre. Siempre el mismo, un Mercedes descapotable SL 55 AMG. Elemental.

Microcoche

En psicología existe el concepto de orden paradójica. Consiste en dar dos órdenes contradictorias a una misma persona. Si cumple una, no puede cumplir la otra. El resultado es que no le es posible hacerlo bien. Por ello, tanto si se trata de una familia como de una empresa, este síndrome puede volver loco a quien lo sufre. Ahora bien, existe un sector económico entero que está sometido a esta presión: es la industria europea del automóvil. Se pide a los fabricantes que reduzcan el consumo de sus vehículos, pero a la vez que añadan pesados y costosos equipamientos de seguridad activa y pasiva; que emprendan inversiones colosales para pasar al coche totalmente eléctrico en un tiempo récord, pero que a la vez no aumenten el precio de venta; que localicen con urgencia las fábricas en el Viejo Continente, pero también que compren cada vez más baterías que, por el momento, son esencialmente *made in China*.

Una tipología de coches paga especialmente el pato de esta política antagonista. Se trata de los microcoches, que, sin embargo, son la solución a los problemas de las ciudades modernas, porque emiten menos CO_2 y ocupan menos espacio. Proporcionalmente, las nuevas reglamentaciones a menudo tienen más impacto en el coste de un vehículo modesto que en el de un vehículo más caro. Por lo tanto, los microcoches corren un gran peligro de ver mermada su competitividad y que se ponga en duda su preponderancia. No obstante, los microcoches fueron las estrellas del mercado durante decenios. Ellos fueron los que, gracias a un precio asequible, proporcionaron la mayor cantidad de compradores. Después de la guerra, fueron los que propulsaron la industria automovilística a otra dimensión, la del coche para las masas, para la sociedad del ocio y de la movilidad. Fueron el origen, si no de las innovaciones más espectaculares, al menos de su amplia difusión. Por último, acompañaron el poderoso movimiento de urbanización de los Treinta Gloriosos. El irresistible impulso de las metrópolis los convirtió en estrellas.

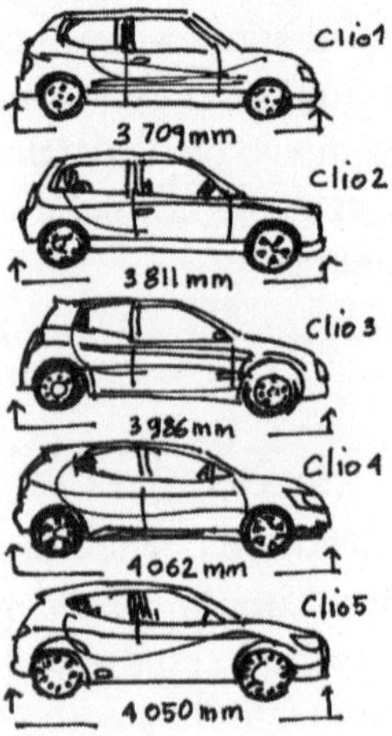

Por otra parte, al principio, no se los consideraba «urbanos», lo importante es que fuesen pequeños y baratos. En Francia, los Renault 4 CV, Dauphine y Ami 6 poblaban las calles, pero cumplían valientemente con su cometido cuando se trataba de ir de vacaciones, con la baca de rigor en el techo. En Italia, se apostaba por el Fiat apodado «Topolino» (que significa «ratoncito» y que también designa a Mickey Mouse), producido hasta 1955. Y por su descendiente, el Fiat 500, lanzado en 1957: cuatro plazas, 13 CV, 370 kilogramos, por menos de 500.000 liras. Era el equivalente en la época a veinte meses de salario de un obrero italiano. En Alemania, el Escarabajo arrasaba, por supuesto. Y también estaba el extravagante Isetta, inventado en Italia, pero cuya licencia se cedió a BMW: más de 136.000 ejemplares vendidos más allá del Rin entre 1954 y 1962. Sin embargo, este cochecito conocido como «bote de yogur» no partía como favorito. Con una carrocería en forma de huevo que se abría por delante, el volante y el salpicadero unidos a la puerta frontal, dos plazas para adulto y una para niño, nada más. Un motor limitado derivado de las motos y un agarre en carretera inestable. En su favor, la posibilidad de aparcar en un pañuelo, perpendicularmente a la acera, con un precio inferior al del 2 CV y un consumo muy bajo. Además, hay un argumento decisivo: en 1956 estallaba la crisis del canal de Suez después de su nacionalización por Nasser. El aprovisionamiento de petróleo estaba amenazado y los precios del carburante estaban por las nubes.

Esta crisis energética (que evoca la de 1973 y la que vivimos hoy) precipitó también el lanzamiento del Mini en 1959. ¡Fue un golpe vanguardista! Todo se pensó para ofrecer una manejabilidad máxima con un volumen mínimo. La definición misma de microcoche llevada al extremo. Así se inauguró el principio de una tracción delantera con motor transversal. La caja de cambios estaba colocada debajo de éste y no en su prolongación. La salida de caja se dirigía hacia el centro del vehículo con dos árboles de transmisión de longitud casi equivalente. ¿Cuál fue el resultado? Pues un bloque muy compacto nunca visto antes y un comportamiento en carretera sano y juguetón. Para dar todavía más centímetros al habitáculo, el diámetro de las ruedas se limitaba a 10 pulgadas, cuando el estándar para esta categoría era de 14 pulgadas. Con el mismo objetivo, la oficina de proyectos se deshizo de las suspensiones tradicionales con resortes y amortiguadores y se atrevió con conos de caucho muy compactos. Así diseñado, el Mini ofrecía un buen espacio para cuatro personas en 3,05 metros de longitud. De todos modos, tenía un defecto. Al estar repleto de innovaciones, acabó por no ser tan barato como sus rivales directos, que, por otra parte, contaban con los modelos más vendidos en Europa: el Volkswagen Escarabajo, el Fiat 500 y el Renault Dauphine. Las familias modestas primero se desconcertaron ante tanta audacia y glamur. Los compradores adinerados, por su parte, firmaron de inmediato y dieron la razón a esta broma de un periodista de la revista *Motor*: «Si ya tiene un Mini, el Rolls-Royce Silver Cloud será su segundo coche ideal».

Austin acababa de inventar sin saberlo el segundo coche. La edad de oro del microcoche podía empezar. Duraría más de sesenta años y es imposible citar todos los modelos exitosos que animaron la escena: Renault 5, Twingo, las series 100 y 200 de Peugeot, Citroën C1 y C3, Volkswagen Up! y Polo, Smart, Toyota Yaris, Kia Rio, Nissan Micra..., sin olvidar la resurrección del Fiat 500, totalmente reinventado en 2007, que tuve la inmensa suerte de dirigir.

Con el paso de los años, les hemos pedido cada vez más a estos coches: en comodidad, en seguridad, en limpieza... Este aburguesamiento permanente ha llevado a estos cochecitos a aumentar unos kilos... y también de paso unos miles de euros.

Consideremos el Clio 1, en 1990. Longitud: 3.709 milímetros. Peso: 892 kilogramos. Y el Clio 5, en 2023: 4.050 milímetros, 1.178 kilogramos.

Lo mismo puede decirse de la serie de los Peugeot 200. El primer 205, en 1983. Longitud: 3.710 milímetros. Anchura: 1.580 milímetros. Peso: 780 kilogramos. Precio de entrada: 45.000 francos, es decir, 15.000 euros actuales.

El 208 de 2023. Longitud: 4.050 milímetros. Anchura: 1.745 milímetros. Peso: 1.090 kilogramos. Precio de entrada: 18.630 euros.

Esta subida de gama no es vana, naturalmente, porque el encanto y el rendimiento han dado pasos de gigante. ¿Quién querría prescindir de la climatización, el airbag, los refuerzos en la carrocería o las ayudas a la conducción? Pero también ha dejado de lado a numerosos clientes poco dispuestos a pagar cada vez más. Y por ello se plantea la siguiente pregunta: ¿cuánto tiempo más los microcoches aguantarán el tipo y seguirán siendo los coches más vendidos del mercado?

El reto de esta pregunta supera a los propios fabricantes. Remite a unas preocupaciones compartidas por los Estados, las colectividades locales y los ciudadanos. ¿Cómo reducir los atascos crónicos de las ciudades, combatir la contaminación y disminuir la huella de carbono? Volviendo a poner los coches pequeños en primer lugar, desde luego. Ocupan menos espacio y consumen poco. Sus virtudes deben potenciarse con varias medidas: ayudas a la compra, plazas de aparcamiento más baratas y espacios reservados. Para ello existen varias soluciones. Imaginar a partir de cero un nuevo coche simple, que ofrezca todo lo necesario, pero sin artificios inútiles ni artilugios superlativos. Volver a los orígenes, en suma.

La segunda vía que tenemos que seguir es, por supuesto, la electrificación de los vehículos. Esto viene muy bien, el microcoche se presta especialmente. Es ligero, no necesita una potencia endemoniada y no requiere una enorme autonomía. En este ámbito, afirmo que los fabricantes europeos, Renault el primero, hacen su trabajo. Dejarán de vender motores de combustión a partir de 2035, conforme a las directivas de Bruselas. A más corto plazo, nuestras gamas están preparadas para su electrificación total, como en el caso del R5. Pero me permito plantear esta pregunta: los poderes públicos, por su lado, ¿se toman realmente en serio su papel? ¿Nuestras calles y nuestras carreteras cuentan con suficientes postes de recarga? ¿Los incentivos fiscales son suficientes? ¿Cuántas vías de circulación y plazas de aparcamiento están reservadas a los vehículos verdes? El microcoche, lo repito, es, por definición, el coche ideal para desempeñar el papel de detonante en la revolución eléctrica que se prepara. Gobiernos y ayuntamientos deberían darse cuenta. ¡Y muy rápido!

Además, podrían luchar eficazmente contra los embotellamientos y la contaminación favoreciendo los microcoches. Es lo que Japón hace muy bien con los *kei cars*, abreviatura de *keijidōsha*, que significa «vehículo ligero». Ésta es una solución que hay que explorar...

Mini

La industria automovilística británica ha desaparecido como fuerza independiente. Grupos internacionales, asiáticos o europeos han adquirido todas sus joyas de las cuatro ruedas. Sin embargo, la industria británica marcó la historia. ¡Qué genio creativo! El Jaguar Type E, el Aston Martin DB4, el Land Rover Defender, el Triumph Spitfire, el Rolls-Royce Corniche..., la lista de los coches que todo coleccionista sueña con tener en su garaje es larga. Pero el que se saltó los límites preconcebidos en el mercado mundial es el más pequeño de todos, el Mini. Precursor de todos los microcoches del planeta, nació en 1959 gracias al trazado del ingeniero anglogriego Alec Issigonis. Lo que más me gusta es que se diseñó sólo en doscientos veinte días y que el modelo de serie era rigurosamente idéntico al prototipo. Las mejores ideas son las que se ejecutan de manera rápida y simple. ¡Es algo inspirador! En la época, el Mini innova con su motor en posición transversal delantera de 850 centímetros cúbicos. La opción inversa del Fiat 500, el Volkswagen Escarabajo y el Renault Dauphine, que tienen tracción trasera. Es capaz de transportar a cuatro personas a pesar de su longitud de 3,02 metros. Tuvo de inmediato un inmenso éxito. Una versión deportiva desarrollada por John Cooper, el inventor de la Fórmula 1, prueba suerte rápidamente en los grandes *rallies* europeos, como el de Montecarlo. Después de unas participaciones fallidas, acaba por ganar esta prueba reina en 1965. El piloto finlandés Tommi Mäkinen adelanta a coches mucho más potentes, como los Porsche 904 y 911, los Saab 96 y los DS 21. En el recorrido nevado, este automóvil da muestras de una agilidad fantástica.

Mini se convierte en un objeto de moda. Sus imaginativas variedades seducen. Se regala la versión cupé a los cuatro Beatles. George Harrison cubre el suyo con pinturas psicodélicas. ¡Cuando aparece en la película de culto *Magical Mystery Tour*, el coche se convierte en una leyenda! Las estrellas francesas también lo adoran. Brigitte Bardot circula en Mini por Saint-Tropez. Jacques Dutronc canta «Tout est mini dans notre vie ("Todo es mini en nuestra vida") / Mini-moke et minijupe ("Mini Moke y minifalda")».[6] Entre 1959 y 2000, se fabrican un poco más de cinco millones de ejemplares de la versión original, cifra insuficiente para salvar el grupo British Leyland, enfrentado a graves dificultades desde finales de la década de 1960, nacionalizado en 1975 por los laboristas ingleses y después cedido por Margaret Thatcher a British Aerospace en 1988 por el importe irrisorio de 150 millones de libras esterlinas. Honda participa un tiempo en el capital, antes de que BMW compre la empresa en 1994. El grupo bávaro retoma la producción del Mini antes de tener la buena idea de lanzar, en 2001, una nueva versión, mucho más grande y señorial. El coche emblemático cambia de mercado, y aun así triunfa. No puedo más que aprobar esta estrategia, porque hice lo mismo en 2007 con el Fiat 500 en Italia. Pero hoy el primer Mini debería servirnos de modelo para inventar una nueva generación de microcoches eléctricos. Es la única solución para circular mejor en las grandes ciudades, eliminando las emisiones de CO_2 y ocupando menos espacio. ¡Todo debe volver a ser mini en nuestras vidas!

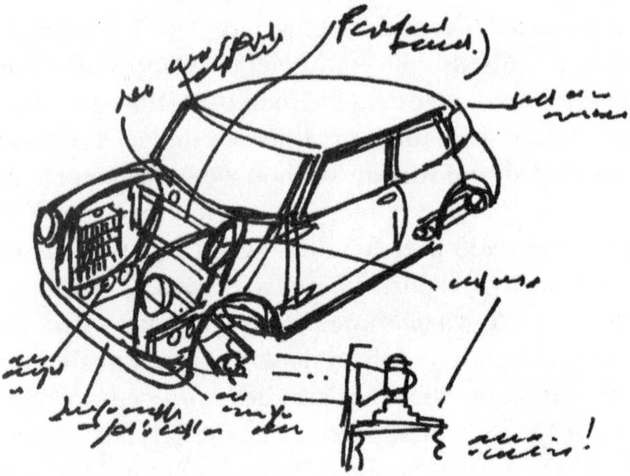

Movilidad

por Frédéric Mazzella, presidente fundador de BlaBlaCar

En una época en la que los lugares donde vivimos y trabajamos están descentralizados, la movilidad es un parámetro nada despreciable para

6. Palabras de Jacques Dutronc y Jacques Lanzmann, *Mini, mini, mini*, en «Et moi, et moi, et moi» (Universal Music Publishing Group, 1966).

satisfacer buen número de necesidades de la pirámide de Maslow: alimentarse, trabajar y visitar a los familiares y amigos. Pero no se puede concebir sin hacerse antes ciertas preguntas: la del papel de este sector en la creación de vínculo social, la de la energía implicada en el desplazamiento de todos y su papel en la crisis social y medioambiental por la que atravesamos. ¿Debemos continuar yendo y viniendo a todas partes, porque la innovación lo permite, pero con el riesgo de dañar lo que ya está ahí?

Imagina un sector económico cuyo mercado sea tan grande como el mundo. Es la movilidad: todo el mundo se mueve. Y, para responder tanto a las expectativas como a los imperativos físicos, geográficos, económicos, ecológicos y culturales existentes, el sector ofrece un lugar inmenso a la innovación.

Entre todas las vías potenciales de exploración, identifico no una, sino cuatro innovaciones de ruptura, que representan caminos posibles para el futuro del ser humano en movimiento.

La conectividad

El 80 por ciento de los franceses utilizan internet todos los días. La digitalización ha desarrollado nuevas ofertas de transporte tanto urbano como en zonas rurales. Los mapas de carreteras han desaparecido para dar paso a las herramientas de navegación por GPS. También las costumbres y la manera de utilizar los vehículos han evolucionado. Tres franceses de cada cuatro tienen un smartphone (un 98 por ciento del grupo de edad comprendido entre los 18 y los 24 años). Desde un smartphone se reserva un coche compartido en BlaBlaCar o se alquila un coche en Getaround. En la ciudad se desbloquea una bicicleta eléctrica en un clic o se pide un taxi o un VTC (vehículo de transporte con conductor). Estamos «conectados», a la vez que todavía accedemos a todo el conjunto de medios de transporte más establecidos, como el tren, el autobús, el metro, el tranvía o simplemente nuestras bicicletas y nuestros vehículos personales. El ámbito digital también es la condición *sine qua non* de la segunda innovación de ruptura: la autonomía.

La autonomía

Contrariamente a lo que se puede imaginar, la innovación autónoma no está reservada a un grupo de *happy few*. Al contrario, la autonomía llegó primero a los transportes públicos: en 1983, se inauguró la primera línea de metro autónoma en Lille, doce años después del registro de la patente del invento del sistema de conducción automática integral. Ésta fue una primicia mundial. Los vehículos que avanzan solos y sin conductor ya son una realidad en algunos lugares. Por ejemplo, las lanzaderas autónomas de la *start-up* EasyMile se desplazan por el bosque de Vincennes o por el Oncopole de Toulouse. La tendencia está en marcha, pero ¿hasta dónde llegará? En los centros urbanos, es muy probable que la movilidad se concentre en flotas de vehículos centralizados y disponibles bajo demanda.

El coche compartido

Estas innovaciones técnicas y nuestra soltura digital han permitido la emergencia de una útil innovación: compartir medios de transporte históricamente utilizados de manera individual. La economía del coche compartido transforma profundamente nuestra relación con la movilidad. Francia es pionera y número uno mundial en el sector. Hoy es la nación que utiliza más el coche compartido por habitante. Se puede hacer todavía mejor: en los trayectos cotidianos, nueve coches de cada diez sólo llevan a una persona a bordo, el conductor. Gracias al coche compartido, se eleva la ocupación a 3,9 personas por vehículo. Esta optimización no tiene nada de anecdótica, puesto que con BlaBlaCar permite cada año el ahorro de 1,6 millones de toneladas de CO_2, es decir, más que la totalidad de las emisiones de CO_2 debidas al tráfico rodado de una ciudad como París, incluidos los autobuses y el tren de cercanías.

El coche eléctrico

El sueño del coche eléctrico no es contemporáneo. El primer prototipo de vehículo eléctrico fue diseñado por Robert Anderson a partir de una calesa en... 1830. En 1881, tres franceses (una vez más, ¡hurra!): Camille Faure, electroquímico que trabajaba en la mejora de las baterías de plomo; Charles Jeantaud, fabricante de automóviles, y Nicolas Raffard, ingeniero mecánico, fabrican un primer modelo viable (¡y recargable!) de coche eléctrico. En 1900, antepasados de los *yellow cab* circulan con electricidad por Nueva York. Ya se dice que «los coches eléctricos no dejan una nube irrespirable de humo negro detrás de ellos». La llegada del Ford T precipita el coche eléctrico al olvido hasta 1973, cuando la primera crisis del petróleo y el embargo de la OPEP a Estados Unidos muestran nuestra dependencia de las energías fósiles. Hoy, el contexto ecológico, geopolítico y físico de agotamiento de los recursos fósiles permite comprender con mucha claridad la urgencia de las flotas eléctricas.

Estas cuatro innovaciones deben permitirnos alcanzar un objetivo más importante: hacer posible que el sector de la movilidad conserve pertinencia y modernidad frente a un mundo también en movimiento. Es imperativo poner la innovación al servicio del ser humano y no al revés. Si nos hacemos preguntas sobre las costumbres, podremos elegir la manera de innovar: ¿cómo será la movilidad en diez, veinte o treinta años? Una movilidad al servicio del ser humano, pertinente en el contexto actual, ha de tener en cuenta tres retos:

El impacto medioambiental

Todas las innovaciones deben ponerse al servicio de la reducción de la huella ecológica. En caso contrario, daremos un salto atrás. Volvamos al caso del coche eléctrico. Es importante tener una visión global de los retos y ajustar la dosis de la innovación que debe implementarse en el sector. Esta innovación nos impone reflexionar sobre el método de producción de la energía, porque, si producimos electricidad a partir de centrales de carbón, no disminuiremos nuestra huella ecológica. A veces, la energía más ecológica es... la nuestra, utilizando simplemente la bicicleta para efectuar recorridos pequeños. Las innovaciones energéticas no deben eliminar nuestro sentido común.

El ámbito social

La segunda cualidad de la movilidad debe ser crear un vínculo social. La movilidad es un motor para descubrir y maravillarse, ¡no sólo en el aspecto geográfico! Es también un motor de relaciones humanas. Elegir la movilidad compartida supone crear un vínculo social. BlaBlaCar ha estudiado las motivaciones y los comportamientos de sus usuarios. La conclusión de sus estudios es que el 60 por ciento de los miembros utilizan la plataforma para ver a sus allegados con mayor frecuencia. El coche compartido no sólo ofrece más oportunidades para reforzar los vínculos sociales existentes, sino que también permite crear vínculos entre los que quizá no se habrían conocido nunca. Un miembro de cada dos afirma que las personas con las que ha compartido un BlaBlaCar representan una mayor diversidad que el círculo que suele frecuentar; ¡el 21 por ciento de los miembros dicen que han hablado, a bordo del coche compartido, de asuntos personales que nunca le habían contado a nadie!

La accesibilidad

Durante largo tiempo hemos pensado que la movilidad hacía el mundo accesible a todos. Hoy, incluso esta cualidad genera debate, pues se perciben sus limitaciones: ¿debemos desplazarnos todos en avión porque es técnicamente posible y más rápido? En realidad, la accesibilidad debe avanzar a la par que la creación del vínculo social y la reducción de la huella de carbono del sector.

¿Estamos en condiciones de imaginar la movilidad omnipotente del futuro, una especie de dios Shiva de nuestros desplazamientos? Así lo creo. Vemos una quinta ruptura, consecuencia de las innovaciones y las preocupaciones humanas: la intermodalidad. ¡Lo vamos a poder combinar todo! Un poco de tren y de coche eléctrico, un poco de autobús y de bicicleta, todo con acceso inmediato mediante unos pagos electrónicos por anticipado, y llegamos a nuestro destino. Es el grial, más bien conocido como MaaS (*mobility as a service*) en el campo de la movilidad, que muchos actores del sector de los desplazamientos intentan desarrollar. Para un trayecto optimizado, es decir, rápido, simple y ecológico, entre un punto A y un punto B, utilizaremos varios medios de transporte uno después del otro, que se completan como los eslabones de una cadena.

Cada una de las crisis que atravesamos genera ideas, pistas para emprender una innovación. Por supuesto, la tecnología desempeña un papel importante. Pero es conveniente ponerla al servicio de la mayoría, al servicio de nuestro mejor futuro. Debe emplearse para construir estructuras con capacidad de adaptación y que respondan a una doble exigencia de impacto positivo y durabilidad. Por tanto, ha de obsesionarnos una sola pregunta: «¿Es útil o perjudicial para el futuro de la sociedad y para el planeta?».

Si aceptamos optar por el *Impact by Design* en la movilidad, nuestra relación con el transporte se modificará por completo: ¡ya no disfrutaremos de la posesión de un vehículo, sino de nuestra libertad para movernos, descubrir y maravillarnos! En suma, de una movilidad al servicio de una humanidad que se mueve sin aplastarlo todo a su paso.

Multas

Los italianos tenemos un récord del que nos gustaría mucho poder prescindir: el del país con mayor número de radares de Europa, incluidos todos los modelos, velocidad y semáforos: concretamente, son 22,1 aparatos por cada 1.000 kilómetros de red viaria. Francia nos sigue de lejos, en octava posición, con 3,4 aparatos. Entre ambos, se sitúan Bélgica (19), Gran Bretaña (18,4), Alemania (7,3)... En cambio, los radares franceses resultan mucho más productivos que los italianos: aunque son siete veces menos numerosos, generan cada año de un 10 a un 15 por ciento de multas más. Esto parece demostrar que, contrariamente a la leyenda, hay menos locos del volante en la patria de Ferrari que en la de Bugatti.

En 2021, los franceses recibieron 42,5 millones de regalitos firmados por la policía y la gendarmería. De ellos, 16,5 millones fueron debidos a los radares automáticos, 13 millones de multas electrónicas, 12,8 millones de pagos postestacionamiento y 287.000 multas por delitos. Para el presupuesto del Estado es un buen negocio, que le aporta alrededor de

1.900 millones de euros al año. Para los automovilistas, en cambio, es una contrariedad. Y empeora a medida que la Administración mejora las técnicas de caza y de cobro.

¿A quién debemos estos disgustos? La historia no ha conservado el nombre del primer agente sancionador, pero sí el de su víctima. Se trata de Walter Arnold, fabricante con licencia de los automóviles Benz en el Reino Unido. Al volante de uno de ellos, el 28 de enero de 1896, cruzó como un loco el pueblo de Paddock Wood, en Kent. La gaceta local informó de que circulaba a 13 km/h en lugar de a los 3,2 km/h autorizados en zona urbana y que no iba precedido, como exigía la ley, de un hombre agitando una bandera roja. Como circunstancia agravante, no obedeció inmediatamente y el policía tuvo que perseguirlo en bicicleta. Arnold fue condenado a una multa de unos chelines, lo cual representó una buena publicidad para sus vehículos. En Francia, la primera multa se puso el 3 julio de 1898 a... una conductora. La duquesa de Uzès, por otra parte la primera mujer que se sacó el carnet de conducir, circulaba a 15 km/h en el bosque de Boulogne a bordo de su Delahaye. Demasiado deprisa, según la justicia, que le puso una multa de 5 francos. Después de esta aventura, cada vez resultaba más chic que los automovilistas mundanos fueran detenidos por exceso de velocidad. Hay que decir que, en aquella época, no se retiraba el carnet.

Durante largo tiempo, el ambiente fue bastante agradable para los conductores. Todavía no estábamos en la era del coche de masas. La primera patente para un radar data de 1935 y se la debemos al británico Robert Watson-Watt. En la década de 1950, las estadísticas de accidentes empezaron a empeorar a medida que la circulación se volvía más densa. Esto favoreció la aparición en Francia de los primeros radares, procedentes de la investigación militar realizada durante la guerra. El Mesta 206, apodado «barbacoa» a causa de su parecido con nuestro equipamiento de jardín preferido, se convirtió en un bestseller. Era bastante macizo y se colocaba en el borde de la carretera, cerca de un coche de la policía. Se veía de lejos. Las aplicaciones Waze y Coyote, que indican la posición de los radares, no existían en aquel momento, pero los conductores se avisaban con las luces del coche. Su tecnología utilizaba el efecto Doppler-Fizeau, que consiste en medir el eco enviado por un blanco para medir su velocidad. Desapareció en 1997 debido a la aparición del láser, con un alcance cercano a 900 metros y que puede presentarse en aparatos pequeños, como los prismáticos, una obsesión de los conductores de la época. Pero el problema continuaba: se necesitaba mucho personal para hacer funcionar todo este material.

De ahí la revolución del radar automático y del tratamiento también automático de la infracción. La multa adquirió entonces una dimensión industrial. Como el paso del colt al kaláshnikov. La primera cabina se inauguró con gran pompa el 27 de octubre de 2003, en una carretera nacional de Essonne. Al lado del ministro de Transportes, se encontraba el ministro del Interior, Nicolas Sarkozy. Es un hecho no habitual destinado a simbolizar el compromiso del Estado a favor de la seguridad viaria, declarada causa nacional por el presidente de la República Jacques Chirac. En efecto, la reacción era urgente: el número de muertos y heridos graves en las carreteras aumentaba a un ritmo inquietante. Mediáticamente, el asunto habría podido empezar mejor. Los dos ministros se pusieron en evidencia durante el trayecto, uno a 103 km/h y el otro a 98 km/h en una vía con un límite de 70 km/h. El semanario *Auto Plus* había instalado maliciosamente su propio material de medición en un puente a unos kilómetros del acto.

El incidente se olvidó y el radar moderno pudo empezar su brillantísima carrera. Las primeras diez cabinas hicieron 3.500 fotos en tres días. Dos meses más tarde, los setenta aparatos ya en servicio habían expedido 210.000 multas. Y, a finales de 2004, había 400 radares automáticos, 232 de ellos fijos y 168 móviles. En la actualidad, hay 4.600, cada vez más eficaces y mejor protegidos, incluso blindados. Porque, con los años, el radar se ha convertido en uno de los símbolos del Estado «coñaz...». Por lo tanto, en uno de los blancos del vandalismo, en especial durante las grandes crisis sociales, como las de los «gorros rojos» en 2013 y los «chalecos amarillos» en 2018 y 2019.

Este resentimiento no se detuvo a partir de 2018 con el establecimiento del control automatizado del estacionamiento de pago. El pago sin dinero sustituyó al *ticket* del parquímetro, y el pago postestacionamiento ocupó el lugar de la multa bajo el limpiaparabrisas. Esta actividad se subcontrata ampliamente a través de sociedades privadas, cuyos coches patrullan las calles escaneando por todas partes las placas de matrícula para identificar a los malos pagadores. Los mejores radares controlan más de mil vehículos por hora y se han ganado que se les conozca como «metralletas de multas». Otra novedad es que el importe del pago postestacionamiento ya no está fijado por el Estado, sino por las colectividades. Algunas actúan con mano dura y ven una forma de máquina tragaperras en el coche —y ahora en los vehículos de dos ruedas— mal aparcado. Por ejemplo, entraron más de 330 millones de euros en las arcas de la ciudad de París en 2022. Sin embargo, los franceses, como los italianos, por otra parte, no tienen razones para quejarse, pues el importe de sus eventuales multas tiene un techo; contrariamente a ciertos países, en los que depende de los ingresos del infractor, por lo que en esas naciones las cifras pueden volverse estratosféricas. En Finlandia, por ejemplo, un hombre de negocios muy próspero, reincidente, recibió en junio de 2003 una multa de 121.000 euros por haber circulado a 82 km/h en lugar de a 50 km/h. En Suiza, el récord lo tiene el propietario de un Mercedes SLS AMG fotografiado a 290 km/h. Un pequeño placer que le costó 679.000 euros.

¿Podemos esperar una tregua en esta carrera armamentística? Objetivamente, no. La tendencia, desde la aparición del primer radar automático, es al perfeccionamiento permanente, y esto va a continuar. Radares detectores de auto compartido, de medición del ruido, de ZBE (en suspenso), de uso del teléfono al volante y de no colocación del cinturón (por llegar), con *flash* invisible (por llegar)...

Es una lástima que tanto ingenio no sirva también para luchar contra la epidemia de las estafas con falsas multas. La última es que los automovilistas reciben notificaciones para pagar que se parecen mucho a las de la Agencia Nacional de Tratamiento Automatizado de Infracciones (ANTAI). Lo más inquietante es que el formulario pirata indica el nombre, la dirección y el número de matrícula de la potencial víctima. Una gran trampa. Pero esto no es nada al lado de un fenómeno en pleno *boom*: «el doblete». Su principio es de una increíble simplicidad: un delincuente circula con una placa atribuida a otro vehículo. De esta manera, puede acumular las infracciones y el que recibirá la lluvia de multas será el automovilista que es víctima de la usurpación, hasta el extremo de perder sus puntos y de tener la cuenta bancaria bloqueada. Una pesadilla vivida por varios miles de franceses cada año. Menos afortunados que los ciudadanos de Toulouse, que, en agosto de 2023, disfrutaron de un gran error informático administrativo: recibieron una multa por mal estacionamiento por un importe de... un céntimo.

Música

por Jean-Michel Jarre, compositor

Tenía un abuelo que era a la vez ingeniero e inventor. Fue el creador del antepasado del iPod, un tocadiscos con baterías incorporadas para escuchar a Chet Baker o Édith Piaf. Cuando yo tenía diez años, me regaló un magnetófono de marca alemana que era más grande que yo; empecé a grabarlo todo, cualquier cosa. Un día, pasé un casete al revés: ¡pensé que los alienígenas me hablaban! A partir de este momento, empecé a manipular el sonido. Después, entré en el grupo de investigación musical de Pierre Schaeffer y Pierre Henry. Allí descubrí una manera totalmente nueva de enfocar la música, no a partir de notas o de solfeo, sino a partir de sonidos. La música es, en primer lugar, sonido. El coche también.

Nunca había trabajado en el universo del automóvil antes de que Renault me invitara. Valoré con mucha rapidez los retos que se presentaban con el paso a la energía eléctrica.

El primero es el de la seguridad. Si son silenciosos, los coches son potencialmente peligrosos. Necesitan encarnarse en el plano sonoro. Pero este sonido debe existir, encarnar una marca sin por ello añadir contaminación sonora.

El segundo concierne a la relación del consumidor con su coche. Desde hace decenios, es una especie de auditorio de bolsillo, una burbuja donde se puede ser todavía más receptivo a la música de lo que se puede ser en nuestro hogar. Nos aislamos del mundo exterior, nos desconectamos. Pero, en un coche eléctrico, se experimenta un poco la sensación inversa, se tiene la sensación de conectarse con el mundo exterior. Como los coches eléctricos serán cada vez más ligeros, la insonorización resultará menos necesaria. Es preciso que los sonidos del automóvil que se producían hasta ahora por los roces mecánicos de los motores de combustión se reinventen y se difundan a través de los altavoces.

Para ello, hay que crear equipamientos específicos. Por el momento, el sonido emitido hacia el exterior es un pequeño altavoz colocado en el lado del capó, que no tiene suficientes bajos, en mi opinión. Y que se oye más o menos según el sentido que lleva el coche. No es lo ideal. Evidentemente, soy consciente de que el concepto de *less is more* debe aplicarse también a este ámbito. Este problema a menudo es una ventaja: cuando se compone, cuando se pinta, cuando se escribe, cuando se hace política, hay que llegar a ser disruptivo con una economía de medios.

Es esencial que toda la cadena sonora, desde el hardware (los amplificadores, los altavoces, etc.) hasta el contenido, sea coherente. Esto es una novedad en esta industria: en general, los diseñadores tenían la costumbre de diseñar un habitáculo, prescindiendo totalmente del equipamiento sonoro. Se colocaba donde había lugar para hacerlo, debajo de la alfombrilla o bajo los brazos de los asientos. Pero es algo que debe cambiar, porque, de lo contrario, ¿de qué sirve gastar mucho dinero para instalar bonitos altavoces?

Por supuesto, actualmente, las marcas deben innovar en ámbitos clave, como la entrada del aire o el ahorro de energía. Pero su manifestación a los ojos de sus clientes también depende de factores que podían parecerles secundarios, como el sonido. La vivencia cotidiana del automovilista pasa por el ruido del motor, la acústica y la insonorización.

¿Por qué el diseño sonoro todavía se ha explorado poco? Quizá porque Francia es más un país de literatura y cine que de música.

Una vez solucionados los problemas de equipamiento, ¿qué sonido inventar?

En primer lugar, hay que evitar caer en cierto número de trampas. Los primeros coches eléctricos del mercado partieron de la idea de hacer sonidos inspirados en *Star Wars* o en la ciencia ficción. Ahora bien, un coche no es una nave espacial. Tampoco hay que crear ruidos de aspirador o de molinillo de café.

En realidad, el sonido de un coche debe recurrir a graves, del bajo al medio, para dar una idea de comodidad. Durante largo tiempo, se ha atribuido la calidad de un coche a su aspecto masculino, a su motor, que evoca la potencia. Hoy, las limitaciones de velocidad hacen bastante irrisorios los coches que hacen «brum, brum» y que suben a 250 o a 300 km/h. Cuando se los oye actualmente en la calle, se tiene la sensación de que pertenecen al siglo XX y que son horteras. De ahí la pregunta: ¿cómo conseguir sugerir la idea de movilidad, de velocidad y de potencia sin alcanzar un nivel sonoro extremo?

Mi visión es que hay que inspirarse en el ruido de los aerodeslizadores que se desplazan sobre el agua. Producen una gran sensación de potencia y de velocidad y, sin embargo, son casi silenciosos.

Lo importante hoy es manifestar la movilidad en lugar de la potencia, que depende de la velocidad. En el pasado, un coche seductor tenía un lado amenazante. Ya no es así. Prima el respeto por el medioambiente, hay que poder moverse de una manera más fluida. Por lo tanto, es necesario pensar de otra manera.

Además, para el interior del vehículo, puede descartarse la tentación de poner artilugios. No se debe tener la sensación de entrar en un *pinball* gigante con luces que se encienden y una cacofonía de sonidos que tendrían un aspecto anecdótico e insoportable. El sonido emitido debe ser lo contrario de un *jingle* de radio, debe evocar una sensación agradable. Ha llegado el momento de que pasemos a otra relación con la tecnología. Hay que demostrar que no es necesariamente fría, robótica y distópica, sino que puede ser cercana, orgánica y sugerir una sensación de comodidad.

En el fondo, con el coche eléctrico, somos como un pintor delante de una página en blanco. Tenemos que crear a partir del silencio.

N

Neumático

por Florent Menegaux, presidente del grupo Michelin

Se trata, quizá, de la receta más compleja del mundo. Doscientos ingredientes, reunidos y transformados para dar a cada neumático un perfil de eficacia único. Se usa para ello caucho, por supuesto, pero también, por ejemplo, negro de carbono, que, al aumentar la resistencia de los neumáticos, les confiere este color negro característico, en lugar del blanco original del látex.

Después de unas mezclas adecuadas y la adición precisa de refuerzos textiles y metálicos, va directo al molde de cocción, donde serán necesarios unos diez minutos para un neumático de coche, frente a un neumático de tractor agrícola, que puede cocer durante una hora. Cuando por fin sale del cascarón, es posible trazar la curvatura con la mano, seguir el diseño claro de los dibujos y acariciar los flancos.

Esta coreografía al milímetro tiene lugar todos los días en las fábricas de neumáticos, para abastecer a nuestros clientes con 195/65 R15, 235/55 R20, 205/45 R17... Pero hagamos una precisión: 205 indica la anchura en milímetros, 45 la altura del flanco en porcentaje con respecto a la anchura del neumático, R la estructura radial y 17 el diámetro en pulgadas. Es lo que se puede leer, por ejemplo, en la rueda de un coche como el Clio E-Tech 140 híbrido.

Apasionante y emocionante destino el del neumático. Durante largo tiempo, lo teníamos muy presente. Se pinchaba a menudo, se deshinchaba rápidamente, no duraba lustros. Nadie salía de vacaciones sin una revisión de los neumáticos. Se tomaba la carretera como se tomaba el mar, es decir, muy en serio y forzosamente con un salvavidas, llamado rueda de recambio. Ésta, en algunos coches, como el magnífico Rover P6, se exhibía, fijada al maletero trasero. Casi una obra de arte.

¿Y hoy? El neumático hace tan bien su trabajo que el automovilista lo olvida con demasiada frecuencia (al contrario que la llanta de aluminio, cada vez más trabajada y por la que los propietarios están dispuestos a gastar mucho dinero, pero ésa es otra historia...). En el peor de los casos, un indicador en el panel de control señala que falta un poco de presión. La rueda de recambio ha desaparecido.

Estamos tan acostumbrados al neumático que olvidamos el milagro que produce cada minuto. Porque se lo pedimos todo: que sea flexible pero rígido, adherente pero duradero, ligero pero resistente. Piensa un instante en todo lo que tiene que soportar: la carga, las temperaturas extremas, carreteras y caminos a veces muy degradados. El neumático garantiza nuestra seguridad en cualquier circunstancia.

Sin embargo, si lo miramos más de cerca, el neumático raramente ha sido de tanta actualidad. Está en primera línea en el combate a favor del medioambiente. La resistencia que opone a la rotación representa alrededor del 20 por ciento del consumo del vehículo y, por lo tanto, el 20 por ciento de sus emisiones de CO_2, con una gran heterogeneidad según los productos. Ya se han hecho inmensos progresos. Desde 1992, la resistencia a la rotación ha disminuido un 60 por ciento para el mismo peso. Pero esto no es suficiente porque, al mismo tiempo, los vehículos son mucho más pesados a causa de la moda de los SUV, pero también por los equipamientos de seguridad y comodidad, cada vez más numerosos. Su peso ha aumentado una media del 40 por ciento desde 1960.

El neumático es también imprescindible en el éxito de los coches eléctricos, que le exigen todavía más. Ha de soportar más peso: ¡para los vehículos con baterías, se trata de 250 a 700 kilogramos suplementarios! El neumático también debe resistir más el desgaste, puesto a prueba por el frenado regenerativo. Los fabricantes escrutan al detalle su resistencia a la rotación, porque determina en gran medida la autonomía del vehículo. Sin mejorar la eficacia, el paso al vehículo eléctrico se traduciría por un consumo de neumáticos superior al 20 a 30 por ciento. ¿Y quién habría podido pensar que el ruido que hace el neumático al circular se convertiría en una molestia? Para un vehículo eléctrico, la rotación representa una gran parte del nivel sonoro generado, y el neumático es un elemento clave de la comodidad sonora del usuario.

Lejos del coche individual, el neumático ha invadido campos tan diferentes como la aviación, la agricultura, las minas o la construcción. Estos neumáticos especializados son de un tamaño impresionante, hasta 5 metros de altura, y a veces se mueven en condiciones extremas. Son laboratorios de prueba por sí solos. Sus dibujos complejos en la banda de rodadura permiten limitar la temperatura a alrededor de 100 °C. Los flancos están diseñados para soportar deformaciones de más de 20 centímetros. Una serie de sensores detectan la menor anomalía y se anticipan a las reparaciones.

Porque, más que nunca, el neumático es un campo de innovación. Para convencerse, basta con escuchar a los investigadores apasionados y los pilotos de pruebas que desarrollan y prueban nuevos productos en las pistas y en los laboratorios de nuestro Centro de Investigación y Desarrollo de Ladoux, cerca de Clermont-Ferrand.

En Michelin ya hemos determinado nuestra estrella polar: el neumático Vision. Estará compuesto en su totalidad por materiales reciclados o renovables durante el período correspondiente a una vida humana. Será rellenable, dotado de una banda de rodadura reemplazable para prolongar su duración. Estará conectado y además será inteligente, para transmitir al vehículo los datos que sólo el contacto con la carretera puede proporcionar. No se pinchará, porque... no contendrá aire; por lo tanto, tendrá una fiabilidad a toda prueba. Cada día nos acerca a este horizonte y aporta nuevas materializaciones de esta visión, que ya circulan por nuestras carreteras.

En la actualidad, el pequeño milagro del neumático da envidia y muchos otros ámbitos podrán aprovecharse de sus propiedades de resistencia y elasticidad. En este sentido, las juntas y las correas de transmisión ya parecen primos lejanos. También nuestras estructuras hinchables, que permiten desplegar en unos minutos un módulo de sombra en la ciudad, un espacio de curas de emergencia o una jaula de Faraday.

Mientras la materia no haya revelado todos sus misterios, el neumático no dejará de sorprendernos.

O

Ojos (de Sophia Loren)

El 504 tiene todo lo que admiro de Peugeot. Una cultura de la tradición, un clasicismo asumido... Y, de repente, una pizca de locura y un golpe de audacia que transfiguran el coche. El 504 es un buen ejemplo, con un inicio prometedor y bien vendido (más de cuatro millones de ejemplares). Gracias, entre otras cosas, a un diseño muy logrado y poco convencional. El punto culminante está en la parte delantera, de diseño trapezoidal con faros biselados. Como una mirada inquietante y penetrante que recordaba... a Sophia Loren, por supuesto. La actriz, *sex symbol* del cine italiano desde su famosa escena de estriptis en *Ayer, hoy y mañana* de Vittorio De Sica, estaba entonces en la cima de su gloria. Tomamos prestada esta halagüeña comparación al famoso diseñador Sergio Pininfarina. Lo cual era juego limpio por su parte, porque había diseñado todo el 504..., excepto, justamente, la parte delantera, procedente de la oficina de proyectos de Peugeot.

Una sorprendente historia que demuestra, si fuera necesario, los beneficios de la competencia y la emulación. Pininfarina trabajaba para la firma de Sochaux desde 1955 y el lanzamiento del 403. Por lo tanto, naturalmente, su agencia recibió una solicitud para el futuro sustituto del 404. No sin rivalizar con la oficina de estilo de Peugeot, dirigida por Paul Bouvot, asistido por un tal Gérard Welter, que más tarde dará que hablar con el 205. El equipo francés propuso un diseño clásico, incluso banal, excepto en la calandra, moderna, dinámica y muy característica, dotada de faros parecidos a un ceño fruncido. Por su parte, la *squadra* italiana puso en marcha una obra más sofisticada y trabajada. Excepto la parte delantera, más maciza, también menos lograda, todo hay que decirlo. La dirección de Peugeot no ocultaba su preferencia por Pininfarina. Pero Paul Bouvot no se rindió. Luchó con ahínco y consiguió una mezcla de los dos proyectos: la parte delantera suya y el resto de Pininfarina. La dirección dio el visto bueno a este brillante compromiso, y los ojos de Sophia Loren marcarán por mucho tiempo el estilo de Peugeot, puesto que se repetirán en el 304 y el 505.

La otra marca de fábrica del 504 es la apertura de la tapa del maletero. Su origen se debería a una rotura involuntaria que sufrió la maqueta de yeso. Pero, como a todo el mundo le pareció genial aquel signo distintivo, se conservó. El nombre de quien causó el golpe por desgracia no lo sabemos.

P

Peso

La lucha contra la obesidad será la próxima batalla del automóvil. Como los seres humanos, los coches engordan. Desde 2001, un vehículo particular pesa una media de un 60 por ciento más. ¡El nuevo Renault 5 eléctrico pesa dos veces más que el modelo original, lanzado en 1973! La causa son las reglamentaciones impuestas para hacerlos más seguros y el gusto de los consumidores por los modelos grandes, por ejemplo, los SUV, que están repletos de equipamientos, como la climatización y unos asientos cómodos. Al principio, se pensaba que esto era positivo para intentar reducir el número de muertos en las carreteras y aumentar la comodidad a bordo. Pero el resultado es que el coche más macizo, el Rolls-Royce Spectre, pesa unas 3 toneladas; y el más ligero, el Suzuki Ignis, se aproxima a la tonelada...

Sabemos ahora que los retos climáticos nos imponen actuar de otra manera. ¡No llevamos un plumífero muy cálido en verano! Tenemos que hacer autos menos pesados, por un sencillo motivo: pues mover un coche que pesa 1,5 toneladas requiere más energía que para un modelo de una tonelada. Por no hablar de la huella de los materiales adicionales utilizados en la propia fabricación. Se añade también el problema de las baterías instaladas en los modelos eléctricos. Estas baterías son muy pesadas: así, el nuevo R5 pesaría 300 kilogramos menos si circulara con un motor térmico. Es la gran paradoja de la transición energética. Al pasar a la propulsión eléctrica, se lastran los coches.

¿Qué podemos hacer? La solución puede proceder parcialmente del software. La electrónica sustituye progresivamente a componentes que tienen cierto peso. Pienso también que hay que rehabilitar los coches ligeros. Recordemos la Berlinette Alpine, que pesaba sólo 680 kilogramos y ganaba a modelos mucho más pesados en los *rallies* de principios de la década de 1970. O el Fiat Panda 4×4, que, con sus 875 kilogramos, conquistó a la clientela montañesa porque subía por las carreteras nevadas con la facilidad de un gran Land Rover. Pongamos el ejemplo de la competición, que se ocupa incansablemente de los kilos para mejorar el rendimiento. Esto debe incitarnos a reducir el tamaño medio de los coches. En las ciudades deberíamos estar obligados a utilizar coches pequeños, lo cual impone establecer unas reglamentaciones diferenciadas según el tamaño de los modelos. ¡Si queremos adoptar un comportamiento ecológico, todos tenemos que ponernos a dieta!

Peugeot

Con más de dos siglos de existencia, Peugeot es una de las empresas más antiguas de Francia. Lo que la hace respetable no es sólo su impresionante longevidad —la familia Peugeot todavía es una de las accionistas de referencia de Stellantis, el grupo surgido de la fusión de PSA con Fiat-Chrysler—, sino también su inevitable apego a la tierra de Montbéliard, en el este de Francia. Sin olvidar el amor por la industria, tan indispensable para la prosperidad de las grandes economías modernas. Los Peugeot han aportado mucho a la Francia productiva. A veces, han estado divididos sobre el camino que debían seguir, sobre todo en 2014, cuando la marca china Dongfeng entró en el capital con la bendición del Estado francés para sacar a flote la empresa, pero siempre han encontrado la fuerza para reconciliarse.

La historia se inicia en 1810, bajo el reinado de Napoleón, cuando dos hermanos, Jean-Frédéric y Jean-Pierre Peugeot, deciden transformar el molino de grano familiar, situado en Hérimoncourt, en Doubs, en una acería. Sierras, resortes, ballenas para corsé, molinillos de café..., el abanico de los productos fabricados durante todo el siglo XIX es amplio. En 1847 se elige el león como emblema en homenaje al escudo de la región del Franco Condado. Hay que esperar a 1885 para que la empresa empiece a interesarse por los objetos móviles. Al frente, Eugène y

Armand Peugeot, los representantes de la tercera generación, que preparan varios velocípedos. En 1889, se presenta un triciclo de vapor propulsado por una caldera, el Peugeot Type 1. Armand Peugeot comprende que hay que pasar a la propulsión térmica, que da sus primeros pasos en Europa. Compra motores al alemán Daimler y desarrolla su primer «coche sin caballos», en 1891. Pronto les siguen otros. En 1898, salen quinientos coches de la fábrica creada en 1897 en Audincourt, también en Doubs. El final del siglo XIX y el principio del siglo XX están marcados por una escisión familiar. Unos pretenden fabricar bicicletas; los otros, autos. La reconciliación se sella en 1910 con la creación de la Sociedad Anónima de Automóviles y Bicicletas Peugeot. En 1912 se inaugura la famosa fábrica de Sochaux en la que se fabrican camiones. Se estima que, a las puertas de la Primera Guerra Mundial, Peugeot producía la mitad de los automóviles franceses. En la década de 1920, la entrada en escena del atronador Citroën altera el mercado, pero no lo suficiente para desestabilizar la empresa de Montbéliard, que supera sin demasiadas complicaciones la crisis de la década de 1930. Como sus colegas de la industria automovilística, se ve obligada a trabajar para el ejército alemán durante la Segunda Guerra Mundial. Le entrega, por ejemplo, ambulancias, camiones, zapatas de tanque o motores de avión.

Una vez terminado el conflicto, lanza varios modelos que tendrán un gran éxito: el 203 en 1948, el 403 en 1955 y el 404 en 1960 seducen uno tras otro a las familias de los Treinta Gloriosos. Sin embargo, el pequeño 204, el primero con tracción delantera de la empresa, es el que coloca a Peugeot en el centro del escenario en 1964. En 1974, la empresa familiar adquiere una participación en Citroën, antes de absorberla por completo en 1976. Agresivos, los Peugeot enlazan su euforia compradora con la adquisición de Chrysler Europa en 1978. Ese año, demuestran también su capacidad de innovar lanzando el 604 D Turbo, el primer coche equipado con un motor turbodiésel en Europa. Mientras la producción de vehículos de dos ruedas prospera (550.000 ciclomotores vendidos en 1974, entre ellos el icónico 103), los pequeños Peugeot arrasan. Se fabrican 8,4 millones de ejemplares del 206. Y el 207 se convierte en el primer coche vendido en Europa en 2007. Hasta ahí, todo va bien. El 20 de junio de 2008, en Sochaux, se festeja la producción del coche número 50 millones de la marca: se trata, en este caso, de uno de sus nuevos modelos clave, un 308 SW.

Entretanto, Peugeot también ha dejado su huella en el deporte automovilístico. Su genialidad es haber descubierto las cualidades de directivo de un modesto copiloto, Jean Todt. Bajo su dirección, el 205 Turbo 16 gana el Campeonato del Mundo de Rallies en 1985 y en 1986, antes de triunfar en las pistas del París-Dakar en 1987. Acto seguido, el 405 Turbo 16 gana a su vez dos veces la mítica prueba africana. Lo mejor está por venir con el magnífico doblete del Peugeot 908 en las 24 Horas de Le Mans 2009 y un duelo impresionante con Audi en la edición de 2011 de la prueba de Le Mans.

Por desgracia, la crisis financiera de 2008 golpea duramente a Peugeot, que tiene dificultades para recuperarse: 5.000 millones de euros en pérdidas en 2013, 2.300 millones en 2012. En 2014 amenaza la quiebra. El Estado decide rescatarla después de un psicodrama que muestra la oposición en los medios de comunicación del gobierno, en especial el agitado ministro de Economía Arnaud Montebourg, y de los accionistas del grupo. Tras esto acaba por establecerse una nueva negociación. El Estado y la marca china Dongfeng ponen dinero y se quedan cada uno con un 14 por ciento del capital. Tanta participación como la familia Peugeot, que ya no es dueña de su casa. Se contrata a un exdirigente de Renault, Carlos Tavares y, con su impulso, la empresa se recupera. Compra Opel y deja huella con sus modelos 3008 y 5008. Su éxito incluso pone celosos a los competidores, que intentan inspirarse en él.

En enero de 2021, empieza una nueva era con la creación de Stellantis, fruto de la fusión entre PSA (Peugeot-Citroën-Opel) y FCA (Fiat-Chrysler), cuyo proceso había empezado a finales de 2019. La familia Peugeot ahora es la segunda accionista del grupo, con un 7 por ciento del capital, lejos por detrás de Exor (familia Agnelli), que posee el 14,4 por ciento.

Peugeot es una de las catorce marcas de automóviles de este nuevo conglomerado. Pero la calidad de su experiencia industrial, su capacidad de innovar y la fidelidad de su mano de obra la hacen imprescindible, mucho más que nunca.

Porsche

por Wolfgang Porsche, presidente del Consejo de Supervisión de Porsche

Para nosotros, la pasión por los coches deportivos es un asunto de familia. Todo gira alrededor del coche desde la época de mi abuelo y esto no ha cambiado a lo largo de las generaciones. En 2023 celebramos el 75 aniversario de nuestra marca y pude constatar por mí mismo, con motivo de numerosos actos, que es más joven y dinámica que nunca. La pequeña manufactura de coches fundada por mi padre en 1948 se ha convertido en una historia de éxito mundial.

La mayor manifestación, que reúne a más de 90.000 fans de Porsche, tuvo lugar en otoño de 2023 en el circuito de Laguna Seca, en California. Di varias vueltas a la pista con mi hijo Ferdinand en el 356 n.º 1 Roadster. Era muy emocionante para nosotros, porque se trata del coche en versión «carrocería abierta» de dos plazas que inauguró la historia de la marca Porsche. Después de la guerra, mi padre soñaba con un coche deportivo, y finalmente lo fabricó y lo comercializó en 1948. Tres cuartos de siglo más tarde, este sueño perdura de manera idéntica en Porsche.

A menudo me pregunto lo que mi padre habría dicho si hubiera podido ver en lo que se ha convertido su sueño. Cuando empezó la fabricación en serie del modelo 356, esperaba vender, como mucho, unos cientos de ejemplares. Sin embargo, un poco más adelante, en 1956, cuando yo tenía trece años, tuve el honor de ver el Porsche número 10.000 salir de la cadena de montaje de Zuffenhausen. La noche anterior apenas había dormido de lo agitado que estaba. Una vez recuperado de mis emociones, me puse en primera fila entre mi padre y mi abuela Aloysia para admirar el coche galardonado. Hoy, necesitamos menos de dos semanas para producir 10.000 vehículos en nuestros centros de Zuffenhausen y Leipzig.

Lo que cuenta para mí es que seguimos siendo una empresa familiar tanto en sentido propio como figurado, a pesar de nuestro crecimiento, nuestro éxito mundial y la entrada en bolsa de la empresa. No pienso sólo en nuestra familia, que no es la única que está detrás de la empresa y ha dejado su huella en la marca; sino en el mundo entero, en nuestros amigos, en nuestros clientes, en nuestros colaboradores y en nuestros trabajadores, que están animados por una pasión común y encarnan el «mito Porsche».

En Porsche no perdemos nunca de vista nuestros orígenes, ni siquiera cuando nos proyectamos hacia el futuro. Para nosotros, tradición y progreso, continuidad e innovación son indisociables. Como prueba, el Porsche 911, que se ha mantenido fiel a sí mismo desde hace sesenta años. Actualmente, ya va por su octava generación y sigue siendo un coche deportivo compacto que encarna la quintaesencia de la tecnología automovilística. El 911 actual ilustra perfectamente la manera en que los diseñadores y los ingenieros de Porsche no dejan de superarse en su búsqueda de perfección. Lo han cuestionado, repensado, rediseñado y reconstruido todo decenas de veces a lo largo de los decenios. Ahí está el secreto de su eterna juventud.

El Porsche 911 encarna, a mis ojos, el corazón de la marca, el alma de la empresa y de sus creadores. Todo el arte consiste en preservar la identidad de la marca y, a la vez, seguir siendo la referencia de su categoría en materia de rendimiento, eficacia y diseño. Estamos orgullosos de haberlo conseguido siempre hasta hoy. La solidez, la robustez, la dimensión humana en el tamaño y el cariz, así como una cierta modestia, formas funcionales, la sobriedad del diseño y el pragmatismo a través de las generaciones, forman parte del ADN de Porsche. Desde el Porsche 911, estas cualidades caracterizan también a nuestros otros coches deportivos de dos y cuatro puertas. Este enfoque se encuentra igualmente en los vehículos totalmente eléctricos de las series Taycan y Macan Electric.

En Porsche nunca nos dormimos en los laureles, lo cual se explica, entre otras cosas, por la tradición de nuestra casa en el deporte automovilístico. En las décadas de 1920 y 1930, mi abuelo fabricó coches de carreras que marcaron historia. Nuestros primeros cupés 356 en versión ligera participaron en las 24 Horas de Le Mans en 1951, y Auguste Veuillet y Edmond Mouche, al volante del 356 SL, se convirtieron inmediatamente en campeones de la categoría. Desde mi más tierna edad acompañé a mi padre a Le Mans y al circuito de Nürburgring siempre que mis estudios me lo permitían, porque era impensable que me saltara las clases. Estaba —y sigo estando— fascinado por los circuitos automovilísticos. Soy un fan y, en 2023, en los inicios del imponente Porsche 963, vibré en el box con nuestro equipo Porsche Penske Motorsport. El reto, para mí, no es sólo hacer acto de presencia, sino apoyar a todo el equipo. Sufro cuando fracasamos y me alegro en caso de éxito.

La carrera es una buena escuela, que enseña modestia y una sana dosis de humildad. El grosor de un cabello separa el triunfo de la tragedia y la victoria de la derrota. En un instante, todo puede cambiar. En 2016, la fase final de las 24 Horas de Le Mans tuvo una intensidad dramática increíble. El Toyota que estaba entonces en cabeza se salió de la carretera, cuando se disponía a cruzar la línea de partida y empezar la última vuelta. Así que fue eliminado de la clasificación y nosotros ganamos en los últimos metros, cuando parecía que perdíamos. Inmediatamente me dirigí al box de Toyota para felicitar a mi rival por su magnífica carrera, porque quería demostrar que siempre se debe respetar al adversario. El juego limpio es la palabra clave del deporte automovilístico.

La carrera automovilística sigue siendo esencial para Porsche; forma y formará siempre parte de nuestro ADN. Se han aportado innumerables innovaciones técnicas a nuestras series a través de la carrera automovilística. Por ejemplo, el Porsche 936, que disputó las 24 Horas de Le Mans de 1976, era el primer coche de esta carrera equipado con un turbocompresor. En aquellos años de crisis del petróleo, esta victoria era doblemente valiosa, porque nos permitió demostrar que los turbos eran a la vez eficaces y sofisticados, lo cual contribuyó al éxito de los modelos de serie.

La carrera automovilística también es precursora de los modelos en serie; en 2014, volvimos con un nuevo equipo a la categoría reina LMP1 de la carrera de resistencia más dura del mundo. Nuestras tres victorias en la clasificación general de Le Mans en 2015, 2016 y 2017 no sólo escribieron la historia de nuestro éxito en las 24 Horas. El Porsche 919 Hybrid nos proporcionó información valiosa para el desarrollo de los vehículos híbridos de serie Panamera y Cayenne, así como para el primer Porsche totalmente eléctrico, el Taycan.

En Porsche hemos abierto muy pronto la puerta a la electrificación y nos hemos arriesgado considerablemente en el aspecto comercial con esta decisión de tipo estratégico. Asimismo, hemos construido una nueva fábrica dedicada al Taycan en Stuttgart-Zuffenhausen, creando así numerosos empleos. Esto demuestra claramente que Porsche apuesta por el futuro de la electromovilidad. El Taycan y el Taycan Cross Turismo están bien implantados en el mercado, y el nuevo Macan Electric, primer SUV totalmente eléctrico de la casa Porsche, se presentó a principios de 2024.

Porsche vive actualmente al alba de una nueva era, en un sector tecnológico que ya era el de mi abuelo hace más de ciento veinte años.

Para mí, el círculo de la tradición y el progreso está cerrado. Debemos avanzar sin perder nuestras raíces, sobre todo en una época en la que el debate sobre la movilidad individual es muy intenso. Estoy convencido de que Porsche, así como el conjunto de la industria automovilística alemana, gracias a sus grandes tradiciones y a su capacidad de innovación renovada sin cesar, tienen un gran futuro por delante.

El coche continuará teniendo su lugar en la sociedad, porque millones de personas en el mundo lo asocian con el sueño de independencia y libertad. Mi padre predijo un día que el último coche sería un coche deportivo. En Porsche, haremos todo lo posible para que este sueño dure todavía mucho tiempo.

Publicidad

por Maurice Lévy, presidente de Publicis de 1987 a 2017

Incluso antes de imaginar que un día dedicaría mi vida profesional a la publicidad y, todavía menos, una gran parte de mi carrera a hacer, inspirar o simplemente supervisar las campañas para Renault, siempre me gustó la publicidad del automóvil.

Sin duda, la imagen del Floride (Renault), con la gran estrella Brigitte Bardot, no era ajena al surgimiento de este gusto, pero, cuanto más descubría la publicidad del automóvil, más me interesaba. Era la expresión de la modernidad, la aventura, la fuerza, la seducción, la elegancia, el estilo, el lujo, la libertad, la evasión hacia los horizontes lejanos... Todos los sueños del adolescente y el joven que era entonces se encontraban en estas páginas, carteles, películas... No podía haber desfiles de coches sin bellas mujeres a su alrededor, sin los grandes hoteles o los majestuosos monumentos de fondo o los grandes espacios naturales... Era mágico. Estábamos todavía muy lejos del coche como objeto útil, era el momento del coche como pasión.

Durante más de cincuenta años, la publicidad del automóvil se convirtió en un oficio, una pasión. Con algunas excepciones, la publicidad del automóvil no obedece a la famosa USP (*unique selling proposition*: centrarse en una única ventaja que defina el producto, como los polvos mágicos o las enzimas para los detergentes), de la misma manera que no obedece a las reglas clásicas del marketing. El *look* del coche, su aspecto, su línea o su diseño, sus cualidades objetivas de agarre en carretera, conducción, comodidad, el frontal delantero, la marca y su historia, todo esto forja su personalidad y dirige la expresión publicitaria. Es interesante ver hasta qué punto los publicistas de más talento pueden sentirse completamente cómodos, inspirados por un modelo o, al contrario «secos», sin imaginación por otro modelo. Casi se podría decir que el coche es el que crea el universo de imaginación del creativo y no al revés.

Cuando Bill Bernbach (la B de DDB) desarrolla Ugly para el Escarabajo de Volkswagen, dice lo que es y crea un lenguaje que es propio de VW y que sigue siendo una de las grandes lecciones de comunicación al otro lado del Atlántico. Asimismo, cuando Publicis descubre el Renault 5, es un festival de creatividad que va de la creación del dibujo animado *Super Car* a «Adiós, mundo cruel» cuando se marcha rápidamente, pasando por una riqueza de expresiones sin igual en este momento. Con Clio, que no tenía rasgos destacados, pero que era en sí mismo un concentrado de todo lo que ofrecía el automóvil moderno, era una evidencia: «Todo lo de un grande», y este eslogan se impuso a la vez como lenguaje publicitario y como guía para hacer evolucionar el coche en su época y convertirlo en la expresión más rica, más audaz y actual. Sin olvidar la más competitiva, hasta el punto de convertirse en el coche con mayores ventas en Europa.

Si me sumerjo en la historia de la publicidad del automóvil, hay páginas memorables que no me resisto a recordar.

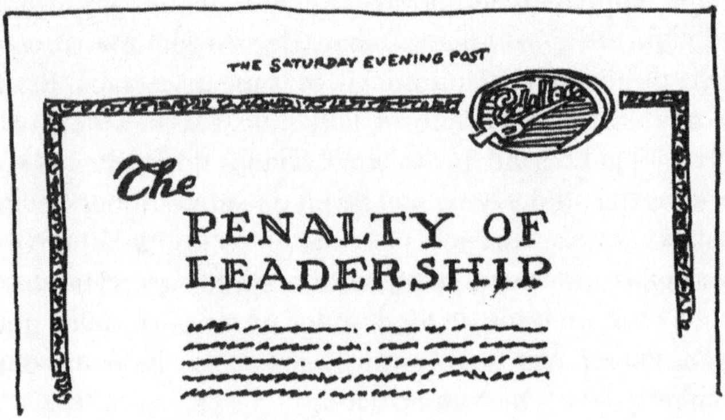

Por supuesto, el «monumento» de la publicidad en general y el del automóvil, el icónico *Penalty of Leadership*, es el anuncio sin ilustraciones que apareció una sola vez, el 2 de enero de 1915 en el *Saturday Evening Post*, para Cadillac. Un texto muy bien escrito, realmente hábil, que sacaba a relucir que las críticas son, en realidad, un homenaje a la excelencia de Cadillac. También era la época en que nos tomábamos el tiempo de leer y en el que los anuncios utilizaban un lenguaje rico al servicio del mensaje, con esta frase que podría aplicarse a todos: *If the leader truly leads, he remains the leader.* [...] *That which is good or great makes itself known, no matter how loud the clamor of denial...* («Si el líder dirige realmente, sigue siendo el líder. [...] Lo que es bueno y grande se reconoce, sea cual sea el clamor de las críticas...»).

Después del éxito del Ford T, que salió en 1908 de las fábricas de Henry Ford (puede usted elegir el color, siempre que sea negro), del que se vendieron seis millones de ejemplares, se lanza veinte años más tarde, en 1928, el Ford A, con un anuncio a doble página firmado por Henry Ford: «Un anuncio de una importancia especial para todos los propietarios de coches». En este texto cuidadosamente escrito, Henry Ford explica por qué hay que optar por el Ford A, cuáles son sus ventajas, etc., con esta frase sorprendentemente actual: «No compra usted un coche, sino la expresión más avanzada de una nueva idea del desplazamiento moderno y económico»...

¿Qué puede hacer Chrysler ante la avalancha de los Ford A (lanzamiento de gran éxito) y General Motors, que, con Cadillac y Chevrolet, ocupan todos los segmentos del mercado? Walter Chrysler, mucho antes que Lee Iacocca, aparece e invita a todos los compradores potenciales con un reclamo bastante agresivo: *Look at all three! But don't buy any low-priced until you have driven the new Plymouth...* («¡Compare los tres fabricantes! Pero no compre ningún coche barato antes de haber conducido el nuevo Plymouth»). El texto es excelente y, sin citar nunca a los competidores, hace una demostración de la superioridad del nuevo Plymouth, que pasa a codearse con los grandes.

Estos tres anuncios son de una calidad estética, de una sobriedad y de una eficacia increíbles. Prefiguran los combates que libran de manera encarnizada los fabricantes de automóviles. Todo está ahí y se encuentra en las comunicaciones siguientes con más o menos acierto, pero con una calidad gráfica y unos medios técnicos de lo más moderno, como en la serie de filmaciones de cinco a diez minutos, auténticas obras maestras, para el universo de internet, creadas para BMW por la agencia Fallon y realizados (nada más y nada menos) por John Frankenheimer, Alejandro González Iñárritu, Ang Lee, Guy Ritchie, Tony Scott y John Woo, todos utilizando dos estrellas: Clive Owen y su BMW... *The Ultimate Driving Machine.*

Sin salir del universo un poco espectacular, ¿cómo resistirse a las ganas de recordar aquel ascenso vertiginoso del Audi Quattro en la pista de lanzamiento del salto de esquí? ¿Existe una ilustración más bella del eslogan eterno *Vorsprung durch Technik* («A la vanguardia de la técnica») y, sobre todo, hay una demostración mejor a la vez de la fuerza de agarre en carretera y de la calidad única del Quattro?

De lo espectacular podemos pasar a una forma de simplicidad excepcional, como con toda la serie de anuncios realizada para el Renault Espace en paisajes extraordinarios y en un estilo refinado para afirmar: «Nunca hemos estado tan bien en la Tierra como en el Espace»... O a la comedia, con la popular saga inglesa para Clio con Nicole y Papá: la prueba es que, en un partido de fútbol de la Copa de Europa, cuando el locutor dijo «Papin» (por el jugador Jean-Pierre Papin), la multitud se levantó y respondió con una sola voz: «Nicole»...

Si hablamos de campañas muy populares que marcan, no podemos pasar por alto el lanzamiento del nuevo Fiat 500 en 2007. ¿Cómo se podía recordar el papel social del pequeño italiano y conseguir que se percibiera y se vibrara en toda su modernidad? El lanzamiento, en este sentido, fue una pequeña obra maestra: recordatorio de los grandes momentos históricos que han marcado los tiempos presentes y las bellas demostraciones de productos.

Se podría pensar que la publicidad del automóvil y el sector habían agotado el encanto de la renovación. Pero Seat se atreve, en 2018, a lanzar una nueva marca cuando Volkswagen había relanzado Škoda y Renault también había vuelto a lanzar otra marca de la Europa del Este con Dacia. Pero, en el Viejo Continente, hacía tiempo que no se veía el lanzamiento de una nueva marca. Con Cupra, Seat decide romper este círculo gracias a un lanzamiento bien dirigido, un producto muy marcado y una publicidad que no lo es menos. Y surge Cupra, con una personalidad fuerte y un entorno específico, y encuentra su público.

El humor también ha sabido ponerse al servicio de la publicidad del automóvil y de la marca Renault con la famosa campaña «Esto no funcionará nunca», en que los detractores del progreso se burlaban de cada evolución o innovación de la marca...

Pero la publicidad del automóvil tiene de especial que acompaña a los automovilistas y a sus pasajeros en todos los momentos de su vida, desde los grandes paseos hasta los atascos contaminantes de la ciudad, y también en las etapas de la vida: primer coche, primer ligue (y más), matrimonio, discusión, familia, alegrías y llantos, etc., y esto es lo que supo hacer muy bien Renault y «Los coches para vivir».

Expresar el carácter y la personalidad de una marca, de un modelo, va mucho más allá del marketing racional, que pretende realzar las ventajas competitivas de un coche. De lo que se habla es de emociones, incluso quizá de emoción, sin «es». El coche no es sólo la satisfacción de una necesidad o la expresión de un estatus o una pasión, sino que es, en cierta manera, la prolongación del automovilista en la riqueza de los instantes de su vida, con sus altibajos, alegrías y tristezas, y, sobre todo, con esa sensación de estar en un habitáculo privado, seguro, de vivir los instantes en su plenitud, una segunda casa, casi un segundo «uno mismo».

Algunos me preguntan a menudo por qué se utilizan tantos medios para las filmaciones publicitarias de coches. Hay tres razones para ello. Por una parte, la necesidad de sobresalir, lo cual impone una gran calidad, y el hecho de que el espacio publicitario sea cada vez más costoso. Hace veinte años, el anuncio más caro del mundo (durante la Super Bowl) valía 4 millones de dólares para sesenta segundos. Hoy, vale 15 millones, también para sesenta segundos. El anunciante y la agencia no pueden equivocarse. Y, *last but not least* (último, pero no menos importante), es absolutamente necesario que se vea, se admire, se viva y se sienta, lo cual supone unas filmaciones destacables desde todos los puntos de vista.

No olvidemos nunca que la publicidad del automóvil es, ante todo, un tema de pasión que debe evocar emociones y vibraciones, y donde debemos sentir el pulso latir, latir...

R

R5

Miércoles, 1 de julio de 2020. Empiezo un nuevo trabajo, el de directivo de un gran fabricante de automóviles europeo. He soñado con ello. Mi función será la de director general de Renault. Tengo prisa por volver a la empresa donde empecé al salir de la escuela de negocios Bocconi de Milán. He leído decenas de libros sobre la empresa, he conocido a montones de exdirectivos que han venido espontáneamente a verme. He reflexionado mucho. Me he hecho una primera idea de las fortalezas y las debilidades de la casa. Pero, en realidad, todavía no sé nada, o bien poca cosa. Para mí, la táctica de la guerra son los productos. Ardo por saber en qué proyectos trabaja la oficina de diseño de Renault. A partir de esta base podré entrar en materia y construir una estrategia de relanzamiento. Mi primera decisión es pedir que me los presenten.

Al día siguiente me dirijo al Technocentre de Guyancourt, situado en el suroeste de París, a una media hora de la sede de Billancourt. En este lugar muy protegido es donde se imaginan, se realizan y se prueban las numerosas innovaciones de la marca del rombo, y donde se inventan los modelos del futuro. Un concentrado de materia gris que reúne a 12.000 personas. He pedido que se agrupen todos los coches en desarrollo en la misma sala. Entre ellos hay coches pequeños destinados a los mercados internacionales y un gran SUV eléctrico. Pero tengo que confesar que me quedo con un poco de hambre. Me doy cuenta de que habrá que hacer una reforma completa de la gama. De repente, al avanzar por el edificio, veo una maqueta que se parece a un R5. Imposible pasarla por alto, es de color naranja fluorescente. Con curiosidad, pregunto a mis interlocutores del centro: «¿Qué es esto?». Me responden que es sólo el trabajo experimental de un diseñador, un ejercicio de estilo. Este creativo lo ha colocado a propósito en un lugar donde está seguro de que lo veré. «Se trata de una propuesta de coche pequeño que no era eléctrico —me dicen—, pero fue rechazada, porque la empresa no quería lanzarse al diseño retro.» Miro durante largo rato el objeto. Para mí, la evidencia está ahí. Tomo la decisión allí mismo: «¡Es exactamente lo que hay que hacer! Intentad poner este diseño en una plataforma. Pero tiene que ser un coche completamente eléctrico. ¡Vamos a hacer el Renault 5!».

Por supuesto, al tomar esta decisión pienso en el éxito del relanzamiento del Cinquecento. Pero no es mi única fuente de inspiración, ni mucho menos. Todos los grandes fabricantes de automóviles tienen en su gama uno o más modelos que encarnan, más que otros, su ADN. Son sus clásicos. En Renault, el 4L, el R5, el Twingo, el Espace o el Kangoo forman parte de ellos. Algunos, como el VW Golf o el Mercedes Clase S, evolucionan con los años sin desaparecer nunca de la gama, mientras que otros, como el 500 o el Mini, reaparecen después de un largo eclipse. Y esto funciona casi siempre. Durante su primera vida, el R5 marcó la historia de la marca. Dispone de todas las bazas para poder hacerlo por segunda vez. El paralelismo con lo que ocurre hoy salta a la vista. En la década de 1970 permitió a la empresa recuperarse después de las crisis del petróleo y tener éxito en su transición hacia la frugalidad energética. En ese momento se temía que el petróleo desapareciera o, al menos, que subiera mucho su precio. Unos cincuenta años más tarde, preveo que el nuevo R5 se convertirá en el símbolo de otra recuperación, la que propulsará a Renault al pequeño club de los campeones del vehículo eléctrico.

Esta intuición me invita a hacer un viaje al pasado, a los orígenes de este coche de culto. Conocerlo ampliamente para inspirarme mejor en él.

En 1972, año del lanzamiento del Renault 5, yo vivía en África. Tenía 5 años, pero me apasionaba todo lo que circulaba, y ya quería que éste fuera mi oficio. En mi familia sólo se apostaba por Fiat. Recuerdo que mi madre tenía un Fiat 127, la competencia del R5. Pero, como frecuentábamos muchos medios francófonos, había observado que las madres de mis amigos franceses circulaban con el nuevo Renault. A decir verdad, era un poco joven para valorar bien el asunto. Unos años más tarde, retrospectivamente, descubrí el talento que había en ese coche. Tantas innovaciones y audacia en 3,52 metros ¡era impresionante! Deslumbrante de modernidad, una encarnación de los años setenta y alegoría del *pop art*. Con su aspecto, sus colores acidulados, sus asientos de escay naranja brillante, su carrocería de tres puertas, sus parachoques de plástico, sus protecciones laterales inéditas, sus manillas de puerta integradas... De entrada, el pequeño Renault había impuesto un nuevo concepto: el de coche accesible pero «enrollado», como aún no se decía en la época. Un vehículo a la vez práctico y fantasioso, utilitario y gratificante para el conductor. Para mí, se parecía un poco a un pequeño R16, ese gran coche familiar que llegó al mercado en 1965 e innovó, mucho antes que el Golf, con su puerta trasera, que le daba un apariencia medio de berlina medio de *break*. Como su hermano mayor, el R5 estaba dotado de esta ventaja valiosa que agrandaba su maletero y facilitaba el acceso. Tener uno no revelaba demasiado sobre tu nivel de vida, pero sí decía mucho sobre tu estilo de vida. Por primera vez, algo que era una revolución copernicana, la categoría del vehículo no se correlacionaba con su dimensión.

¡Había que atreverse a imaginar un cóctel así! Y ellos se habían atrevido.

Para lograrlo, primero empezó el diseñador, Michel Boué, uno de los estilistas del estudio Renault. Discreto, hasta entonces no había «hecho nada destacable y no se había tenido en cuenta ninguna de sus ideas», según el jefe de la oficina de proyectos de la época. Se podía esperar un inicio mejor... Pero Boué era un apasionado y un discípulo de Raymond Loewy, pionero del diseño industrial. El mantra de esta estrella francoestadounidense rezaba lo siguiente: «La fealdad se vende mal». Su obsesión era reconciliar estética y aspectos prácticos. Y entre sus grandes clientes contaba con Shell, Coca-Cola, Studebaker, Lucky Strike... Así inspirado, Michel Boué había presentado, el 26 de abril de 1967, dos esbozos para el secretísimo proyecto 122. Todos los ingredientes estaban ya allí. Aspecto cúbico, puerta trasera, calandra en forma de rostro travieso, amplias superficies acristaladas... El autor de este golpe maestro hablaba de «un pequeño objeto de formas suaves, en armonía con la estética femenina». Era atrevido pero premonitorio. Las mujeres querían emanciparse y poder trabajar, así que se dejaba sentir la necesidad de disponer de un segundo coche en las familias. Curiosamente, la maqueta desvelada aquel día no se modificó, la primera prueba había sido la buena. Para ir directo al objetivo, el diseñador se basó en otra innovación de Renault, el «Renaultrama», que permitía ver la maqueta a 1/5 en condiciones de circulación, con un decorado desafiante detrás. ¡Un ejemplo de realidad virtual antes de haber sido inventada!

Otro hombre que se arriesgó en este proyecto fue el directivo de la época, Pierre Dreyfus. De entrada, la pequeña novedad le parecía «curiosa y simpática», y dijo que «adelante». Este entusiasmo se difundió a todos los equipos de la Régie que habían dado vida al proyecto. Porque, entre otras virtudes, el R5 tenía la de fascinar a las tropas. Esto confirma mi idea de que un coche puede tener carisma, aunque es un caso único, que yo conozca, en el mundo de la industria. Una mezcla de seducción y convicción, una cualidad indescriptible que destaca por encima de los demás a la persona (el objeto, en este caso) que lo posee. Es un tema de más actualidad que nunca en nuestro sector, sometido a numerosas cuestiones existenciales. Debemos preguntarnos: ¿cómo podemos hacer soñar todavía con un volante y cuatro ruedas? ¿Cómo conseguir que las jóvenes generaciones se enamoren del automóvil? ¿Cómo conciliar la pasión y las nuevas presiones medioambientales? En esto, el primer R5 era un formidable tema de inspiración. Había sabido romper los códigos y, a la vez, mantenerse económicamente en el buen camino. Habría sido fácil jugar al seductor con un presupuesto *no limit*. No era su caso. Así que el pequeño microcoche tuvo que ser muy listo. Su aspecto resultaba revolucionario, pero su mecánica era tradicional: un motor en posición longitudinal y no transversal, barras de torsión transversales detrás, plataforma recuperada del 4L, cristales laterales planos, más fáciles de fabricar. Pero el Renault 5 también fue innovador en el aspecto industrial. Fue el primero que se benefició de dos innovaciones tecnológicas que iban a revolucionar la industria del automóvil: el diseño asistido por ordenador y la instalación de los primeros robots industriales en el centro piloto de Flins. Gracias a ello, los costes de desarrollo fueron moderados y las inversiones pudieron concentrarse en el glamur.

Fue una apuesta ganadora, ya que las ventas pronto despegaron. En 1973 superaron los 100.000 ejemplares y permitieron llegar al quinto lugar del mercado. Al año siguiente, el R5 se convirtió en el coche más vendido en Francia y lo siguió siendo durante cerca de diez años. Hasta que el 205 se empezó a asomar. En total, hasta su retirada en 1985 (incluso esto fue un éxito, con la última publicidad «Adiós, mundo cruel»), se vendieron 3,5 millones de ejemplares. Unas cifras enormes.

Para llegar a este número maravilloso, el pequeño Renault, y también esto me gusta de él, tuvo que luchar como un leoncito. Se criticaba sin cesar, se probaron nuevas versiones y abrió nuevas vías. El TS con sus asientos integrados calados, el Alpine supervitaminado, el Turbo reforzado con motor central y monstruosos ensanchadores de guardabarros, la berlina con distancia entre ejes prolongada y maletero trasero clásico para el mercado español, el TX con acabado muy cuidado, el cinco puertas, el «Le Car» para el mercado estadounidense. E incluso una versión eléctrica, ¡ya entonces!, desarrollada con EDF (compañía eléctrica francesa): baterías de plomo, 80 km/h en punta, 110 kilómetros de autonomía.

A veces cometió errores. ¡Pero eso no importaba! El derecho al error existía, y volvió al ataque con una nueva armadura. Esta audacia se reflejaba en la publicidad, que utilizaba el humor y el dibujo, algo que era una primicia en el mundo del automóvil en aquella época. Con unos ojos en la zona de los faros y una boca en el lugar de la placa de matrícula: así se logró un sorprendente antropomorfismo.

Sin embargo, el Renault 5 lo fue todo menos un niño mimado: nació un año antes de la crisis del petróleo de 1973 y creció con el final de los Treinta Gloriosos. Muchos modelos europeos no resistieron este casi cambio de civilización. Él sí. Incluso permitió a la empresa superar la crisis. La prueba de su reactividad es una versión GTL que salió al mercado en 1976. Trabajado para ser lo más sobrio posible, fue el primer coche que bajó del umbral simbólico de los 5 litros a los 100 kilómetros.

Tanta maravilla generaba, puedo confesarlo, algunos celos. En Italia, pero no solamente allí. Y conozco a varios competidores que habrían pagado caro por meterse en la guarida del R5 para conocer sus secretos.

Hoy lo imagino desde lo alto de su panteón mirando con ternura y pasión el principio de su hermanito eléctrico y diciéndole, como en un anuncio de la época: «¡Renault 5, toda una familia!».

Esta filiación natural forja mi convicción. ¡Vamos adelante! Antes de abandonar Guyancourt, el 2 de julio de 2020, pido a los equipos que transformen la maqueta naranja en un auténtico coche lo más rápidamente posible. Esto implica ciertos ajustes, pero es factible. Durante el verano, descubro los primeros esbozos en una pantalla y en octubre ya está acabado. Los diseñadores han ido a la velocidad de la luz para cumplir con el reto. No es cuestión de bajar el ritmo. Cuando presento el proyecto «Renaulution», el 14 de enero de 2021, el modelo, del que sólo se ha retocado la pintura, está en el escenario detrás de mí. Lo he elegido como un símbolo de la nueva estrategia del grupo, Solamente seis meses después del inicio. ¡Por increíble que pueda parecer, es exactamente el coche que se produjo en serie en 2024! Ya lo constaté en el regreso del Fiat 500: algunos productos son mágicos. No es necesario discutir durante semanas, pues todo el mundo está de acuerdo sobre lo que hay que hacer. Y hace lo que hay que hacer. No hay inercia. Cuando los equipos resucitan un coche que ha dejado tan buenos recuerdos, ponen en ello mucho amor. Es una buena señal para la continuación, porque el cliente reconoce y ve ese amor en el coche.

Día tras día, sigo este nacimiento con pasión. Lo aprendí del ingeniero Ferdinand Piëch y de Martin Winterkorn, con los que trabajé en Audi, pero también es mi naturaleza interna: me intereso por cada detalle de los nuevos modelos. Soy un friki, un loco de los productos. He dado la vuelta a este nuevo R5 decenas de veces, lo he observado de manera casi obsesiva. Se han celebrado sesiones críticas intensivas que han dado lugar a pequeños o grandes modificaciones, como el pomo del cambio de marchas situado en el volante, cuyo color se podrá elegir a la carta. ¡Me inspiré en los estuches de pintalabios para proponerlo!

Uno de los momentos más fuertes de esta fase de desarrollo es la primera conducción del coche. A mediados de 2022 me invitan a conducirlo en una de nuestras pistas de ensayo. Nadie puede reconocerlo, porque está camuflado detrás de unas formas provisionales. Me pongo al volante acompañado de uno de los ingenieros encargados del proyecto. Es un momento de felicidad pura. Las prestaciones y las sensaciones de conducción son espectaculares. Felicito a mi copiloto del día. Su respuesta no carece de humor: «¡Es el coche del jefe, no podíamos equivocarnos!». Vaya, vaya... ¿Renault se estará convirtiendo en la empresa humana, simpática y accesible que siempre ha sido, sobre todo en sus períodos gloriosos? Lo deseé ardientemente y pensé que resucitar un coche de culto contribuiría a ello. ¡Vamos por buen camino!

Culto, pero de su tiempo, en realidad, el nuevo Renault 5 no tiene mucho que ver con su hermano mayor. En este oficio, todo parte de la plataforma. La suya está totalmente diseñada para la tracción eléctrica. Batallé contra algunos de mis colegas, que defendían un enfoque mixto que permitiera fabricar también un coche con motor híbrido. Pero, al final, el beneficio es considerable. Somos los primeros en tomar esta decisión en Europa. Esto nos da una ventaja de al menos dos años sobre nuestros competidores. El Renault 5 sólo lleva doce módulos de baterías, frente a las diecisiete de sus rivales, lo que supone un ahorro de peso y de espacio.

También insistí en hacer de este modelo un concentrado de tecnología interactiva. La idea es que sea un compañero útil y vivo.

Útil, porque es el primer coche capaz de mandar energía a una red privada. Su propietario puede utilizar la corriente que queda en la batería en su casa, antes de cargarla en horas de bajo precio. Esta opción técnica es costosa para el fabricante, pero genial para el consumidor: según nuestros estudios, éste podrá ahorrar hasta un 50 por ciento en la factura de la electricidad.

También es vivo, porque un avatar se desplaza del smartphone al salpicadero. Un pequeño personaje alimentado con inteligencia artificial que habla con el conductor para advertirlo de un peligro o recomendarle un paisaje. Como un Tamagotchi, vive y aprende. Esto aporta humanidad al coche. Y un poco de autoironía que sólo las grandes marcas pueden permitirse tener. Que quede dicho, ¡el Renault 5 es pop!

Eso no es todo, ya que, como en un Tesla, se diagnostica y se actualiza a distancia. Por lo tanto, los avances del software no sólo están reservados a los compradores acomodados. Auténtico *game changer* de la industria automovilística, entra en el mercado a un precio competitivo: 33.500 euros, es decir, 1.500 euros menos que un Zoe. ¡Con 400 kilómetros de autonomía!

¿Es éste el fin de la historia? No. Es cierto que el producto es muy importante para mí, pero esta aventura tiene otra dimensión, esencial para Francia. La de la reactivación industrial y la lucha contra el declive.

Relojes

por Richard Mille, fundador de Richard Mille

Llevo el universo del automóvil dentro de mí desde la pila bautismal. Esta pasión compulsiva me ha acompañado a lo largo de toda mi carrera. Por eso, no he dejado de buscar puentes entre este mundo y el de los relojes, que es mi oficio.

Me inicié en la división de relojería de Matra. Sus buques insignia se llamaban Yema y Jaz, marcas francesas que Lagardère vendió más tarde al japonés Seiko. Era responsable de la zona de exportación y trabajaba en Haut-Doubs. Como anécdota, cuando recibí mi primer salario, fui directamente al concesionario de Renault. Quería comprarme un Alpine. El concesionario me dijo que necesitaría tres nóminas y le respondí que estaba de prueba. Entonces llamó a mi jefe, al que conocía, para saber si iba a conservar mi empleo. La respuesta fue que sí, por lo tanto, me compré un Alpine A110 1300. En Matra me convertí en director comercial, pero lo que ya me interesaba era hacer productos que fueran mirlos blancos. Por ejemplo, hice el reloj de Jean-Louis Étienne cuando se convirtió en el primer hombre que llegó al Polo Norte en solitario. También fabricamos relojes para los astronautas franceses.

La industria relojera siempre ha estado cerca del universo del coche. Modelos emblemáticos, como el Daytona de Rolex, el Monaco de Heuer, el Mille Miglia de Chopard o la serie Montoya y Barrichello de Audemars Piguet, encarnaron una relación a menudo cómplice con el sector del automóvil. Asimismo, marcas como Longines o Hublot también firmaron colaboraciones con la Fórmula 1.

Cuando en 2001 se creó la marca Mille quise llegar más lejos y apliqué varios conceptos técnicos del automóvil a la relojería. Hasta entonces, la relación de esta actividad con el automóvil estaba más bien en el primer grado. Por ejemplo, se hacían correas que se parecían un poco a un coche o agujas similares a los elementos del volante. Lo interesante de la relojería es que las dimensiones con las que se trabaja son tan pequeñas que todo se vuelve muy desafiante. Se trata de auténticos retos técnicos.

Trabajé primero en la resistencia a los golpes. Fuimos los primeros en utilizar platinas, bases de mecanismo, de titanio. ¿Por qué? Porque el titanio es un material extremadamente rígido. Los metales que se utilizaban hasta el momento eran demasiado blandos. Para unos engranajes cuyas tolerancias son del orden de la centésima de milímetro, tener una base de movimiento de metal poco rígido es un tanto problemático. En los relojes Mille, todo lo que debe estar fijo lo está para absorber los golpes.

Para validar este proceso, multiplicamos las pruebas de choque. Eran mucho más destructivas que las realizadas por el sector de la relojería hasta el momento. Cuando empecé, se decía que era imposible jugar al golf con un reloj. Aporté la prueba de que, si se hacían las cosas de la manera correcta, se podía. El reloj que fabricamos para Rafael Nadal soporta una fuerza de 13.000 gramos.

La conexión con el coche se ilustra también en la elección de materiales cada vez más ligeros. Desde este punto de vista, los Fórmula 1 son muy inspiradores, porque se trata de objetos extremos. En la competición automovilística, la búsqueda del peso mínimo es una obsesión. Fuimos los primeros en hacer bases de fibra de carbono, de ahí la colaboración con Ferrari y McLaren. Desarrollamos un reloj con Ferrari, que tiene el récord del mundo del grosor: ¡sólo 1,75 milímetros! Esto me permitió también crear un reloj para Rafael Nadal que pesa menos de 18 gramos, como el peso de una carta.

Evidentemente, se trata de características que, al principio, contradecían los códigos del lujo. Para tener valor, un reloj debía pesar mucho. Llegar al mercado con productos clínicos, bastante simples, que utilizaban materiales de alta tecnología sorprendía a todo el mundo. Mis primeros relojes eran de titanio, resultaban ultraligeros, pero valían dos o tres veces el precio de un reloj de oro. A los clientes les encantaban estos primeros modelos, pero hubo que esperar un tiempo para que los aceptaran realmente.

Al igual que los fabricantes de la industria automovilística, intentamos optimizar nuestro rendimiento. En relojería, siempre se ha privilegiado lo que se llama «la reserva de marcha». Se da cuerda al reloj mecánico y funciona durante setenta y dos horas, incluso más. Es un concepto cuantitativo que nunca me interesó. Funciona como una reserva de gasolina para un coche. No tiene nada que ver con el rendimiento. Por lo tanto, pensé en un sistema idéntico a un sensor de par en un coche: un sistema de indicador de rendimiento, pero para algo infinitamente más pequeño. Para un reloj, la unidad de medida es el decinewton-milímetro, mientras que, para un automóvil, es el newton-metro.

Otra similitud con el automóvil fue la siguiente: también reducimos al máximo los rozamientos. En general, se mide la precisión de un reloj mecánico en segundos/día. Un buen resultado suele situarse en un intervalo de cuatro a ocho segundos/día. Lo mejoramos claramente. Sobre todo trabajando en el perfil de los dientes de las ruedas de los mecanismos. En una serie limitada de diez relojes, conseguimos un rendimiento nunca visto en la relojería: menos de un segundo/mes (bajo la certificación de un agente judicial) para la última pieza salida de producción.

Por último, como en la Fórmula 1, cuidamos la ergonomía y la comodidad. De la misma manera que actualmente un monoplaza se adapta a la morfología del piloto, para mí es muy importante que un reloj sea ligero en la muñeca, que no se note y que sea fácil de cargar.

Todo esto explica que el 95 por ciento de nuestros clientes masculinos sean forofos del automóvil, es el denominador común. Algunos, como yo, coleccionan relojes y coches. A lo largo de los años, he adquirido muchos coches de carreras, entre ellos un centenar de Fórmula 1, y todos están en perfecto estado de funcionamiento. Un mecánico hace funcionar el motor una vez al día. ¡Puedo afirmar que esta pasión es insaciable!

Renault

Renault es Francia. Con su talento y sus baches, su modernidad y sus viejos reflejos. La empresa nacida en 1898 no ha dejado de desempeñar los principales papeles en la industria del automóvil desde hace ciento veinticinco años. Me hace pensar en esos actores de cine que caen y muerden el polvo, pero vuelven a subirse al caballo para lanzarse al combate. Ha pasado por numerosos períodos difíciles, pero siempre ha encontrado los recursos y las buenas ideas para recuperarse. Atesora una gran cantidad de modelos innovadores que han marcado la historia. Cuando me puse al frente de la compañía, en julio de 2020, Jean-Dominique Senard había empezado a reconstruir la empresa. Los equipos todavía estaban bajo el impacto de la partida brusca de Carlos Ghosn, director general todopoderoso de 2005 a 2019. Por las mismas razones, la alianza con Nissan, el alfa y omega de la estrategia seguida hasta entonces, estaba paralizada en la inacción. En la actualidad, han cambiado muchas cosas: la máquina se ha vuelto a poner en marcha. Mi convicción es que Renault se dispone a recuperar el contacto con los mejores momentos de su pasado. La transición hacia la energía eléctrica es, desde este punto de vista, una oportunidad única.

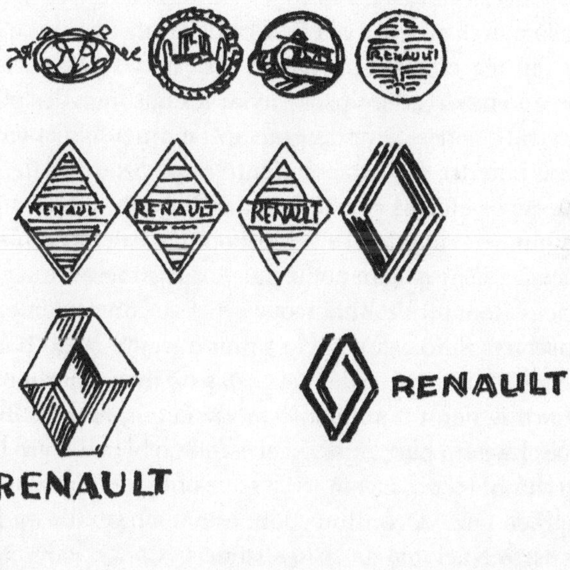

Flashback. La historia de la empresa se confunde con la del siglo xx. Fue creada en 1898 por los hermanos Fernand, Marcel y Louis Renault, sobrevivió a dos guerras mundiales y a varias crisis importantes, entre ellas la de 1929 y las tres crisis del petróleo. Desde el principio, se instala en Boulogne-Billancourt, un municipio limítrofe de París, que nunca abandonará. El primer coche lanzado por los hermanos Renault es un microcoche derivado de un triciclo, equipado con una caja de cambios de toma directa inventada por Louis Renault. Éste, responsable del desarrollo técnico, encadena después importantes innovaciones y aporta su contribución al desarrollo de la joven industria del automóvil. Los hermanos Renault multiplican las iniciativas para aumentar las ventas. Se lanzan a la competición automovilística para darse a conocer. Durante la Primera Guerra Mundial, orientan la empresa hacia los mercados militares: la fabricación de municiones, motores de avión e incluso un tanque, el Renault FT. La demanda es grande, lo cual incita a poner en marcha el trabajo en cadena. En unos años, la firma de Billancourt se convierte en el primer grupo privado de Francia. El período de entreguerras está marcado por la rivalidad con el otro actor francés del sector, Citroën. Una competencia que incrementa el crecimiento de ambas empresas. La gama de Renault se extiende desde los coches pequeños hasta los camiones y entra en el segmento del lujo con los Renault Grand Luxe, equipados con motores de seis y ocho cilindros. Entre 1920 y 1930, Renault también sienta las bases de su futura expansión. Se crea una red de concesionarios en 1920, el famoso rombo se convierte en el logotipo de la marca en 1925 y la fábrica de la isla Seguin se inaugura en 1929. Esta fábrica es revolucionaria: está dotada de varias pistas de pruebas, de un embarcadero para enviar los automóviles por vía fluvial y de una central eléctrica. Por desgracia, el momento dista mucho de ser ideal. Apenas abierto, el establecimiento es golpeado de lleno por la crisis de 1929, cuyos efectos se hacen sentir durante varios años y la producción se hunde. Cuando el Frente Popular llega al poder, los movimientos sociales se propagan por el país. Las primeras huelgas se inician en las fábricas Renault de Billancourt, que se convierten en los bastiones de la protesta sindical, y así lo serán durante largo tiempo. La Segunda Guerra Mundial sucede a los años de incertidumbre. Son horas sombrías para Renault. También esta vez la empresa de Billancourt se pone en marcha para participar en el esfuerzo bélico. Pero la ocupación alemana lo cambia todo. La empresa se ve obligada a producir camiones para el régimen nazi. A continuación, es nacionalizada en 1945 por orden del Consejo Nacional de la Resistencia (CNR). Para celebrarlo, recibe el nombre de Régie Nationale des Usines Renault. Demuestra de inmediato que su potencial creativo está intacto y desempeña un papel decisivo en la democratización del coche con el lanzamiento del 4 CV en 1947. El *quatre-pattes*, como se ha apodado, se hace eco del Escarabajo alemán, que llega al mercado al mismo tipo al otro lado del Rin. Será el coche más vendido en Francia hasta 1955. La Régie lo inscribe en varias competiciones deportivas. En ellas tiene un papel destacable: ¡una versión desarrollada especialmente gana en su categoría en las 24 Horas de Le Mans! Después del 4 CV, en marzo de 1956 entra en escena el Dauphine. Este modelo es otro triunfo, con más de dos millones de ejemplares producidos hasta 1967. Entramos en los Treinta Gloriosos y Renault los aprovecha plenamente. La empresa nacionalizada pone en el mercado, una tras otra, novedades que dan en el blanco: el R4 en 1961, el R8 en 1962 o el R16 en 1965.

Pero dos crisis importantes la desestabilizan. La primera, el Mayo del 68. Las fábricas Renault son las primeras ocupadas por los obreros en huelga. Francia está paralizada. Para desbloquear la situación, el primer ministro gaullista Georges Pompidou organiza una gran negociación social. Los acuerdos de Grenelle, firmados el 27 de mayo, decretan un aumento del SMIG (salario mínimo interprofesional, antepasado del SMIC) del 35 por ciento. Unos días más tarde, el trabajo se reinicia. Los franceses han ganado poder adquisitivo, pero todo se paga: los costes salariales soportados por las empresas son más elevados...

Después de varias semanas de caos, la economía y Renault siguen adelante. En 1972 sale al mercado un nuevo modelo estrella, el R5. Este pequeño coche, que pronto ocupa el lugar del 4L en la gama, llega en el momento oportuno sin saberlo. Porque una segunda crisis, con muchas consecuencias para la industria del automóvil y que nadie ha visto venir, sucede al Mayo del 68. La crisis del petróleo de 1973 y su réplica de 1979 sumen al mundo occidental en la recesión y la inflación. Los precios del combustible se disparan. De repente, ya sólo se habla de ahorro de energía en los medios de comunicación. Es una oportunidad para los modelos pequeños como el R5, que se convertirá en el coche de la recuperación para Renault. Esto no impide que las cuentas de la empresa nacionalizada pasen al rojo intenso. En 1984 pierde 12.500 millones de francos (unos 2.000 millones de euros). El gobierno socialista decide entonces confiar la recuperación de la empresa a Georges Besse, el hombre que acaba de reestructurar al campeón del aluminio Pechiney. Pero no tiene tiempo suficiente de actuar. Un comando del grupo terrorista Acción Directa lo asesina delante de su domicilio, en noviembre de 1985. Los asalariados de la empresa están todos conmocionados. «Los primeros éxitos de su política ya son visibles para todo el mundo», declara a la mañana siguiente Patrick Faure, el delegado general de la Régie Renault; «el equipo de dirección de Renault está decidido a continuar por el camino que se ha trazado». Su sucesor, Raymond Lévy, nombrado poco después, se pone a trabajar con la ayuda de su accionista público, que inyecta 12.000 millones de francos y equilibra las cuentas de Renault. En lo referente a los productos, puede contar con un éxito esperado, el del Espace, un monovolumen familiar ideado por el grupo Matra (Lagardère) en 1979, cuyo desarrollo retoma Renault a partir de 1984. Además, los mercados del automóvil crecen, gracias a la globalización, que adquiere su máxima amplitud a partir de la década de 1980. Los fabricantes de todos los países intentan tejer alianzas o hacer adquisiciones. El grupo Volkswagen compra el español Seat en 1986 y el checo Škoda en 1991. Considerándose demasiado pequeño, el sueco Volvo, especialista en gama alta y peso pesado, se acerca a Renault. Las dos empresas anuncian un primer acuerdo en 1990 y después su unión en septiembre de 1993. Pero los accionistas de Volvo, algunos de los cuales se preocupan por la presencia del Estado francés en el capital del nuevo conjunto, dan media vuelta: ¡el divorcio se produce sólo tres meses más tarde!

Entretanto, Renault se convierte en una sociedad anónima con capital público y Louis Schweitzer toma el mando en 1992. La privatización decidida por el gobierno Juppé en 1996 le deja las manos libres para buscar activamente nuevas oportunidades. En 1999, la firma del rombo toma el control de Nissan, que tiene grandes dificultades, y compra Dacia en Rumanía. Estas dos operaciones lo propulsan al pequeño club de los gigantes mundiales del sector. Schweitzer confía la empresa japonesa a Carlos Ghosn, que había entrado en Renault unos años antes para poner en marcha un amplio programa de reducción de costes. Una vez efectuada la recuperación de Nissan, Ghosn se convierte en el único jefe a bordo. Continúa con su objetivo: convertir Renault en el líder mundial del sector. Dos nuevas adquisiciones consolidan los cimientos del grupo: AvtoVAZ en Rusia en 2013 y Mitsubishi en 2016. Pero todo se paraliza bruscamente cuando la justicia japonesa lo detiene el 19 de noviembre de 2018. La empresa entra en una nueva crisis. ¿Será la última?

Poco tiempo después, en 2019, Jean-Dominique Senard, el presidente del Consejo de Administración, un hombre con una gran experiencia, pero también con una extraña elegancia y una gran ética, me propone que sea el director general. Creí enseguida en él, no dudé ni un segundo.

Joven licenciado de la escuela de dirección de empresas Bocconi, en Milán, empecé mi carrera en el servicio de marketing de Renault. Me encargaba del programa Clio 2. Me quedé más de siete años. Por lo tanto, soy el primer directivo de Renault que empezó desde abajo en la escala de la empresa. Mucha gente me desaconsejó que aceptara ese puesto. En realidad, eso multiplicaba mi motivación. Esto es una constante en mi carrera, siempre voy a buscar los problemas más grandes. ¡Cuando la situación es difícil, se puede marcar la diferencia! ¡No se necesita un gran líder si todo va bien! He aprendido muchas cosas en Toyota, en Fiat y en el grupo Volkswagen. Me dije que iba a aplicarlas al convertirme en directivo de un grupo por primera vez. Renault es una empresa a la que, a veces, le ha faltado constancia. Por ejemplo, iba por delante en el sector de la electricidad, pero lo abandonó. Tiene dos grandes cualidades, a mi modo de ver, para recuperarse: dispone de una cantera de talentos extraordinaria y es humana y acogedora. Durante mucho tiempo, pensé que había que ser lo más grande posible para ser competitivo y que todo marchara bien. La historia reciente de los grupos Volkswagen y Renault, líderes mundiales efímeros, respectivamente en 2012 y en 2017, ha demostrado que esto no los protegía de sufrir graves problemas. Toyota, que los sucedió, entró también en una tormenta a causa de los problemas de su filial Daihatsu. Hoy, ya no es suficiente con ser un gigante. Hasta el momento, había dos escuelas, la de los alemanes o de Toyota, que pone en valor la innovación tecnológica y la globalización de los componentes, y la de Stellantis, que quiere aumentar su tamaño crítico para disminuir los costes de producción (por otra parte, también era la estrategia de Carlos Ghosn cuando era presidente de la alianza Renault-Nissan). Pienso que existe un tercer camino, basado en la agilidad y la innovación. Por esta razón, la alianza con Nissan se reinventó. Por su estrategia y su estructura, Renault debe convertirse en una empresa adaptada a la nueva modernidad del automóvil con la adopción del coche eléctrico, innovación en el software, una economía circular... Se abre un nuevo capítulo con la llegada de tecnologías diferentes y muy evolutivas. Además, los mercados se han vuelto volátiles. La idea es seguir siendo ligero para enfrentarse a la tormenta y las grandes olas. Nuestras organizaciones deben ser móviles, abiertas a las nuevas ideas y dispuestas a arriesgarse. Renault, al salir de una crisis, no tenía nada que defender. Ésta era una situación ideal para reconstruir la empresa y prepararla para el futuro. Ahora, nuestro único objetivo es sorprender a los clientes.

Renault, Louis

Los que lo conocieron lo describen como una persona taciturna, silenciosa y solitaria. No me parezco en absoluto a Louis Renault, el fundador de la empresa que lleva su nombre y que tengo el honor de dirigir hoy. Pero tenemos un punto en común. Al igual que yo, era un loco del automóvil. Siento un inmenso orgullo al contribuir a construir la historia que él empezó, porque forma parte del selecto pequeño club de los fabricantes de la industria automovilística europea. Sus semejantes se llaman Carl Benz, Giovanni Agnelli, Henry Ford, Ferdinand Porsche o André Citroën. Gigantes cuyos nombres todavía resuenan en el momento en que acaba el primer cuarto del siglo XXI.

En febrero de 1899 fue uno de los primeros en lanzarse a esta loca aventura, apoyado por sus hermanos Marcel y Fernand. ¡Las fotos de época de los tres fundadores, que posan en su primera fábrica sin una sonrisa y sin mirar al objetivo del fotógrafo, son muy emotivas! Con bigote o barba bien recortados, levita y sombrero hongo, los hermanos Renault tienen clase. En el seno del trío, Louis es el ingeniero, el que inventa los coches. En 1898, la víspera de Navidad, causa sensación al subir por la calle Lepic de Montmartre al volante de su primera creación. Recién liberado de las obligaciones militares, fabricó él mismo este auto, ayudado por un compañero del regimiento. En la fiesta que celebra con unos amigos en un cabaré, consigue doce pedidos. ¡Y todos los compradores pagan al contado! Dado que hay que producir, Louis embarca a sus hermanos en la creación de la empresa Renault Hermanos. La sede está en Billancourt y no se moverá de allí con el paso del tiempo. El pequeño negocio empieza a toda máquina. En 1900, el centenar de obreros contratados fabrican ya 179 coches. Los tres hermanos tienen sentido de los negocios. Por un lado, se meten en las carreras automovilísticas, como la París-Toulouse-París, que logran ganar, lo cual demuestra la fiabilidad de sus coches, y, por otro lado, ya tejen una red de agentes en el mundo. En 1903, Renault se considera el mayor fabricante del planeta, con mil unidades ensambladas en Billancourt. Por desgracia, Marcel se mata en un accidente durante la carrera París-Madrid. Afortunadamente, Louis puede contar todavía con la ayuda de Fernand, que liquida el negocio familiar de botones para dedicarse al automóvil. Juntos, venden 1.500 taxis a París y lanzan un primer autobús Renault. A este hito le sigue un motor de avión en 1907. ¡Todo lo que se desplaza con un motor les interesa! Cuando Fernand fallece, en 1908, azotado por la enfermedad, Louis Renault se encuentra solo al mando. Es un trabajador incansable, trabaja siete días a la semana e incluso acondiciona un taller en su propiedad de Herqueville, en Normandía, que le gusta presentar a sus amigos. Su esposa, la cantante Jeanne Hatto, intenta distraerlo invitando a los grandes compositores Gabriel Fauré y Maurice Ravel a su mesa. ¡La música es lo único que lo aparta un poco de la industria! Pero la pareja no resiste este ritmo de vida. Jeanne y Louis se separan, aunque siguen siendo amigos, justo antes de la Primera Guerra Mundial.

En lo referente a la empresa, en cambio, todo marcha bien. En 1911, el empresario viaja a Estados Unidos, donde Renault vende sus coches. Su notoriedad ya ha cruzado el Atlántico. En Filadelfia se encuentra con el ingeniero Frederick Winslow Taylor, que acaba de desarrollar su teoría de la división horizontal del trabajo. En Detroit conoce a Henry Ford. Con este último, hay química: los dos hombres comparten la misma visión de su oficio. Detestan los grandes discursos y privilegian la acción en las fábricas. Se ven en numerosas ocasiones después de la guerra. De regreso a Francia, Louis Renault aplica de inmediato lo que ha aprendido en Estados Unidos. Introduce el taylorismo en sus fábricas, lo cual desencadena algunos movimientos sociales, que sofoca con fuerza, y se forja por ello una reputación de jefe duro y despiadado. Cuando estalla la guerra, se convierte en el primer fabricante de coches francés. Eximido de ir al frente, moviliza su empresa al servicio del esfuerzo de guerra. Produce obuses, proporciona piezas a los fabricantes de fusiles y diseña tanques más ligeros que los que utiliza el ejército en un tiempo récord. También equipa los aviones de Louis Breguet con un motor de 300 CV, lo cual los hace más rápidos que sus competidores alemanes.

Al final de la guerra, el industrial se casa con la hija de un notario, Christiane Boullaire, que le da un hijo en 1920, Jean-Louis. ¿Por fin tiene un sucesor? Louis Renault sueña con ello: cuando sea mayor, lo formará en las disciplinas técnicas y lo mandará a hacer prácticas a las fábricas, sin duda porque, en su opinión, no hay mejor escuela que la que él ha tenido.

Paralelamente, la empresa continúa su crecimiento. Preocupada por contribuir a la actividad del país, no se contenta con fabricar coches. Se diversifica sobre todo en los tractores, los automotores y los motores de avión. En 1933, Renault incluso acude en apoyo de la Sociedad de Aviones Caudron, que se enfrenta a graves dificultades financieras. Los años del período de entreguerras están marcados por la rivalidad con André Citroën. Es difícil encontrar personajes más diferentes. Uno es introvertido y apasionado por los desarrollos industriales, el otro es juerguista y está obsesionado por las innovaciones de marketing. En realidad se complementan. Por otra parte, se observan y se siguen de cerca. En suma, se inspiran mutuamente. De Billancourt al muelle de Javel, en el distrito 15 de París, donde está instalado Citroën, no hay más que un paso... En esa época, una gran parte de la industria automovilística francesa está situada a las puertas de la capital. Pero hay un campo en el que Louis Renault lo hace claramente mejor que su rival, la dirección y la gestión. Cuando se produce la crisis financiera de la década de 1930, corta los efectivos y reduce los gastos generales. Menos prudente, André Citroën quiebra en 1934... La continuación es más sombría. Los conflictos sociales sacuden Renault. Sobre todo, cuando el Frente Popular llega al poder en 1936. Privado de sus contactos habituales en el aparato del Estado, Louis Renault tiene dificultades para mantener el rumbo. Los tiempos son difíciles, sobre todo, porque Hitler no oculta sus intenciones belicosas y la guerra no tarda en estallar. Bajo la ocupación nazi, los alemanes exigen que las fábricas de Billancourt se dediquen a la producción de camiones militares para su ejército. En su puesto, el industrial no se opone. Su obsesión es mantener a su empresa con vida, algo que no resulta sencillo porque los bombardeos de los aliados destruyen una parte de las fábricas en marzo de 1942. Encerrado en su oficina, irascible y cansado, pierde progresivamente el control y su salud se deteriora. ¿Habría podido o habría debido actuar de otra forma? No soy el más indicado para juzgarlo. Unas semanas después de la liberación de París, se entrega. Lo culpan de comercio con el enemigo y lo encarcelan en Fresnes el 27 de septiembre de 1944. Gravemente enfermo, muere el 24 de octubre de 1944 en una clínica, lejos de sus seres queridos. Su fin no podía ser más triste, pero su herencia industrial lo sobrevivió. Y por mucho tiempo.

Robots

¡Sin robots, no hay coches! El auge de la industria automovilística está estrechamente ligado a la automatización ininterrumpida de sus líneas de producción. Los primeros robots llegaron a las fábricas a principios de la década de 1960, en General Motors y en Ford. Su uso se generalizó después a partir de finales de la década de 1970. En un primer momento, los fabricantes intentaron reducir los costes y aumentar la productividad. Las primeras máquinas eran bastante lentas y repetían tareas simples, pero su rendimiento mejoró con rapidez. Para hacer una carrocería, 80 personas y 300 robots realizan el trabajo de 3.000 personas. La evolución es idéntica en el campo de la pintura, un oficio muy penoso. Los robots también desempeñaron un papel decisivo en la mejora de la calidad, eliminando los riesgos de errores humanos. Gracias a ellos, la seguridad aumentó considerablemente. En la actualidad, sólo el ensamblaje de los coches, por ejemplo, el momento en que se instala el salpicadero o los elementos de las puertas, todavía requiere una intervención manual.

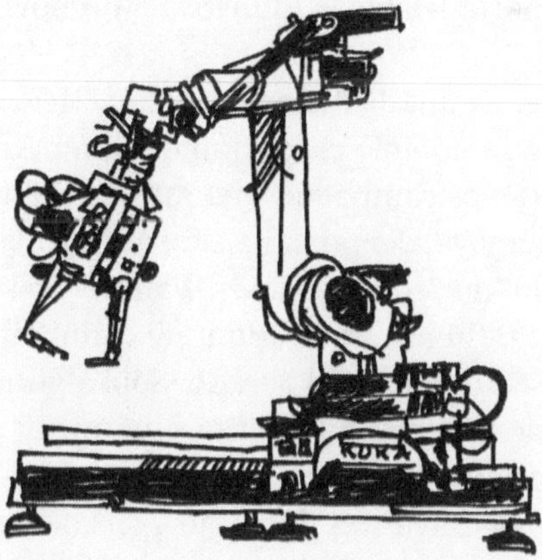

El progreso tecnológico nunca se detiene. Han aparecido nuevos robots que son más inteligentes, autónomos y colaborativos. Potenciados por la inteligencia artificial, son capaces de reconocer las formas y de trabajar con el ser humano. Los «cobots», así se llaman los robots colaborativos, se encargan de efectuar trabajos de soldadura muy complejos con una precisión extrema y con una capacidad de repetición inigualable. Por su parte, los robots móviles autónomos encargados de transportar piezas son capaces de tomar decisiones recurriendo a escáneres láser y a algoritmos de reconocimiento de objetos para moverse por los almacenes. También están en condiciones de rodear los obstáculos, lo cual, en un sistema de flujo tenso, permite evitar la detención de la producción.

Esta nueva generación de equipamientos alimenta el crecimiento del sector de la robótica automovilística. El mercado mundial debería progresar un 11 por ciento al año de aquí a 2028, según la sociedad de estudios Mordor Intelligence. Todos los industriales renuevan o amplían su parque, pero China es el país líder. Se estima que sus empresas, lanzadas a la carrera del vehículo eléctrico, instalaron la mitad de todos los nuevos robots del planeta en 2021. A este ritmo, debería recuperar con rapidez su retraso respecto a los países más robófilos. Según un informe de la Federación Internacional de Robótica (IFR), Corea del Sur es, por el momento, el país que más robots utiliza en la industria automovilística, con una relación de 2.867 robots por cada 10.000 empleados, muy por delante de Alemania (1.500) y Estados Unidos (1.457).

En total, un millón de robots se encuentran ahora operativos en las factorías de los fabricantes. ¡Esto representa un tercio del parque, incluidos todos los sectores de actividad! No se puede encontrar un indicio mejor de la importancia de la industria automovilística en la economía mundial.

Evidentemente, es una lástima que esta actividad escape cada vez más a Europa. Con la notable excepción del líder ABB, a la vez suizo y sueco, la mayoría de los campeones del mundo del robot lucen colores asiáticos. Kuka, una joya alemana, ha sido adquirida por un grupo chino especializado en electrodomésticos; Fanuc, Yaskawa y Nachi-Fujikoshi son japoneses. En este mercado muy competitivo, existen, según la IFR, menos *start-ups* que en el pasado. Sólo algunas empresas coreanas, favorecidas por un mercado interior dinámico y una política industrial altamente estimulante, intentan abrirse paso. Pero no hay nada prohibitivo para los fabricantes del Viejo Continente: ¡siempre se pueden hacer muy buenos coches con robots *made in* otra parte!

Rolls-Royce

Este mito de cuatro ruedas oculta bien su juego. En él, todo es lujo, calma y voluptuosidad. Su nombre abre un mundo en el que reinan los cueros más bellos, las maderas barnizadas, las moquetas opulentas y los motores en V suntuosos. Ninguna otra marca, en el sector que sea —alta costura, joyería, marroquinería—, se identifica tanto con el lujo absoluto como Rolls-Royce. Y esto sucede de forma ininterrumpida desde hace más de un siglo. Sin embargo, detrás de este universo brillante, hay muchos dramas, sufrimientos y cambios espectaculares.

Empecemos por el principio, con Charles Rolls, nacido en Londres en 1877, y Henry Royce, nacido a dos horas de Birmingham en 1863. No parecían destinados a conocerse algún día.

El primero era hijo de una rica e ilustre familia de aristócratas, licenciado en Eton y en Cambridge. Como hijo menor, no heredaba gran cosa. Era *the spare* («el suplente»), como el príncipe Enrique, sólo que ciento veinte años antes. Pero, contrariamente a este último, era un gran currante. Loco por los coches y los aviones, y entusiasta de la mecánica, pasaba del esmoquin al mono de trabajo con la mayor naturalidad. Corría él mismo a bordo de numerosos bólidos y se endeudó para abrir un lujoso concesionario automovilístico. En su escaparate había sobre todo modelos extranjeros, porque a principios del siglo XX la industria automovilística británica era incipiente. Pero aquellos costosos vehículos lo frustraban: resultaban incómodos, poco fiables y desagradables de conducir. De ahí surgió la idea: para obtener la excelencia y llegar al ideal, necesitaba fabricar él mismo su coche.

Cambiamos de decorado con la otra «R», Royce. Pasamos a un entorno del universo de Dickens. Henry era hijo de un modesto molinero que murió joven después de quebrar su negocio. A los 10 años, Royce frecuentaba las calles de Londres, encadenaba trabajos miserables y pasaba mucha hambre. Su salvación fue el ferrocarril, en el que comenzó como aprendiz a los 15 años. Trabajador incansable, apasionado también por la mecánica, siempre en formación, entró a trabajar en una fábrica de herramientas y después en la empresa de un productor de electricidad. En 1886, a los 23 años, sabía lo suficiente para montar su propio negocio en Mánchester. Sus productos estrella fueron la fabricación de material electromecánico y más tarde grúas y puentes grúa. El éxito fue rápido, y la fortuna también, porque Royce, el perfeccionista, estaba poseído por una preocupación de calidad total. En 1900 compró su primer coche, un Decauville de dos cilindros. Pero no le gustaba mucho: era chisporroteante, sucio, ruidoso. En 1902 se arremangó y se puso a preparar el modelo de sus sueños a partir del Decauville. ¡Milagro! Se acabaron las vibraciones, con arranque de cuarto de vuelta, un funcionamiento silencioso... Los amantes del automóvil se inclinaron ante su encanto. Se fabricaron otros dos ejemplares, uno de ellos para el colaborador de Royce, Henry Edmunds.

Edmunds fue un personaje esencial en esta historia. Admiraba el talento de Royce y conocía los contactos de Rolls. Por lo tanto, hizo todo lo posible para acercar a estos dos personajes tan opuestos, al estilo de *Los persuasores*. El partido no estaba ganado de antemano. El aristócrata se interrogaba sobre el valor de aquel autodidacta, no tenía muchas ganas de desplazarse a Mánchester y despreciaba un poco los motores de dos cilindros, ya que prefería los de cuatro y seis cilindros. El antiguo chico de las calles, por su parte, no apreciaba mucho al que imaginaba que era un hijo de papá. Con terquedad, se negaba a ir a Londres.

A fuerza de diplomacia, Henry Edmunds consiguió por fin organizar un encuentro en las altas esferas. Tuvo lugar en el Midland Hotel de Mánchester, un edificio alto de ladrillo, que es elegante aún en nuestros días. Winston Churchill, más tarde, acostumbraba a ir y dejó el recuerdo de su apetito de ogro. El 4 de mayo de 1904, los dos «R» se encontraron en el comedor del establecimiento. ¡Y allí se produjo el flechazo amistoso! Henry Royce descubrió a un apasionado de la mecánica, capaz de hablar como nadie de coches, dispuesto a entrar en los menores detalles del diseño o la fabricación. Y Charles Rolls sintió admiración por el talento industrial de su compañero y ante la calidad del Decauville remasterizado. Por la noche, le confió a un amigo: «He conocido al mayor ingeniero del mundo». ¡Fantástico! Así se creó la sociedad Rolls-Royce. Para Henry, la fabricación de coches; para Charles, la promoción y la venta. Y también la definición del producto, porque el joven aristócrata conocía íntimamente las exigencias de la *beautiful people*.

Fue una magnífica asociación, que rápidamente destacó: el 40/50 HP Silver Ghost, en 1907, impresionó al público.

Al mismo tiempo, Charles Rolls vivía su otra pasión con una intensidad total: el avión. Le debemos la primera travesía del canal de la Mancha en el sentido Inglaterra-Francia, el 2 de junio de 1910. Con fanfarronería incluida... En lugar de aterrizar en Francia, dio media vuelta y volvió a cruzar el canal. Fue aclamado por su triunfo y participó un mes más tarde en un gran festival de aviación. Pero el drama lo esperaba. La cola de su aparato se rompió, el avión cayó en picado y el héroe falleció. Royce se encontró solo al frente de la firma.

Fue una carga abrumadora, a la que el empresario se dedicó en cuerpo y alma. En 1911 cayó gravemente enfermo a causa del estrés y las secuelas de la malnutrición sufrida durante la juventud. Su aparato digestivo estaba afectado. En 1912 tuvo que someterse a una complicada operación, después de la cual los médicos no ocultaron su pesimismo. No le dieron más de unos meses de vida. Sin embargo, Royce se recuperó e ignoró las recomendaciones médicas. En lugar de descansar, se sumergió de nuevo en el trabajo, de una manera casi compulsiva. Apenas se tomaba el tiempo de cuidarse o incluso de comer de forma adecuada. Sus médicos se enfadaron y lo obligaron a mantenerse tranquilo, lejos de las fábricas, en el campo de Sussex durante el verano, y en Canadel, en el sur de Francia, durante el invierno.

Se puso en marcha entonces una sorprendente logística. Una gran parte de la plana mayor y las oficinas de proyectos seguían al jefe en sus desplazamientos. Y tenían que someterse a sus horarios, dirigidos por las importantes presiones médicas que pesaban sobre él. Royce no aflojaba en nada y se mostraba, a veces, tiránico. «A pesar de esta trashumancia, que alteraba la vida familiar, los colaboradores estaban subyugados», cuenta la dinámica asociación Rolls-Royce Enthusiasts' Club (RREC), que reúne a miles de propietarios de Rolls. «Eran conscientes de trabajar con un diseñador excepcional.»

De hecho, Royce, a pesar de la enfermedad, llegó incluso a mejorar el Silver Ghost y después a lanzar los Phantom I y II. Monumentos de lujo y comodidad, pronto aceptados por las testas coronadas y las grandes fortunas del planeta.

Su genialidad fue también el desarrollo del motor de avión R, que permitió a un aparato, en 1929, batir el récord del mundo de velocidad, a 576 km/h. Henry Royce, a los sesenta y seis años, recibió un título de nobleza del rey Jorge V.

En 1931, a pesar de su precaria salud, tomó por sorpresa al mundo de los negocios al comprar la marca Bentley, entonces en dificultades. Fue una apuesta ganadora que permitió dinamizar a Rolls-Royce. El exalumno de la Escuela Politécnica e historiador del automóvil Paul Badré desarrolló un análisis muy interesante, retomado por la asociación RREC. «La perfección del Silver Ghost se debía a esta colaboración tan exitosa entre Charles Rolls, el inspirador, y Henry Royce, el fabricante, los dos destacables en su campo. Sin Rolls, Royce diseña los modelos siguientes según sus propios criterios, casi exclusivamente técnicos. Excelentes coches, pero les falta ese nervio, esa chispa que aportaba Rolls. Progresivamente, los Rolls-Royce evolucionaron a Royce-Royce. Les falta algo.» La compra de Bentley, según Paul Badré, fue la alquimia que permitió devolver a los Rolls «esa elegancia, ese aspecto deportivo, ese cariz que le faltaba y volver a hacer coches excepcionales».

Royce falleció el 22 de abril de 1933 en su casa de Sussex. Unas horas antes, todavía se empeñaba en diseñar el futuro sistema de ajuste de los amortiguadores traseros manejado desde el volante. Una placa conmemorativa situada en Canadel recuerda que «en esta propiedad, vivió, de 1911 a 1931, sir Henry Royce, mecánico». Modestia magnífica de un hombre fuera de lo común cuya herencia ha prosperado hasta nuestros días, incluso bajo la bandera de BMW, que compró Rolls, y de Volkswagen, propietario de Bentley.

Desde el primer Silver Ghost, los Phantom, Silver Cloud, Silver Shadow, Corniche, Silver Spirit, Spur y Spectre han desfilado por la alfombra roja con su silueta resistente al desgaste del paso del tiempo, su interior de lujoso salón y sus mecánicas siempre en la vanguardia de la innovación. Al final de los largos capós Rolls, a la estatuilla *Spirit of Ecstasy* no le ha salido ni una arruga. Encargada en 1911 al escultor Charles Sykes como reacción a las fantasías de mal gusto que proliferaban en las calandras de la época, vela por la solidez del templo. Algunos incluso juran que la vieron sonreír cuando David y Victoria Beckham, en el documental de Netflix que se les dedicó, rinden homenaje con un humor muy *british* al icono de Rolls-Royce. El jugador de fútbol le pregunta con insistencia a su mujer, que no quiere confesar que sus padres eran ricos: «Sé sincera, ¿en qué coche te llevaba tu padre a la escuela?».

Rotondas

Un rumor atribuye a los ingleses la paternidad de la rotonda. ¡Habladurías! Es cierto que nuestros vecinos del otro lado del canal de la Mancha perfeccionaron el principio del cruce con el *roundabout*, que da prioridad a los conductores que han entrado en el círculo sobre los que entran. Pero el mundo os debe a vosotros, amigos franceses, la invención de la rotonda, cuya aparente simplicidad cambió nuestra manera de desplazarnos. La habéis convertido en una especialidad nacional y en un tema casi pasional.

Remontémonos a la época de Francisco I. Para abrir amplias perspectivas y magnificar el espectáculo ofrecido por sus partidas de caza, el constructor Chambord mandó construir grandes plazas hacia las que debían converger las avenidas arboladas. Esta tendencia había comenzado. La nobleza, en los siglos siguientes, puso jardines a la francesa y bosques con animales en estas rotondas de dimensiones majestuosas. En el centro había a menudo estatuas del rey o monumentos a su gloria. Como si fueran una escenificación de la centralización del poder.

El segundo nacimiento de la rotonda puede fecharse en 1906. Aquel año, el arquitecto y urbanista Eugène Hénard propuso reestructurar la plaza de la Étoile, hoy plaza Charles de Gaulle, alrededor del Arco de Triunfo. La idea, después aplicada a otros cruces, era hacer circular los coches en un único sentido para que el tráfico fuera más fluido y facilitar la vida a los peatones. ¡Esto era revolucionario! Y algo urgente también. Los atascos se multiplicaban y la convivencia entre los vehículos de caballos y los de caballos de vapor se complicaba, casi amenazaba la anarquía.

En los decenios siguientes, Francia perdió su cetro de reina de las rotondas ante Estados Unidos, donde la progresión exponencial del tráfico automovilístico imponía nuevas reglas. Fue un simple paréntesis, porque, en la década de 1970, Francia volvía a tomarle el relevo. ¡Y de qué manera! Inspirándose en la rotonda inglesa, el Estado autorizó a algunas poblaciones, sobre todo en el oeste de Francia, a experimentar con las rotondas con prioridad a la izquierda. El objetivo era evitar su bloqueo por los vehículos entrantes. La primera se inauguró en Quimper en 1976, que fue un éxito inmediato al que siguieron decenas de otros proyectos. A partir de 1983, y gracias a las leyes de descentralización, el ritmo se aceleró. No había ni un alcalde que no quisiera sus rotondas monumentales, como una afirmación de su nuevo poder frente a París, como una prueba evidente de dinamismo y modernidad. Multiplicar estas obras de arte se asociaba con la extensión, nada controlada en la época, de las ciudades, los centros comerciales y las zonas urbanizadas. En poco tiempo, el país se convirtió en el campeón mundial de la disciplina.

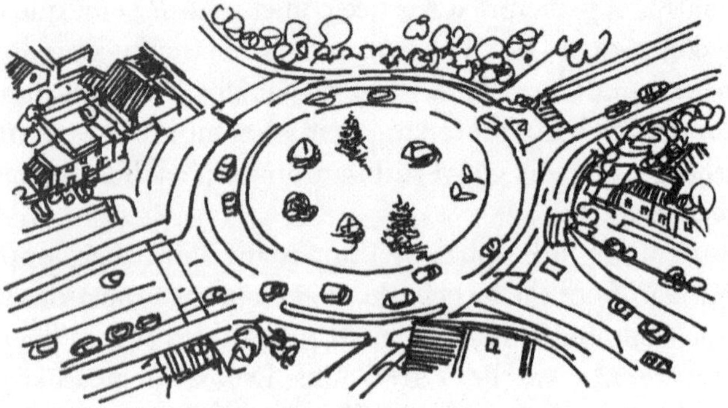

¿Cuántas rotondas hay en la actualidad? No existe ninguna estadística oficial, sólo estimaciones. Las estimaciones más fiables hablan de 60.000 rotondas. ¡Es decir, más de la mitad de todas las instaladas en el planeta y seis veces más que en Alemania! Dos ciudades se disputan el primer peldaño de este extraño podio: Toulouse y Nantes. Según la aficionada a la cartografía Yasmine Bouzid, que ha recogido los datos del sitio web OpenStreetMap, la primera contaba con 499 en 2018 y la segunda con 383. Pero, en relación con el número de habitantes, Saint-Herblain (Loira-Atlántico) es la que encabeza la lista, con 3,90 instalaciones por cada mil habitantes, frente a 1,29 para Nantes y 1,07 para Toulouse.

Tanto amor por las rotondas acabó por dar que hablar. Se decía que financiaban las campañas electorales gracias a jugosas comisiones. Sin embargo, no estalló ningún escándalo importante. Después, las leyes sucesivas sobre el financiamiento de la vida política han impedido las irregularidades.

Aunque la cuenta final de instalar tantas rotondas parece elevada. En 2014, en su libro *Éloge de l'anormalité* (Plon), el banquero Matthieu Pigasse, entonces responsable mundial de las fusiones-adquisiciones en Lazard, denunciaba esta locura. Estimaba que «las rotondas se tragaban cada año 6.000 millones de euros, de los que cerca de 2.000 millones se dedicaban sólo a la decoración de estas magníficas obras públicas». Para llegar a esta cantidad, el financiero sumaba los costes de construcción (de 400.000 a 1 millón de euros la pieza) y los de mantenimiento (de 10.000 a 70.000 euros al año). Y concluye: «El triunfo de la Francia de las rotondas es lo que da vueltas en círculo». Es cierto que algunas, situadas en una zona tranquila donde un simple cartel de «Stop» bastaría para regular la circulación, no son de una utilidad evidente. Otras traicionan una forma avanzada de megalomanía. Hace cuatro años, la asociación Contribuables Associés organizó el «concurso de las peores rotondas de Francia». Entre las «ganadoras», el reloj de sol situado en una inmensa plaza de Perpiñán: con 30 metros de largo, 22 metros de alto y 298.000 euros de presupuesto de construcción. El problema era que, para poder leer la hora, había que sobrevolar el monumento. Tampoco estaba mal el «árbol en el cielo» de Cugnaux (Alto Garona). Una escultura abstracta de 7 metros de altura que pretendía ser un «puente de unión entre la ciudad vieja y el nuevo barrio». Coste: 68.600 euros. Bueno, dejémoslo aquí, la lista es larga...

¿Hay que sacar las retroexcavadoras y destruir estos símbolos del derroche público? No es tan sencillo... Primero, hagámosles justicia, pues han conseguido dominar parcialmente al impulsivo automovilista francés, pacificar sus costumbres, hacerle levantar el pie del acelerador antes de entrar en el baile, inculcarle un mínimo de *fair-play*. «En la suavidad de sus formas, la rotonda disimula un gran número de problemas», dice acertadamente el escritor Jean-Michel Espitallier. «Su autoridad se transmite sin violencia. Es una forma de democracia directa regulada por una serie de prescripciones integradas por los usuarios, que aplican su rigor con una sutil sensación de que actúa su libre albedrío.» Los numerosos informes sobre la seguridad viaria lo confirman: el número de accidentes corporales disminuye cuando se implanta una rotonda de manera inteligente. Como argumento suplementario, esta obra permite ahorrar energía: no hay semáforos tricolores y los coches no tienen que parar y arrancar.

Para convencerse, por el absurdo, de la utilidad de la rotonda, basta con enfrentarse a la plaza de la Étoile, donde la prioridad sigue siendo clásicamente a la derecha, es decir, para los vehículos entrantes. Siempre se tiene la sensación de entrar en una plaza de toros o de subir a un *ring*. Esta plaza, para un extranjero, es una prueba iniciática. Unos amigos parisinos me lo advirtieron: «Mientras no hayas conducido alrededor del Arco de Triunfo a las siete de la tarde, no comprenderás por completo nuestra psicología». Así que me armé de valor y me metí en la *furia francese*. Una inmensa carrera de obstáculos, un *remake* de *Rebelde sin causa* (¿quién va a ceder y frenar o desviar su trayectoria en el último momento?), una selva. Contra todo pronóstico, a pesar de algunos sudores fríos, salí indemne, ¡por fin parisino!

¿Es la rotonda un factor de lucha contra el «asalvajamiento» de la sociedad? Se puede decir así. En esto, se opone radicalmente a su versión estadounidense o china: el intercambiador. Un lugar monstruoso y agresivo donde el menor error de orientación te condena a dar una vuelta de varias decenas de kilómetros. Una construcción inhumana, vertical, toda de hormigón o de metal.

A su lado, nuestra rotonda parecería casi una plaza de pueblo. En cierto sentido, lo es, con sus macizos de flores y sus decoraciones que cuentan una historia y glorifican el lugar. A la entrada de Rugles (Eure), por ejemplo, unos clavos gigantes evocan la industria histórica de la ciudad. En Plan-d'Orgon (Bocas del Ródano), la inmensa escultura de un agricultor detrás de una carreta recuerda el origen agrícola del pueblo. Hay una forma de poesía en estas postales que resumen el lugar para el automovilista de paso. Vistas desde el cielo, las rotondas incluso son de una belleza que corta la respiración cuando el pelotón del Tour de Francia circula alrededor como una larga serpiente ondulante.

Con el paso de los años, se han convertido en los corazones latentes de nuestro territorio. Si se detienen, el país se bloquea. Los «chalecos amarillos» lo demostraron al ocuparlas. Dirigieron la luz hacia la Francia del campo y las ciudades pequeñas, para las que el uso del coche es vital, las que compran sus barras de pan a precio de ganga en Marie Blachère, Ange o Louise, apodadas las «panaderías de la rotonda». Estos letreros en pleno desarrollo marcan la entrada de las ciudades, en el borde de la rotonda. De muy fácil acceso, a menudo colocadas al lado de un supermercado Grand Frais, hacen sombra a los comercios del centro urbano y de las grandes zonas comerciales.

Así, ese feo apéndice viario, con el paso del tiempo, se ha incorporado suavemente, casi como un intruso, a nuestro patrimonio cultural.

Ruta 66

No importa si se entra en la Ruta 66 por Los Ángeles, Flagstaff, Albuquerque o por un agujero como Texola (Oklahoma). La sensación es la misma, la de llamar a la puerta de un monumento clasificado, la de cruzar el umbral de una leyenda. A lo largo de los kilómetros, que no pasan muy deprisa (con la velocidad limitada a 65 mph, unos 100 km/h, y el *sheriff* no se lo toma a broma), se hojea el gran libro de la historia de Estados Unidos. No es por casualidad que esta larga cinta de 3.942 kilómetros que une Chicago con Santa Mónica (California) se conozca como *the Mother Road*, «la ruta madre». Es la que cuenta la conquista del Oeste, cruza los lugares importantes de la construcción del país e ilustra el auge fulgurante del automóvil. Todos llevamos en el corazón un pedazo de la 66, realmente vivido o imaginado. En todos los casos, es muy intimidante. Ninguna otra carretera en el mundo ha inspirado tanto a la literatura, el cine y la música: las novelas de John Steinbeck (*Las uvas de la ira*) y de Jack Kerouac; las películas *Buscando mi destino*, *Bagdad Café*, *Thelma y Louise*, *Forrest Gump* o *Cars*; el jazz de Nat King Cole, los Rolling Stones, Chuck Berry, Bruce Springsteen..., así se construyen los mitos. ¿Y la realidad? Fue dura, despiadada, homérica, como muy a menudo sucede en Estados Unidos.

La idea de un gran eje transcontinental este-oeste surgió a principios del siglo XX. Para unir los dos océanos, entonces sólo existía el ferrocarril, inaugurado en 1869. Se necesitaban dos días y tres noches para recorrerlo. La red viaria era incipiente y caótica. Llegaba a ciudades y pueblos sin un plan estructural global. Pocos caminos estaban asfaltados, muchos se dirigían al desierto, las llanuras o las montañas, y acababan en un callejón sin salida. Sin embargo, cada día, el automóvil adquiría un poco más de importancia. Ford inventaba el ensamblaje en cadena y lanzaba su modelo T, abriendo la senda al transporte individual de masas. En 1910, Estados Unidos sólo contaba con 180.000 vehículos de motor. Diez años más tarde, había 17 millones. Algo vertiginoso.

En 1916, ¡por fin!, el Estado federal se decidió a actuar. El presidente Woodrow Wilson inició una auténtica política global de transportes. En el horizonte, estaba la creación de la primera red entre estados.

Este proyecto faraónico se confió a un empresario de Tulsa (Oklahoma), Cyrus Avery, y se validó en 1925. Al año siguiente, empezaba la obra de la Ruta 66. En realidad, ¿por qué se eligió este nombre? Por lógica, habría tenido que llevar el número 60, según un orden creciente de oeste a este y de sur a norte. Las carreteras impares seguían un eje norte-sur, y las pares, un eje este-oeste. *Damned!* El número 60 se había atribuido poco tiempo antes a una carretera que cruzaba Kentucky y Virginia. ¿Entonces, 62? No, Cyrus Avery prefirió el 66, que sonaba bien y cuyo doble seis traía suerte, decían. ¿Y por qué «ruta» y no «carretera»? Pues igual que la «Ruta de las Indias» o la «Ruta de la Seda». El término hace pensar en un descubrimiento, un viaje largo, una epopeya.

Y, de hecho, los inicios fueron épicos. Miles de obreros sufrieron para avanzar kilómetro a kilómetro en un trayecto que seguía, más o menos, el del ferrocarril. Muchos tramos todavía eran de tierra batida. Los días de lluvia intensa, la pista se transformaba en un torrente de barro.

Para dar a conocer la nueva ruta, sus promotores organizaron, en 1928, una carrera pedestre gigante que se inspiraba en nuestro Tour de Francia ciclista. Una desmesura total, con etapas de 26 a 130 kilómetros y caravanas de acompañantes al estilo circense. La dirección presumía de «la hazaña atlética más prodigiosa de toda la historia». Los deportistas dormían en campamentos de tiendas, soportaban calores extremos y fríos penetrantes. Evidentemente, los abandonos diezmaron sus filas: 275 competidores a la salida; 55 a la llegada. Después de ochenta y siete días de calvario, el ganador, un tal Andy Payne, se llevó el premio de 25.000 dólares (una gran suma de dinero en la época), que decidió invertir en la granja familiar. El acontecimiento, que empezó con gran indiferencia, ganó notoriedad con el paso de las semanas. Al final, todo Estados Unidos se entusiasmó por las obras de la Ruta 66. En unas semanas, la 66 se hizo famosísima.

Todo ello no impidió que la crisis de 1929 obligara a detener las obras. Y el camino se llenó de largas procesiones de familias arruinadas que partían hacia el Oeste con la esperanza de una vida mejor. Lo mismo ocurrió, unos años más tarde, cuando una despiadada sequía, seguida de monstruosas tormentas de arena, expulsó de sus tierras a miles de familias del Medio Oeste, que se pusieron en marcha en dirección a California. La 66, que John Steinbeck llamaba «la ruta de los refugiados», entró entonces un poco más en el imaginario colectivo del país. ¡Pero seguía sin estar totalmente asfaltada!

Hubo que esperar a 1938 para que lo estuviera y se convirtiese en la importante arteria que irrigaría toda la economía del país durante las siguientes dos décadas.

Se impuso con mucha rapidez como el símbolo de la modernidad, la libertad, la movilidad, el viaje y los cambios de vida fáciles. Y, por encima de todo, era un himno al coche. O a la moto. O al camión. O a la autocaravana. En suma, a todo lo que tenía ruedas y un motor.

A lo largo de ella, surgieron tiendas de comestibles, estaciones de servicio, *diners*, *drive-in* y moteles (contracción de «motor» y «hotel») como setas después de la lluvia. La especulación era intensa, aparecieron nuevas ciudades y los letreros de neón rivalizaban en brillo. Para atraer la atención en esta selva que había crecido tan rápido, los comerciantes erigieron personajes publicitarios de 5 a 10 metros de alto de fibra de vidrio, llamados *muffler men* (*muffler*, de «tubo de escape»). Aquellos colosos, según su apariencia o según lo que tenían en las manos, simbolizaban la actividad de su propietario. Se convirtieron en iconos, cada uno con su nombre. Entre mis preferidos, Tall Paul y su perrito caliente gigante, Paul Bunyan y su hacha de leñador, Chicken Boy y su cabeza de pollo. La 66 experimentó un *boom* excepcional, en medio de una cierta anarquía. Los dólares manaban a borbotones.

Y después, de repente, con tanta fuerza como había despegado, la ruta empezó a decaer. La mala pasada se debió al presidente Dwight Eisenhower, admirador de las autopistas alemanas, que lanzó, en 1956, el National Highway Program. Una obra muy ambiciosa de vías rápidas interestatales, anchas, bien cuidadas y directas que debían rodear las ciudades para evitar el centro. Eran infinitamente más seguras que la 66, cada vez más peligrosa con el paso de los años. Hasta el punto de ser conocida también como *Bloody Highway* o *Death Alley*. La causa era su estrechez, unas señalizaciones escasas, pocos pasos protegidos para los peatones, atascos monstruosos... Así fue como se desclasificó progresivamente, hasta 1985, cuando perdió por completo su estatuto de ruta nacional. En la actualidad, algunos tramos están invadidos por las malas hierbas, los anuncios publicitarios se han convertido en *ghost signs* («carteles fantasma») y el número de moteles abandonados se estima en tres mil. A veces, las carcasas de bellezas americanas cubren los arcenes, y las ruinas de gasolineras, garitos o *general stores* invaden el paisaje.

Sin embargo, invencible, la fuerza de evocación de la Ruta 66 es tal que miles de apasionados continúan recorriéndola cada año. Las ciudades fantasma incluso constituyen un decorado para el romanticismo loco. La gente se sumerge con alegría en el ambiente *vintage* que los municipios y los empresarios cultivan con astucia.

Así pues, la 66 conserva el recuerdo de la ruta más sentimental del mundo y deja que rivales extranjeros le arrebaten otros superlativos, como el de ruta nacional más larga del mundo. Se trata de la Highway 1 en Australia, de 14.500 kilómetros, que une Perth, Brisbane, Sídney y Melbourne. La palma de la vía transitable más alta se la lleva la India. Pasa por el collado de Khardung La, a 5.602 metros de altitud, después de atravesar unas carreteras escarpadas con curvas cerradas capaces de hacer estremecer a los equipos de *Misión imposible*. Sin embargo, no es la más peligrosa del mundo... Esta distinción corresponde a la carretera de los Yungas, en Bolivia, situada a 4.000 metros de altitud; con 60 kilómetros de curvas muy cerradas, de arcenes llenos de baches sobre el abismo y de conductores decididos a forzar el paso a pesar de la estrechez del lugar. Todos los años, decenas de accidentes justifican su nombre de «carretera de la muerte». Infinitamente más seguro, por supuesto, es el eje que une la ciudad saudí de Harad y la frontera con los Emiratos Árabes Unidos: se lleva el premio al itinerario más rectilíneo del mundo, 263 kilómetros rodeados hasta el infinito por el desierto, sin una curva. Y cambio de perspectiva con la carretera más aérea del globo: está en China, en la provincia de Guizhou, sobre el puente atirantado de Beipanjiang, a 565 metros del suelo, y da vértigo seguro. ¿Y la más cara del mundo? Vacilo en decirlo, porque, según varios estudios, sería... francesa. Se llama «nueva carretera del litoral», se encuentra en la isla de Reunión y se ha ganado al mar. Sus numerosas obras de arte, diques y viaductos deben evitar los derrumbamientos de rocas que bloqueaban con frecuencia la circulación. Un inmenso progreso y una proeza técnica. Pero la factura hizo poner mala cara al Tribunal de Cuentas y a algunos políticos: 2.500 millones de euros para 12 kilómetros. Los constructores de la 66 no se lo creerían...

S

Sagan, Françoise

Por debajo de 200 CV, Françoise Sagan no discutía. Jaguar XK140 (comprado gracias al éxito de su primer libro), Type E, Aston Martin DB2, AC Bristol, Ferrari 250 GT California, Mercedes SL..., a la autora de *Buenos días, tristeza* le gustaba apasionadamente la caballería pesada. La fustigaba, circulaba a tumba abierta, acompañada de su pandilla de amigos de Saint-Germain-des-Prés. A pesar de su baja estatura, 1,65 metros, manejaba con puño de hierro los grandes volantes (no había dirección asistida en la época) y las duras palancas de cambios (sin sincronización). Adoraba la conducción rápida y la adrenalina que proporcionaba: «Quien no ha amado nunca la velocidad nunca ha amado la vida, nunca ha amado a nadie».

Nos situamos después de la guerra, tras escapar de tanto horror, y la gente quería recuperar el tiempo perdido, aprovechar a tope la vida, se sentía invencible. Con este cóctel, la salida de la carretera era inevitable. Se produjo en abril de 1957, cerca de Milly-la-Forêt (Essonne), a más de 150 km/h. Dos vueltas de campana, el Aston Martin volcado hacia abajo, y Sagan con fracturas múltiples, pero salvó la vida. Una suerte que no tuvieron James Dean ni Albert Camus, ambos fallecidos cuando circulaban a gran velocidad. El primero, en 1955, al volante de su Porsche 956. El segundo, en 1960, a bordo del Facel Vega conducido por su editor Michel Gallimard.

«Cuando conduzco, quiero ser una con la máquina», decía la joven prodigio de la literatura. Y también: «Un automóvil no es sólo un instrumento de transporte, también es un elemento mítico, el instrumento posible de nuestro destino, capaz de perdernos y de salvarnos [...]». A propósito de ella, François Mauriac, que la llamaba su «encantador monstruito», decía: «¿El diablo ha sido enviado a la tierra en un coche deportivo?». En cambio, pobre del que no pudiera compartir estos placeres. Uno de los personajes de su novela *Dentro de un mes, dentro de un año* se describe como «un conquistador desarmado», porque no poseía un bólido. A lo largo de sus páginas, a Françoise Sagan le gustaba desarrollar la metáfora mecánica. Y describía con precisión esos pequeños momentos que muchos hemos experimentado en coche. «Recuperaba gestos de hombre solo al volante. [...] La manera de encender un cigarrillo mientras conducía con una mano, el juego de luces en la carretera y de códigos, esas señales de temor y de amistad que envían los conductores de la noche [...].»

Por supuesto, su apología de las drogas y el alcohol la descalificaba para convertirse en un icono de la seguridad viaria. Pero los *gentlemen drivers* se lo perdonaban todo. ¿Acaso no había aportado la más bella prueba de amor al salvar de la quiebra la empresa de Amédée Gordini? En 1956 le compró uno de los dos ejemplares del 24S de ocho cilindros, un espectacular coche de competición. El precio: exactamente el importe de las deudas que pesaban sobre el genial mecánico apodado «le Sorcier». Éste, de nuevo a flote, empezó en 1957 su asociación con Renault, que dio origen a los famosos Dauphine y R8 Gordini.

Más tarde, en mayo de 1968, la novelista amiga de la izquierda acude a un mitin en el teatro del Odéon, al volante de su bólido del momento. Los estudiantes la acogen fríamente: «¿La camarada Sagan ha venido en su Ferrari para animar la revolución?». No, es un Maserati», responde, magnífica.

En cambio, le llevará mucho tiempo desmentir la información de un periodista del *Paris Match*, según la cual conducía descalza para sentir mejor el contacto con la máquina. Era una pura invención, pero la idea debía de gustarle bastante.

Sainz (padre e hijo)

por Carlos Sainz, piloto

Graham Hill y Damon Hill, Jos Verstappen y Max Verstappen, Mario y Michael Andretti..., no es raro que un padre y su hijo compartan la misma pasión por el deporte automovilístico. Pero es mucho menos frecuente que sigan su carrera, con éxito, los dos al mismo tiempo. Es lo que nos ocurre a nosotros: en 2024 gané mi cuarto Dakar al volante de un Audi, mientras mi hijo Carlos se llevaba dos grandes premios de Fórmula 1 para Ferrari. ¿Tenemos un don especial para la velocidad? ¿Hemos trabajado más o menos que los demás? ¿Mis consejos han desempeñado una función? Estoy tentado de contestar afirmativamente a estas preguntas. En cualquier caso, me siento orgulloso de que nos fuera bien. ¡Y esto no ha terminado, porque todavía tenemos, tanto él como yo, retos pendientes!

Esta historia se inició en los años sesenta del siglo pasado. Mi apetito por la competición automovilística llegó de forma bastante natural en la infancia. Me gustaban los nuevos coches y los modelos en miniatura. Empecé muy pronto a interesarme por la competición. El interés aumentó a los 11 años, cuando mi hermana empezó a salir con un piloto de *rallies* de la escudería Chrysler, que se convertiría más tarde en su marido. Aquello forzosamente alimentó esta pasión naciente y generó en mí mucho interés por los *rallies*. Sobre todo, porque mi hermano, cuatro años mayor que yo, compartía esta pasión. Cuando cumplió los 18 años, empezó a participar en carreras locales. Yo sólo tenía una idea en la cabeza: imitarlo a la misma edad. ¡Cosa que hice! Mi carrera empezó en aquel momento. Mi padre no intervino para nada en esta decisión. Es cierto que le gustaban los coches, pero no estaba implicado en el deporte automovilístico.

Recuerdo con emoción mi primera carrera, al volante de un Renault 5 TS. Era un *rally* que tenía lugar al lado de Madrid. Hice varias incursiones en los circuitos, pero, desde el principio quise centrarme en los *rallies*. Empecé con rapidez a ganar carreras: el Trofeo Seat Panda, la Copa Renault 5 Turbo y el campeonato de *rally* de la región madrileña. Lógicamente, subí al nivel superior, el Campeonato de España de Rally. Tuve la oportunidad de conducir por primera vez un coche de fábrica en el Rally de Cataluña. Fue muy bien, puesto que acabé segundo. En este momento se fijaron en mí: Opel y Renault lucharon por contratarme en su equipo oficial. Después de muchas vacilaciones, opté por Renault. Hice mi primera carrera internacional en el Rallye des Garrigues de Francia.

En 1987 me uní a Ford. El coche utilizado era un Sierra Cosworth. Sabían que quería correr al nivel internacional. Por lo tanto, me propusieron participar en el campeonato español y en tres rallies del Campeonato del Mundo. Empecé en el Rally de Portugal. Tuve la suerte de ganar una primera prueba especial y después una segunda. Por desgracia, el Sierra Cosworth todavía no era fiable, así que me vi obligado a abandonar. También participé en el Rally de Córcega y en el Rally RAC de Gran Bretaña. Allí conseguí mis primeros siete puntos. ¡No está mal para un principiante! Aquel año fui además campeón de España. Como mis primeros pasos se consideraron concluyentes, al año siguiente el equipo oficial de Ford me inscribió en cinco *rallies* del Campeonato del Mundo. Con cierto éxito, puesto que terminé dos veces quinto, en Córcega y en Italia. Corriendo mucho menos que los otros pilotos, terminé el undécimo en la competición. Esto explica que me contratara Toyota para el año 1989. Después de unos inicios algo laboriosos, conseguí subir por primera vez al podio en la última carrera de la temporada, el Rally de Gran Bretaña. Mi primera victoria se produjo al año siguiente, en el Rally Acrópolis. ¡Tiene un lugar muy especial en mi memoria! A continuación, gané otras tres pruebas, lo cual me permitió convertirme en campeón del mundo. ¡Era el primer piloto extranjero que ganaba para un fabricante japonés!

Hice una carrera muy larga en los *rallies*. Después de este primer título, pasé de una escudería a otra. Conduje sucesivamente para Subaru, Ford, Citroën y de nuevo para Toyota. Me convertí por segunda vez en campeón del mundo en 1992 y fui cuatro veces subcampeón del mundo. ¡Era joven, viajaba trescientos días al año, la vida pasaba rápido, pero era bella! Cuando dejé los *rallies*, me pasé al Dakar. Mi amigo Colin McRae, un piloto británico que había conocido en Subaru, fue quien me convenció para probar suerte. Pensaba que era un estilo de prueba hecha específicamente para mí. Yo lo dudaba un poco, no me imaginaba circulando por las dunas, pero él me abrió los ojos. Necesitaba un objetivo: me dije que iba a intentar ser el primer piloto español que ganara el Dakar en la categoría de automóviles. Me uní al equipo de Volkswagen y, después de varios intentos, conseguí la victoria. Mi orgullo es haber superado esta prueba tan especial con cuatro fabricantes diferentes, la última con Audi. Pero esta historia no ha terminado. Ahora, mi objetivo es ganar por quinta vez con una quinta marca, Ford, con quien estaré durante dos años. ¡No quiero abandonar el Dakar con un fracaso!

Mi hijo Carlos nació en 1994, cuando mi carrera de piloto de *rally* estaba en pleno apogeo. Cuando dejé los *rallies* en 2004, Fernando Alonso se convertía en campeón del mundo de Fórmula 1. Llevé a Carlos a ver el Gran Premio de Barcelona. Nos encontramos con Michael Schumacher y Fernando Alonso. Era evidente que la competición lo atraía. No lo presioné mucho, pero empezó a hacer carreras de *karting* a los 9 años. Se introdujo cada vez más en este deporte. Yo le advertí sobre ello: «Sé que quieres ser piloto, que te gustan de verdad las carreras, pero no será fácil. Estoy dispuesto a ayudarte, pero con una condición: en la vida, hay que hacer las cosas con seriedad. Quiero que continúes tus estudios como de costumbre». Fue lo que hizo, aunque no sin dificultades: el domingo por la noche, a veces llegaba muy tarde a casa y tenía que ir a la escuela el lunes por la mañana, mientras que algunos de sus amigos, que seguían cursos a distancia, iban de un circuito a otro. Valió la pena: estoy contento de que aprobara los exámenes para entrar en la universidad. Después, evidentemente, se concentró en la competición. Durante aquellos años de aprendizaje, vi con rapidez que tenía aptitudes, que tenía talento para triunfar. Así que me decía que todo iría bien para él. Después del *karting*, pasó a fórmula BMW a los 16 años, antes de participar en Fórmula Renault y Fórmula 3. En aquel momento, yo todavía no estaba seguro de que llegara a Fórmula 1. Por eso insistí mucho para que continuara los estudios. La vida de piloto siempre es más complicada de lo que parece. Pero consiguió llegar al nivel más alto. Primero en la escudería Toro Rosso y después con Renault. Entró en los puntos varias veces antes de pasar a McLaren. Durante la temporada 2020 subió por primera vez al podio en el Gran Premio de Brasil. Con Ferrari, superó una nueva etapa, encadenó buenos resultados y obtuvo una primera victoria en 2022 en el Gran Premio de Gran Bretaña. También ganó otras tres carreras en 2023 y 2024, frente a una competencia muy fuerte. En mi opinión, se ha convertido en uno de los mejores pilotos de Fórmula 1. Estoy orgulloso de lo que ha hecho. Todavía lo ayudo, acompañado de mi sobrino. Asisto a una media de ocho grandes premios al año. Pero ha crecido, ya no es un niño, aunque está contento de reunirse con nosotros en cuanto puede para las reuniones familiares de Navidad, por ejemplo. Ha madurado, controla su profesión y ahora toma las decisiones a su manera. También tiene su propio carácter, su manera de comprender la vida y de enfocar las carreras. Por estas razones, mi presencia ya no es tan necesaria. De vez en cuando, todavía me pregunta cuál es mi opinión. Si lo puedo ayudar, lo hago con gusto. Pero ahora es su turno.

Lo más importante es que progrese todos los años. Me gusta su enfoque de la F1, la manera en que trabaja y aborda las carreras. Intenté formarlo, transmitirle lo que a mí me funcionó, mi manera de abordar la competición. Tener talento no basta, también hay que creer en uno mismo, pensar que nada es imposible, ser disciplinado, prestar atención a los detalles y trabajar duro. Esto no son sólo palabras. Tiene la suerte de ver cómo preparo todavía el Dakar a los 61 o 62 años. ¿Será campeón del mundo como Damon Hill o Max Verstappen? Creo que posee el talento necesario para serlo. Pero, a veces, esto no es suficiente, también hay que estar en el lugar adecuado en el momento adecuado. Espero que un día haga realidad su sueño. Pero todavía es demasiado pronto para decirlo. Mentiría si dijera que no me decepcionó que dejara Ferrari. Está muy motivado con el proyecto Williams. Esta escudería quiere recuperar el contacto con los de mayor nivel. Seguramente tomará tiempo, pero una nueva aventura empieza para él.

Seat

De mis años pasados al frente de Seat, guardo muchísimos buenos recuerdos y una colección de amigos muy queridos. Me encantó la vida en Cataluña. Me gustan mucho los españoles en general, que son tan cálidos y agradecidos con el trabajo bien hecho. En el aspecto profesional, esta experiencia fue decisiva en mi aprendizaje de la función de directivo de una gran compañía. Aprendí, por ejemplo, a hacer productiva una empresa que nunca lo había sido realmente. También dirigí la creación de una nueva marca, Cupra, sin solicitar los medios a mi accionariado. ¡La prueba de que innovar con poco, pero rodeado de un equipo formidable, es posible!

El grupo Volkswagen me propuso ocupar la presidencia de Seat en noviembre de 2015. Había comprado la empresa cerca de veinte años antes, en el momento en que el mercado español empezaba a salir de la autarquía de los años franquistas. Un cambio histórico: hasta entonces, Fiat era quien ejercía su influencia sobre la marca barcelonesa. ¡Desde hacía décadas!

En efecto, cuando se crea, en 1950, la Sociedad Española de Automóviles de Turismo, pertenece en un 7 por ciento al fabricante de Turín. La idea es desarrollar bajo licencia modelos derivados de la gama de Fiat destinados al mercado español, con el apoyo técnico de los ingenieros italianos. La estrategia se aplica de entrada con el lanzamiento del Seat 1400, fiel copia del Fiat 1400, y después, en 1957, con el Seat 600, procedente del famoso Fiat 600. Este último tiene un gran éxito, puesto que se considera que, a principios de la década de 1970, representa un cuarto del total del parque español en circulación. En ese momento, Seat produce más de dos millones de vehículos, una parte de los cuales se exporta a los países de América Latina. Por etapas sucesivas, Fiat va aumentando su participación en el capital de la empresa, hasta convertirse en accionista al 50 por ciento poco después de la muerte del general Franco. Lo lógico sería que Seat hubiera pasado entonces a estar completamente bajo el control transalpino. Al menos, el grupo de Agnelli parece hacer lo posible para que sea así. Pero dos factores frustran este intento. En primer lugar, el Estado español, que interviene en la operación, le impone, para salvar miles de empleos, comprar a precio elevado la fábrica cercana a Pamplona del británico British Leyland, que ha quebrado, lo cual compromete sus cuentas financieras. En segundo lugar, a finales de la década de 1970, la empresa Fiat se enfrenta también a una crisis social en Italia. El gigante italiano, acusado en su país de querer deslocalizar una parte de su producción a España, pero también muy preocupado por el exceso de plantilla de Seat, que finge que ha descubierto gracias a una última auditoría, renuncia *in extremis* al proyecto en abril de 1979. Dado que quiere acabar rápido, cede todas sus acciones al organismo público INI (Instituto Nacional de Industria), que gestiona las participaciones del Estado español en el sector industrial, por un importe irrisorio: ¡una peseta por acción!

Ahora, en modo pausa, Seat experimenta el hundimiento de sus volúmenes de producción y sus cuotas de mercado. En este momento, el grupo Volkswagen entra en escena. En 1982 firma un acuerdo para convertirse en socio industrial y comercial de Seat. El gobierno español acepta sacar a flote la empresa y le cede el 50 por ciento del capital. Los primeros efectos positivos no se hacen esperar. El primer Seat original de la historia, el Ibiza, nace en 1984 sobre la base de un proyecto destinado inicialmente al Golf. Su concepción corresponde a uno de los maestros italianos del diseño, Giorgetto Giugiaro, y se dota con motores de gasolina diseñados por Porsche. Por desgracia, el Ibiza y el Málaga, su versión de tres cuerpos, tienen serios problemas de calidad, lo cual frena las ventas.

En lugar de retroceder ante las dificultades, Volkswagen decide implicarse más. En 1986, la empresa alemana adquiere, en dos fases, el 99,99 por ciento del capital del fabricante. Empieza la operación de renovación de Seat: se modernizan las herramientas industriales y la gama por fin se fortalece; además, se lanzan modelos emblemáticos, como el Toledo, coche oficial de los Juegos Olímpicos de Barcelona 92, o el nuevo Ibiza, desarrollado en 1993 sobre la base del Volkswagen Polo.

Pero estos esfuerzos no se ven recompensados económicamente. Entre 1986 y 2015, Seat no consigue tener buenos resultados económicos. Cuando asumo mis funciones, llego de Audi, donde la situación financiera es excelente. Algunos no comprenden esta elección. La verdad es que lo mío no es dirigir cuando brilla el sol, yo prefiero manejarme bajo la tormenta. ¡Me encanta lidiar con los problemas! Además, yo quiero dirigir, gestionar, donde sea. En Wolfsburgo, desde hacía ya varios años se contemplaba ir abandonando Seat, contentarse con utilizar sus fábricas para producir Volkswagen o Audi. Yo pienso, en cambio, que con un poco de creatividad se puede invertir esta situación. Tengo un plan que pongo en marcha de inmediato. Mi idea es dar por fin un ADN a esta marca, que se ha contentado durante demasiado tiempo con hacer modelos inventados por otros. Y dejar de limitarla a ser el proveedor *low cost* del grupo Volkswagen. Con una marca no se corre tanto peligro como si sólo se tiene una fábrica.

Para conseguirlo, decido poner a Seat en conexión con todo el ecosistema de Barcelona. Porque esta ciudad tiene una imagen joven, moderna, abierta al mundo. Quiero que se imaginen coches que muestren un carácter latino, algo que a los españoles les gusta mucho. El nuevo Ibiza, el crossover Arona o el SUV Ateca ilustran este enfoque.

Decido también lanzar una nueva marca en el segmento del coche eléctrico. Decido que debe diferenciarse por completo de Seat. ¿Cómo se podría llamar sin efectuar estudios largos y costosos? Resulta que disponemos de un activo, el sello Cupra, abreviación de Cup y Racing, que se utiliza en las versiones deportivas de algunos modelos. ¡Es difícil encontrar algo mejor! Así que optamos por este nombre, con el que todo el mundo está de acuerdo. Partiendo de una hoja en blanco, se puede crear una auténtica ruptura en una empresa con la imagen que ofrecía en el pasado, tal y como hacen los nuevos fabricantes chinos. Organizo un equipo, entusiasta y complementario, compuesto por los mejores talentos de Seat.

En el aspecto emocional, todos afrontamos una situación muy delicada. Partimos sin ningún medio específico concedido por nuestro accionariado. Tenemos que luchar con éste y con sus representantes, que a veces nos miran con condescendencia. Pero el proyecto funciona más allá de nuestras expectativas. El modelo Formentor tiene un inmenso éxito. ¡Es algo mágico!

Durante mis cuatro años en Barcelona, Seat gana dinero. Y la *start-up* Cupra obtiene, unos años más tarde, la mejor rentabilidad del grupo Volkswagen. Me habían dicho que enderezar Seat era una misión imposible. Estoy orgulloso de poder decir hoy que se ha cumplido la misión. Me marché para dirigir Renault, pero sé que Seat está en manos de un equipo excelente.

Sector

por Luc Chatel, exministro,
presidente de la Plataforma del Automóvil de Francia (PFA)

La industria del automóvil es la encarnación del ingenio francés. Francia inventó el automóvil a finales del siglo XIX y fue una gran nación automovilística en el siglo XX. Es extraordinariamente complejo fabricar coches: hasta hace poco, menos de diez países en el mundo dominaban el conjunto de la cadena de valor de esta industria. Con la transformación histórica que vivimos, sin duda la más importante que ha conocido el automóvil desde su invención, ¡todo cambia! El juego se vuelve abierto, como lo era en tiempos de los pioneros del sector. Y ahora la cuestión es saber si Francia figurará en la primera fila entre los líderes del automóvil del siglo XXI. Éste es el reto que hace absolutamente apasionante el período actual.

Hasta la Segunda Guerra Mundial, Francia vio nacer incomparables genios industriales que encarnaron aventuras humanas fantásticas. Nuestro país era el centro industrial del mundo. En las décadas de 1920 y 1930, se producían aquí los coches más bonitos: los Hispano, los Delahaye, los Bugatti..., sin olvidar los Stella, la marca de gama más alta lanzada por Renault, mucho antes de que Toyota creara Lexus. Louis Renault era un genio. También André Citroën lo era. Durante más de dos decenios, tuvo lugar una emulación fascinante entre estos dos hombres. Cuando uno se instalaba en Billancourt y en la isla Seguin, el otro respondía llegando al muelle de Javel. Una emulación creadora de valor como nunca se ha dado. Somos los herederos de este patrimonio industrial inaudito.

Es un patrimonio que se manifiesta actualmente a través de todo un sector, anclado en el corazón de nuestras regiones francesas. A través de 4.000 centros industriales, más de 350.000 empleos directos (850.000 si se incluyen las actividades de servicio), el sector del automóvil, que representa una sexta parte de las actividades de la industria manufacturera francesa en su conjunto, desempeña un papel estructurador para la economía del país.

El sector del automóvil lo forman nuestros grandes fabricantes de vehículos y equipos, por supuesto, pero también los proveedores y los subcontratistas, que despliegan su incomparable experiencia en una diversidad de campos que constituyen la excelencia de nuestra industria, de la mecánica a la industria de los plásticos, de la fundición a la microelectrónica, del caucho a los programas informáticos...

Este sector es el resultado de un siglo de audacias industriales que han permitido a nuestro país dominar todos los eslabones de la cadena de valor. Es un orgullo francés.

Hoy, ante las transformaciones sin precedentes que vivimos, formar un «verdadero equipo de Francia» del automóvil se impone como un imperativo. Las tres revoluciones que hacen bascular nuestro modelo, del motor de combustión al eléctrico, del hardware al software y de una lógica exclusivamente industrial a una lógica de oferta de servicios de movilidad, son retos colaborativos.

Actuar colectivamente se ha convertido en una exigencia, porque, frente a este cambio de modelo, ningún actor saldrá adelante solo. Hay que actuar colectivamente, pero también descompartimentar, pasando de formas de pensar verticales a enfoques ágiles y horizontales, en ecosistemas, y asociando a todos los miembros de una cadena de valor profundamente transformada y ampliada a nuevos actores (energía, datos e inteligencia artificial, economía circular...).

En el momento del retorno de los pioneros, el sector del automóvil aparece actualmente como el primer motor de la innovación, tanto en Francia (se emplean 7.000 millones de euros anuales en I+D) como en Europa (representa un tercio de los gastos de I+D de la Unión Europea). La industria automovilística va hacia la innovación, es algo que está inscrito en su ADN. Para recuperarse después de una crisis, para aceptar nuevos retos, para recuperar terreno frente a los competidores que emergen, el sector del automóvil innova.

Asimismo, para reconquistar nuestra soberanía tecnológica y reforzar el tejido industrial francés, nuestro sector invierte en Francia como nunca desde hace cincuenta años.

Los industriales comprometen decenas de miles de millones de euros en el marco de inversiones creadoras de empleo en las nuevas cadenas de valor.

En el ámbito de la electrificación y las baterías, se pueden citar las inversiones, por ejemplo, en Alta Francia, de ACC, Renault-Envision, Verkor y ProLogium; están también los esfuerzos de innovación de Valeo, a través de su proyecto de motor eléctrico de alta tensión sin tierras raras.

En el ámbito del hidrógeno, se encuentran las inversiones en Auvernia-Ródano-Alpes de Forvia, Michelin y Stellantis, a través de Symbio; o también de Plastic Omnium, con su proyecto de depósito de hidrógeno en Oise.

Respecto a los materiales de huella de carbono muy baja, se incluyen las inversiones de Forvia en Auvernia-Ródano-Alpes con su filial Materi'Act, que tiene el propósito de contribuir de manera decisiva a la neutralidad de carbono de la industria automovilística.

Frente al reto climático, el sector del automóvil se posiciona como una industria de soluciones. Y este esfuerzo sin precedentes de innovación y de inversión lo convierte en el primer sector que inicia con tanta rapidez su transformación.

En el corazón del sector del automóvil, se encuentra indudablemente esta capacidad de compartir la innovación, de democratizarla, de transformarla en progreso. Hoy, quiere hacer converger el propósito ecológico y la libertad de movimiento.

El automóvil concentra en su fabricación multitud de tecnologías, pero esto no debe convertirlo en un producto de lujo. Por naturaleza, el automóvil es popular y esto es lo que constituye su éxito. La razón de ser del sector del automóvil, ayer, hoy y mañana, es hacer accesible a todos la libertad de movimiento.

Y, frente a uno de los mayores retos del siglo XXI, nuestra industria está a punto de demostrar una vez más su capacidad de estar, como ha estado siempre, a la vanguardia de las grandes transformaciones de la sociedad, de reinventarse para hacer de la movilidad un avance compartido por todos.

Seguridad

por Jean Todt, enviado especial
del secretario general de la ONU

Empecé mi carrera automovilística en un momento en que la competición era muy peligrosa. Con los años, la seguridad pasó a formar parte de los avances importantes en este mundo de la competición. Me preocupé por ello muy pronto, hasta el punto de convertirlo en uno de los pilares de mi actividad.

El halógeno se introdujo en todas las categorías de coche monovolumen bajo mi presidencia de la FIA (Federación Internacional del Automóvil). Sin embargo, tuve que enfrentarme a numerosas reticencias, porque, cuando se está convencido de que algo es positivo y puede salvar vidas, hay que luchar por ello. Por otra parte, en la actualidad, la seguridad también es un aspecto clave en mi función de enviado especial del secretario general de Naciones Unidas para la seguridad viaria.

Al principio, cuando formaba parte de un equipo de *rally*, ignoraba el peligro, no lo medía. Pero, poco a poco, tomé conciencia de los riesgos y empecé a protegerme. Después, cuando me convertí en jefe del equipo de Peugeot o de Ferrari, una de las prioridades de mi plan de trabajo era hacer coches y equipamientos lo más seguros posible. Por desgracia, todavía fui testigo de accidentes, a veces muy graves. Así que consideré que era importante actuar en este aspecto de la seguridad.

Con mi amigo el profesor Gérard Saillant, un cirujano ortopédico de renombre, decidimos crear el ICM (Instituto del Cerebro y la Médula Espinal), que reúne a mil investigadores en el hospital parisino de la Pitié-Salpêtrière. Cuando llegué a Ferrari, en 1993, decidimos abordar de frente la cuestión de los accidentes en la pista. La seguridad se convirtió en una prioridad absoluta. La consecuencia fue que entre 1994 y 2023 hubo un único muerto en la pista: el joven francés Jules Bianchi, fallecido en el Gran Premio de Japón en 2015. Hoy, con las medidas tomadas después, aquel accidente probablemente no habría tenido las mismas consecuencias. Esto no significa que la Fórmula 1 sea totalmente segura, pero, cuando se produce un accidente, sea cual sea la velocidad, no nos sorprende ver al piloto salir muchas veces ileso del coche. Por lo tanto, se han efectuado progresos espectaculares en el ámbito de las carreras automovilísticas en este aspecto.

Después de dejar Ferrari, fui presidente de la FIA. Allí también puse la seguridad en el centro de mi actividad, tanto en carrera como en carretera, a la cabeza de mis prioridades. Sobre todo, cuando me enteré de que había, en aquella época, 1,3 millones de muertes al año en el mundo, y de que la conducción era la principal causa de fallecimiento en los jóvenes entre 5 y 29 años, así como de que había entre 40 y 50 millones de heridos, algunos de ellos discapacitados para toda la vida. Aquello despertó algo en mí. Estaba en una etapa de mi vida en la que tenía ganas de aportar lo que pudiera para arreglar estos datos. Esto sólo se puede hacer en el ámbito de la propia competencia.

En 2015, el secretario general de Naciones Unidas, Ban Ki-moon, me nombró su enviado especial para la seguridad viaria. Después, fui reelegido para estas funciones por António Guterres.

En la actualidad, una de mis prioridades es viajar con un bastón de peregrino como enviado especial del secretario general de Naciones Unidas: hablo con los gobiernos, con el sector público y con el sector privado, para que se luche contra esta pandemia silenciosa que son los accidentes de carretera.

Algunos países no me han esperado y han actuado ya por su cuenta: en los últimos cincuenta años, los países europeos han reducido a una quinta parte el número de víctimas, mientras que el número de vehículos se ha triplicado. Los mejores de la clase son los países de menores dimensiones, como Dinamarca, Suecia, Suiza o los Países Bajos, y que han fomentado la formación en este aspecto de la seguridad vial. El Reino Unido también ha hecho un buen trabajo, igual que Australia, Corea del Sur o Japón. Por desgracia, el 92 por ciento de las víctimas se encuentran en los países en vías de desarrollo, que tienen una acumulación de problemas que impiden su mejora: falta de educación, poco respeto por las leyes, parque de vehículos anticuado, carreteras en mal estado, escasos transportes públicos y asistencia sanitaria de mala calidad.

En estos países, los habitantes no miden la vulnerabilidad que se puede tener en la carretera como peatón, conductor de un vehículo de dos o cuatro ruedas, o pasajero de un medio de transporte; del 70 al 75 por ciento de los accidentes afectan a los peatones y a los vehículos de dos ruedas. He constatado que mis interlocutores se sorprenden cuando les presento estas cifras. Algunos, no todos, tienen ganas de comprometerse por esta causa. Otros se adelantan y nos contactan para pedirnos que los apoyemos.

El primer reto es trabajar en la percepción del problema. He estado recientemente en El Salvador, donde me entrevisté con el presidente, en el cargo desde hace casi cinco años. Me dijo que la inseguridad vial era el segundo problema de su país después de las bandas violentas. Tras encarcelar a 60.000 personas, ahora quiere que la seguridad al volante sea su nueva prioridad. Otro ejemplo es el del país africano de Sierra Leona, donde se registran 33 muertos por cada 100.000 habitantes (cerca de siete veces más que en Francia). Las autoridades de Sierra Leona me han asegurado que se van a comprometer para mejorar este asunto.

El coste de esta inseguridad viaria mundial es terrible: 2 billones de euros al año a escala planetaria. En Francia, el Ministerio de Economía estima que los 3.200 muertos y los 20.000 heridos anuales cuestan 52.000 millones de euros a la sociedad. Estados Unidos no está libre de este problema, pues los accidentes de carretera son la primera causa de muerte en los menores de 54 años. Se registran tres veces más víctimas que en Francia y su coste es de 340.000 millones de dólares al año. La factura se encuentra entre el 2 por ciento y el 7 por ciento del PIB de cada país.

Una vez que se ha valorado la magnitud del problema, ¿cómo podemos actuar? Primero vamos a transmitir algunas ideas sencillas y potentes a la opinión pública, gracias a una campaña de publicidad mundial realizada con la ayuda de la empresa de comunicación JCDecaux. En los dos próximos años, en mil ciudades y ochenta países, catorce personalidades, entre ellas mi esposa actriz y embajadora de buena voluntad del Programa de las Naciones Unidas para el Desarrollo Michelle Yeoh, la cantante Kylie Minogue, la actriz Julie Gayet, el tenista Novak Djokovic, el actor Patrick Dempsey, el cantante Youssou N'Dour, los pilotos Charles Leclerc y Mick Schumacher, la modelo Naomi Campbell y también los futbolistas Didier Drogba y Ousmane Dembélé, harán campaña por el uso del cinturón de seguridad en los coches, tanto en los asientos delanteros como en los traseros, por el casco al conducir en motocicleta, por la limitación de la velocidad y contra el uso del móvil, el alcohol y la droga al volante. Al centrarnos en estas prácticas, lograremos reducir a la mitad el número de víctimas en todos los países en desarrollo. Estos ídolos hacen soñar a la gente, y apuesto a que también van a ser escuchados. La campaña se inició el 2 y el 3 de marzo de 2024, por invitación de Costa de Marfil, y por primera vez en África, que es la región más afectada por los accidentes de carretera.

En los países ricos también pueden efectuarse acciones importantes. No nos podemos contentar con los progresos ya alcanzados. Un país como Francia debería pretender llegar con rapidez a la cifra máxima de 1.500 muertos al año en las carreteras. Para conseguirlo, habría que apostar por el miedo a la autoridad vial. Creo que el ejemplo que debe seguirse es el de Suiza, país en el que vivo: un pequeño exceso de velocidad (por ejemplo, 52 km/h en lugar de 50 km/h) comporta una retirada del carnet de dos meses y el pago de una multa de 1.000 a 2.000 francos suizos. La vigilancia y el respeto de las leyes son las dos actitudes que hay que promover imperativamente.

Me pregunto a menudo: ¿cómo «Mister Speed» puede haberse convertido en «Mister Road Safety»? En efecto, adoro la velocidad, pero no en la carretera. Si se quiere circular deprisa, hay que hacerlo en un circuito adecuado. El debate sobre la limitación a 80 km/h no ha sido provechoso. Se pueden salvar vidas gracias a esta medida, así que apliquémosla. ¡Circulando a velocidad constante durante una hora, sólo se pierden seis minutos pasando de 90 a 80 km/h! En las ciudades, también es conveniente legislar sobre todas las nuevas formas de movilidad: bicicleta, bicicleta eléctrica, patinete... Es importante que todos seamos responsables, aunque no haya necesidad de obtener un carnet para utilizar estos nuevos modos de desplazamiento. La gente a menudo no piensa en las consecuencias de sus acciones. Deben tomar conciencia de que estos nuevos modos de desplazamiento son peligrosos no sólo para ellos mismos, sino también para los demás.

En este combate por la seguridad, los fabricantes de automóviles también tienen su papel. Han hecho un trabajo destacable, por ejemplo, con el ABS, pero pueden hacerlo mejor. El problema es, sobre todo, que, según los países en los que se produce o se vende un coche, éste no dispone de los mismos equipamientos de seguridad. Un ciudadano francés es un privilegiado respecto a un peruano o un colombiano, que no tendrá, por ejemplo, control de estabilidad electrónico.

Otro problema es la antigüedad del vehículo. Como esto está limitado en los países desarrollados, los coches viejos en mal estado se mandan a África, Asia o Hispanoamérica. Por desgracia, esta práctica causa víctimas. ¡Aunque siempre es mejor circular en un coche muy antiguo a que vayan cuatro personas sin casco en una moto! De paso, insisto en la calidad de los equipamientos de seguridad disponibles. En Ruanda, donde la población es muy disciplinada, todo el mundo lleva casco. Pero estos cascos suelen ser de mala calidad y se rompen como el cristal en caso de accidente. Por eso hemos desarrollado cascos de menos de 20 dólares ventilados que respetan las normas más exigentes de Naciones Unidas en la materia. Utilizar un casco de calidad reduce en un 69 por ciento el riesgo de heridas graves. Por lo tanto, nuestro reto es animar a los países a comprar estos cascos y encontrar fabricantes capaces de producirlos. Ya sabemos que el potencial de producción es de 7 millones de unidades.

El objetivo de Naciones Unidas es reducir a la mitad el número de víctimas en las carreteras antes de 2030. En mi opinión, los accidentes de carretera son una pandemia dormida, y yo quiero despertarla. ¿Hacemos lo suficiente? La respuesta es que no, pero es mejor esto que no hacer nada. ¿Podemos hacer más y mejor? Es esencial lograrlo. No podemos contentarnos con esperar al coche autónomo —que, efectivamente, reducirá los riesgos—, porque éste no llegará antes de treinta o cincuenta años y, sin duda, sólo a los países más desarrollados. Hasta entonces, decenas de millones de personas corren el riesgo de perder la vida.

Por supuesto, la propagación de las guerras en varios países puede dificultar este proceso. Pero, un día, en el Foro de Davos, el presidente de Afganistán pidió verme. Me preguntó: «¿Cómo puede ayudarnos? En nuestro país, la carretera mata más que la guerra». Es una terrible constatación.

Semiconductores

¡Sin ellos ya no habría coches! Los semiconductores se han convertido en los componentes esenciales en los modelos modernos, plagados de electrónica. Nos dimos cuenta cuando, después de la pandemia de COVID-19, la escasez alteró, e incluso detuvo, la producción durante largos meses. De media, hay alrededor de 1.000 semiconductores en un coche. Pero un Mercedes Clase S tiene cerca de 2.500 y un modelo híbrido eléctrico puede llegar a tener hasta 3.000. Con la llegada de los coches autónomos, esta cifra aumentará todavía más.

¿Qué es un semiconductor? Como su nombre indica, se trata de un material que puede a la vez aislar y conducir la electricidad. Por ello desempeña un papel esencial en la fabricación de los componentes electrónicos. En la actualidad, el silicio es el material más utilizado. ¿Dónde se encuentran los semiconductores en un automóvil? En realidad, por todas partes. En el motor, permiten transmitir informaciones clave, como la velocidad del vehículo o la temperatura exterior, y aseguran el control de los niveles de todos los fluidos (líquido de freno y de refrigeración, limpiaparabrisas...). En el habitáculo, unos sensores gestionan la climatización y otros mejoran el funcionamiento de los retrovisores. Los semiconductores también son omnipresentes en los sistemas de seguridad. Por ejemplo, para activar los airbags cuando un asiento de pasajero está ocupado, para verificar que los cinturones de seguridad estén abrochados o incluso para tensarlos, en una fracción de segundo, en caso de accidente. Por último, desempeñan un papel importante en los innumerables dispositivos de asistencia a la conducción, que se han desarrollado con rapidez en los automóviles. Así pasa con el semiconductor situado en el volante, que corrige automáticamente la trayectoria del coche en caso de falta de atención del conductor.

Esta abundancia de usos no deja de plantear algunos problemas. De entrada, los proveedores de semiconductores son los propietarios del software que permite el funcionamiento de los semiconductores. Cada vez que hay que hacer una modificación, hay que llamarlos para que lo adapten. Después, el software de varias empresas tiene que interconectarse, lo cual resulta complejo. La solución, ya utilizada por Tesla y por algunos fabricantes chinos, pasa por el establecimiento de una estructura centralizada en los vehículos. Ésta permitirá al fabricante del automóvil convertirse en propietario de su software y manejar todos los semiconductores a partir de una unidad central. Una vez conectados, los coches también podrán actualizarse a distancia. Pero esta revolución tiene un alto precio: el software representará un 40 por ciento del valor total de un vehículo.

Por último, se quiere lograr la soberanía económica. Europa tiene que dotarse de una herramienta industrial eficaz y reducir su dependencia de los actores estadounidenses y asiáticos que controlan el mercado. El dominio del futuro tiene este precio.

Sin carnet

Se los oía llegar de lejos, con chisporroteos y petardeando. Con su motor de dos tiempos, los coches sin carnet a menudo delataban al conductor en rebeldía, privado de todos sus puntos o muchas veces suspendido. Hoy en día, esto no es tan evidente. El mercado del microcoche está en buena forma y ha perdido su aspecto un poco hortera. Quince mil ventas en Francia en 2010 y 61.000 en 2023. Una buena progresión, potenciada por la llegada de modelos eléctricos con aspecto divertido, como el Citroën Ami y el Renault Twizy, pronto remplazado por el Duo. Al volante, cada vez hay más adolescentes cuyos padres ven en el microcoche un sustituto, mucho más seguro, de los vehículos de dos ruedas.

Los coches sin carnet son una familia que crece día a día... Todo lo favorece: un examen para obtener el permiso considerado demasiado caro, largas esperas, eficacia diabólica de los radares (véase la entrada «Multas»), desinterés por el coche de ciertas familias que viven en los centros urbanos. Los profesionales del automóvil no pueden ignorar el fenómeno. ¿Es una tendencia duradera? ¿Va a cuestionar el lugar del vehículo individual en nuestras sociedades?

Daré sólo un dato: en Francia, el número de candidatos para el carnet de conducir ya no fluctúa demasiado. Aumenta un año y disminuye al siguiente. Pero no se observa la progresión regular y recurrente que existía antes. Su nivel habitual es de alrededor de 1,2 millones de candidatos al año, incluidas todas las categorías, un millón de los cuales sólo son para el permiso B. ¿Cuál es el porcentaje de éxito? Ligeramente a la baja: un 56,8 por ciento en 2022 y un 58,3 por ciento en 2019, algo no muy destacable. Esto puede ser una prueba de que obtener el carnet de conducir es más selectivo que pasar el Bachillerato (más del 90 por ciento de aprobados). Existen grandes diferencias entre las regiones francesas, dicho sea de paso. Es mejor probar suerte en Saint-Pierre-et-Miquelon o en Córcega, que tienen el récord de aprobados (83,1 por ciento y 70,6 por ciento, respectivamente), en lugar de hacerlo en Guadalupe (37,5 por ciento). El departamento de Île-de-France (53,2 por ciento), por su parte, se muestra un poco más severo que la media nacional.

Este rechazo con respecto al carnet, antaño considerado como el símbolo de la libertad, se manifiesta especialmente en los jóvenes menores de 30 años. Obtuvieron el valioso carnet 663.834 de ellos en 2022 frente a 880.729 en 2017. La tendencia se inició hace una decena de años. Se explica, en primer lugar, por la aversión de los jóvenes urbanos por el coche, en el que muchos ven la encarnación de una época pasada, la del exceso de consumo y la destrucción programada del planeta. Sus convicciones ecológicas prevalecen sobre todas las demás consideraciones. Además, se preguntan para qué pretender conducir autos, cuando éstos están desterrados de las ciudades en provecho de los vehículos de dos ruedas y los transportes públicos. De todos modos, la primera de las razones es presupuestaria: un número creciente de familias considera que sacarse el carnet es demasiado caro. Recordemos que son los padres, en el 85 por ciento de los casos, los que pagan la obtención del carnet a sus hijos. Hay que calcular 1.800 euros como mínimo para llegar hasta el examen, en Francia. Una suma muy elevada, por otra parte comparable a la que se observa en algunos países europeos. Excepto en España, donde es más barato, y en Alemania, más caro. Sacarse el carnet de conducir se ha convertido en una inversión tal, en dinero y en tiempo, que el 16 por ciento de los jóvenes franceses dicen que no quieren someterse al examen, por miedo a suspender.

Sin embargo, se da una sorprendente paradoja, y es que detrás de este desamor aparente se oculta otra realidad: el 86 por ciento de los jóvenes de entre 18 y 25 años consideran que el carnet de conducir es esencial, porque condiciona su futuro profesional y social, según dos recientes encuestas de Harris Interactive y Gojob. El 85 por ciento afirman que tener la licencia para conducir es una de las claves para obtener un primer empleo, casi en la misma proporción que un título reconocido (86 por ciento) o una experiencia profesional (90 por ciento); el 54 por ciento de ellos declaran que no tener el carnet les ha impedido acceder a un trabajo. En este tema, como en muchos otros, se dibuja una línea de fractura entre la Francia de las grandes ciudades y la Francia periférica. En esta última, la vida cotidiana se resume así: sin carnet, no hay trabajo. De media, en la región parisina, el 45 por ciento de los jóvenes de 18 a 24 años tienen la cartulina rosa. Pero son un 77 por ciento en la zona rural. Cuando se habla de los problemas que conlleva la obtención del carnet de conducir, se constata la queja a París de que pretende fomentar con demasiada rapidez la no utilización del coche, ignorando su absoluta necesidad en algunos sectores de la población.

En un estudio publicado en 2022, el Institut Montaigne, un grupo de expertos de inspiración liberal, hizo varias propuestas originales para facilitar el acceso de los jóvenes al carnet. De entrada, se propuso ampliar el número de funcionarios autorizados para el examen práctico procediendo, por ejemplo, a comisiones de servicios puntuales. Después, el instituto calculó el coste de los retrasos debidos a la falta de disponibilidad de tiempo para el examen. Cada mes que pasa, esto se estima en 200 euros, que van a cargo del candidato. De manera poco lógica, el informe recomienda instaurar una tasa de 50 euros, que permitiría contratar agentes suplementarios y hacer pasar el plazo de espera de un mes y medio a dos semanas. La factura para el candidato se aligeraría en 300 euros. Otra tercera propuesta es favorecer el empleo del simulador de conducción, cuya utilización es dos veces más barata que la hora de conducción. Esta medida, asociada a la promoción del carnet con vehículo automático, permitiría reducir un 46 por ciento el coste medio de un examen.

Entre los millones de personas que carecen de carnet de conducir, por fortuna la mayoría se mantiene alejada del volante. Pero también están los que se saltan la ley y conducen sin la tarjeta rosa. Incluso estos infractores parecen ser cada vez más numerosos. La seguridad viaria estima que son unos 800.000 en total, pero sólo 150.000 de ellos son arrestados y multados cada año. Esta situación se convierte con rapidez en un drama. Favorece los delitos de fuga y sume a las víctimas de accidente en problemas de seguros complejos y difíciles de resolver. En 2019, el 6 por ciento de los conductores implicados en un accidente mortal circulaban sin carnet. Las explicaciones de este fenómeno son conocidas: la explosión de las retiradas del permiso de conducir, el coste de los exámenes, como hemos visto anteriormente, y el miedo a perder el trabajo. Se estima que cerca de un tercio de los conductores a los que se ha retirado el carnet tuvieron que abandonar su trabajo.

Ésta es una preocupación desconocida por numerosas estrellas, que prescinden del carnet, por elección o por obligación. Ellos pueden permitirse utilizar los servicios de un chófer, incluso de un doble, cuando se trata de un actor obligado a ocupar el lugar del conductor por necesidades de una película. Eddy Mitchell, por ejemplo, intentó en vano sacarse el carnet de conducir, sobre todo, durante el servicio militar. Fracasó a causa de un problema de miopía, dice. Así que, para el rodaje de la exitosa película *La alegría está en el campo*, un doble oculto en el compartimento del motor dirigía el coche. Jean-Luc Mélenchon tampoco tiene carnet e ironiza sobre su carácter despistado: «Les ahorro a los demás mi presencia en la carretera». Al animador Nikos Aliagas, le habría gustado tenerlo, pero siempre retrasó el momento de sacárselo, hasta el punto de abandonar la idea. Thierry Ardisson nunca intentó examinarse, «para no hacer como los demás», aunque es un aficionado a los coches antiguos, lo que resulta curioso.

Después están los que han perdido su carnet, como Bill Gates, al que le ocurrió muy joven. A los 20 años tenía un Porsche y coleccionaba algún que otro exceso de velocidad. Después, pasó por el aro y obtuvo el permiso de conducir. También podemos citar a David Guetta, al que le retiraron el carnet de por vida en 2011. El DJ estrella se lo tomó con filosofía: «No importa. De todos modos, no soy un tipo que tenga el garaje lleno de coches caros».

Y, si hay que tranquilizar a algunos, podemos concluir con que Einstein tampoco tenía carnet.

SUV

Cuanto más críticas reciben, más parecen gustarles a los consumidores. Denigrados por los ecologistas, los SUV encabezan la lista de las ventas en todos los países europeos. Hasta el punto de que este anglicismo (SUV significa *sport utility vehicle*) ha entrado en el lenguaje común, y en los diccionarios franceses desde 2018. El *Larousse* los describe como «vehículos automóviles voluminosos caracterizados por una carrocería elevada y una motorización potente, a medio camino entre un todoterreno y un monovolumen». Una definición ambigua que no consigue plasmar la diversidad de la oferta. Pequeños, medianos o grandes, urbanos o todoterrenos, baratos o muy caros, cada segmento del mercado tiene su tipo de SUV. Hay más de una tonelada de diferencia entre los más ligeros y los más pesados. El batallón más grande, y con una gran diferencia, está formado por coches familiares con dos ruedas motrices que se parecen a los monovolúmenes más tradicionales. Esto los hace muy apreciados por las clases medias: mayor sensación de seguridad, mejor visión de la carretera y más espacio para los equipajes con la misma longitud. Es el sueño del Range Rover al alcance de todos.

La moda de los SUV procede, como pasa a menudo, de Estados Unidos. El Jeep Wagoneer, lanzado en 1963, abrió el camino, seguido por numerosos modelos derivados de los *pick up*. Pero hubo que esperar a mediados de la década de 1990 para que esta nueva categoría emergiera en Europa. Los japoneses Toyota, con el RAV4, y Honda, con el CRV, fueron los primeros que lanzaron vehículos compactos con cuatro ruedas motrices. Los alemanes Mercedes y BMW les siguieron los pasos y presentaron los famosos Clase M y X5, coches potentes y de gama muy alta. Pero la oleada llegó a partir de 2010 con los Dacia Duster, Peugeot 3008 o Volkswagen Tiguan. Los recién llegados al mercado, como los coreanos Kia o Hyundai, ampliaron esta tendencia gracias a los Sportage o los Tucson. Menos deportivos, en su mayoría sin sistema de tracción integral, pero muy bien equipados, todos estos modelos sedujeron a una clientela más amplia. Los fabricantes se dieron cuenta con rapidez: sus diseñadores presentaron estos modelos en el conjunto de las gamas. X1, X2, X3 y X4 en BMW; Q2, Q3 o Q5 en Audi; y 2008, 3008, 5008 en Peugeot. Ahora, todos los modelos se ofrecen con motores híbridos y algunos ya son completamente eléctricos, como el Renault Scenic E-Tech.

¿Son los SUV más contaminantes? Los estudios demuestran que la diferencia con las otras categorías es pequeña. Su eficacia energética es de un 5 a un 15 por ciento inferior a la de las berlinas, según su tamaño. En cambio, son más aerodinámicos que los monovolúmenes, que no se suelen criticar. No emitamos juicios demasiado precipitados... La persecución fiscal con la que algunos sueñan corre el riesgo de ser injusta socialmente y peligrosa económicamente: ¿cómo se puede establecer la distinción entre pequeños, medianos y grandes SUV? Sobre todo, teniendo en cuenta que el paso al vehículo eléctrico no carece de consecuencias sobre el tamaño de los coches. Las baterías tienen que colocarse bajo el habitáculo a una altura de 20 centímetros, lo que los hace crecer, tanto en altura como en longitud. Así que yo apuesto a que todavía veremos SUV de todo tipo durante largo tiempo en las carreteras. Una señal se encuentra en el segmento en el que Tesla ha posicionado su modelo Y.

T

Taxis del Marne

En aquellos tiempos, el marketing no existía. En caso contrario, no cabe ninguna duda de que la operación «Taxis del Marne», en septiembre de 1914, se habría llevado de calle el premio del año de la artimaña publicitaria. Porque, contrariamente a lo que a menudo se cree, este episodio no fue demasiado decisivo en el aspecto militar, pero sí que lo fue desde el punto de vista psicológico. Permitió forjar, en el imaginario colectivo, un acto heroico al asociar a los civiles y los combatientes del frente. La unión sagrada, en suma. Esta acción se convirtió de inmediato en el símbolo del esfuerzo nacional y de un cierto talento francés de la improvisación. También se considera como uno de los actos fundadores de la historia del automóvil... y de Renault, puesto que la mayoría de los 1.100 vehículos requisados habían salido de Billancourt.

Sumerjámonos en el ambiente de aquel 6 de septiembre de 1914. El avance alemán es fulgurante, las tropas enemigas acampan en Seine-et-Marne, a 50 kilómetros al nordeste de París, y la situación es alarmante. El Estado Mayor decide contraatacar y enviar al frente un máximo de tropas de refuerzo. En camión y en tren, sobre todo. Sin embargo, en París se encuentran miles de soldados inactivos, agotados por los combates precedentes, en su mayoría reservistas. No son la élite de los combatientes, todo hay que decirlo. Por otra parte, estos soldados se mantendrán en segunda línea. El gobierno, previsor, ya había pensado en requisar taxis parisinos para evacuar, en una hipótesis extrema, los archivos del Ministerio de la Guerra. Este dispositivo es el que el gobernador militar de París, el general Gallieni, decide utilizar con urgencia. ¡Y no pierde el tiempo! Los vehículos se reúnen en la explanada de Les Invalides. En su interior, pueden caber cinco hombres y sus petates. Entre 3.000 y 5.000 soldados (las cifras divergen) en total. La columna se pone en marcha. Como una larga oruga, avanza a una velocidad media de 25 km/h. Una epopeya para estos Renault modelo AG, no demasiado preparados para una prueba como ésta, pero que lo harán de maravilla. Por algo los utilizaba desde hacía largo tiempo la empresa de taxis parisinos de la época, la futura G7 que conocemos actualmente. Incluso se consideraron los «mejores coches simón» en un concurso organizado en 1905. Eso no impide que formaran parte de los inicios de la conducción. Para arrancar el dos cilindros en línea de 9 CV y esperar avanzar, había que manipular todo tipo de mandos, como en un ritual enigmático: abrir el grifo de gasolina; ajustar la rueda del acelerador justo por encima de los pedales; bajar, abrir el capó, accionar la bomba de cebado del carburante y girar la manivela. Después, había que intentar arrancar el vehículo sin calarlo, lo que era todo un arte para un buen chófer. No había cambio sincronizado, por supuesto, ni ninguna otra innovación, por lo que el coche se ponía en marcha a sacudidas. Tampoco había frenos en las ruedas, sino un sistema ralentizador en la transmisión y el eje trasero.

En suma, había que tener oficio para manejar estos coches. Y una cierta resistencia, porque el conductor estaba sentado en el exterior, como en una diligencia. Dos cualidades que nuestros valientes chóferes poseían. La misión tuvo éxito y se transportó a los soldados cerca del frente sin problemas. Así fue cómo los taxis del Marne se convirtieron en el símbolo de la contraofensiva y de la futura victoria. Pero hagamos una precisión: la sociedad de taxis facturó este transporte excepcional a 70.102 francos, es decir, unos 24 millones de euros actuales. Y los chóferes, como para cualquier cliente, recibieron el 27 por ciento del importe que marcaba el taxímetro. Una bonita carrera, como se dice en nuestros días.

Tesla

Mi primer encuentro con un Tesla se parecía a un boceto. Fue en 2011, cuando era director de marketing de Volkswagen. Una noche, en el hotel donde el grupo organizaba un seminario, el responsable de la estrategia de producto, Matthias Müller, que se convertiría en el jefe de Porsche y después del grupo Volkswagen, nos presentó un nuevo modelo de la competencia, como hacía siempre. Esta vez nos encontramos frente a una extraña máquina bastante improbable, ¡el primer Tesla! En realidad, se trataba de un descapotable Lotus Elise, repleto de baterías en la parte trasera. Dimos con él una vuelta por los alrededores de la oficina, sorprendidos por las aceleraciones y la vivacidad del vehículo. Moldeados por la cultura Volkswagen, examinamos con atención el ensamblaje, la comodidad y el acabado. Pero la gente no cambia con facilidad... Nuestros juicios fueron bastante condescendientes, y nuestros comentarios, un poco irónicos. A decir verdad, el objeto nos parecía exótico.

Sólo dos años más tarde, en 2013, ya no bromeábamos. Cambió completamente el marco de acción. Soy curioso por naturaleza y estoy ávido de innovaciones, así que empecé a observar a Tesla de cerca cuando salió el Model S. Se me disparó una alarma en la cabeza. Y, durante una reunión anual de los altos directivos, advertí de la importancia del fenómeno que se preparaba.

No era el único que lo pensaba. En 2014 me había marchado a Audi como director de ventas y marketing. Un día en que se reunía la junta, Ferdinand Piëch, entonces presidente del Consejo de Administración del grupo Volkswagen, sorprendió a todo el mundo cuando llegó en un Tesla, en lugar de hacerlo en su habitual cupé R8 de motor V10. En el conjunto de los vehículos de grandes cilindradas alemanas alineadas en el aparcamiento, el Model S parecía parpadear con mil luces. Piëch no hablaba mucho, funcionaba bastante por símbolos. Aquel día, quería decirles a sus equipos: «¡Estad atentos!». Aquello me confirmó que algo pasaba y que iba a ser muy importante.

Y así ocurrió. La progresión de Tesla fue fulgurante. Se trata de una gama salida casi de ninguna parte que consiguió en unos años la mejor participación en el mercado del coche eléctrico. La marca creada por Elon Musk supuso un electrochoque para toda la industria del automóvil. Demostró que todavía podía existir un nuevo concepto de coche que ofreciera una gran rentabilidad. Estábamos tranquilamente instalados en una tecnología que era más o menos la misma desde hacía ciento veinticinco años cuando, ¡catapún!, un tipo en apariencia caprichoso decidió desafiar a una industria entera. Cuando me dicen que ya no es posible hacer dinero en el automóvil, respondo que el hombre más rico del mundo fabrica coches. El vehículo más vendido en Europa en 2023, incluidas todas las energías, ha sido el Tesla Model Y.

Este índice extraordinario simboliza el enfoque disruptivo del negocio propio de Silicon Valley y lo que es capaz de producir. Elon Musk no intentó adaptar de una manera más o menos exitosa unas baterías en modelos térmicos, sino que partió de una página en blanco. No implantó un software en un coche ni diseñó un vehículo a partir de un smartphone. Comprar un Tesla es entrar en un universo, en un sistema completo, como el construido por Apple, a la vez lúdico y muy fácil de utilizar. A bordo, el sistema operativo se actualiza automáticamente a distancia, el planificador de trayecto indica con una extrema precisión la localización y la disponibilidad de los supercargadores, el consumo se anticipa en función de la carga del coche y del modo de conducción, una función de centinela permite filmar y grabar alrededor del coche como si fuera una alarma del hogar, las opciones pueden comprarse online en cualquier momento, las recargas se facturan automáticamente por domiciliación bancaria... En suma, Tesla enseguida supo hablar al corazón de los conductores tecnológicos. Pero también a los automovilistas preocupados por el futuro del planeta, aunque no dispuestos a sacrificar el placer de conducir —Tesla aporta mucho, hay que reconocerlo—, ni a comerse el coco con la recarga de las baterías. Para muchos de ellos, circular en Tesla consiste en integrarse en una comunidad de apasionados, como la de los moteros o como la de los fans de los Mac.

Pero Elon Musk es un ingeniero y no sólo un as del marketing. Por eso, revolucionó también los procesos industriales y aumentó enormemente la productividad. Consiguió, por ejemplo, reducir drásticamente el número de calculadores que gestionan el chasis y las ayudas a la conducción. Sustituyó la miríada de piececitas habitualmente soldadas entre sí por módulos que simplemente basta con ensamblar. Para asegurarse el abastecimiento de baterías, fue el primero que construyó gigafactorías. Todo a una velocidad récord: sólo tardó dos años para la inaugurada en 2022, cerca de Berlín. Allí, únicamente se necesitan diez horas para sacar un coche, tiempo dos o tres veces menor que en el caso de los fabricantes tradicionales. Estos últimos observan estas grandes maniobras con estupor, pero también con envidia: ellos no pueden convertir sus fábricas históricas en un periquete para dedicarlas al dios Vatio.

Esta creación *ex nihilo* de Tesla no habría sido posible sin las decenas de miles de millones de dólares inyectadas sin descanso. La personalidad de Musk y su fuerza de convicción consiguieron que los accionistas esperaran pacientemente, incluso cuando estaban al borde de la sublevación a finales de la década de 2010, cuando la firma se encontraba cerca del naufragio. El primer beneficio, 721 millones de dólares, no llegó hasta 2020. Nos encontramos aquí ante la superioridad absoluta de la economía estadounidense y de Silicon Valley en particular. Cuando los mercados financieros creen en una tecnología disruptiva, son capaces de ofrecer un apoyo incondicional. Esto genera, para los fabricantes tradicionales, una forma de asimetría competitiva (véase la entrada «Uber»).

Puede entonces plantearse la siguiente pregunta: ¿Elon Musk merece esta veneración por parte de los inversores? El hecho es que se mueve con talento por esa tendencia social en favor del vehículo eléctrico. Este último se presenta como la solución a todos los problemas, como una respuesta a todos los males generados por los transportes, lo cual no es tan sencillo. El todo eléctrico altera el conjunto de la cadena de valor, la geopolítica de las materias primas, los sectores de reciclaje, etc. En espera de un futuro balance, Elon Musk encarna perfectamente el sueño americano, su cultura del progreso, su fe en el futuro. Es el *game changer* cuya marca se ha impuesto como la referencia.

Pero ¿hasta cuándo? ¿Todavía es posible ofrecer una resistencia a esta apisonadora? Lo creo profundamente. Los fabricantes chinos son los primeros en aportar la prueba. Sus modelos han hecho progresos espectaculares y algunos incluso dejan atrás a los Tesla. Al pasear por Shanghái, Beijing o Cantón, los vehículos estadounidenses ya tienen un airecillo atrasado con respecto a la producción local. Parecen haber perdido una parte de su avance y de su aspecto exclusivo, incluso los modelos estadounidenses parecen casi básicos. ¡Esto es el colmo! ¿Y esta tendencia podría afectar a Europa? Sin ninguna duda. Entre nosotros, la banalización de los Tesla puede dañarlos. Cuando Elon Musk afirma que «la demanda de Tesla es infinita», lo dudo. Por otra parte, para generar volumen, tuvo que bajar los precios, lo cual mermó su margen del 20 por ciento al 7 por ciento.

Es cierto que el defecto de la tecnología es que *the winner takes it all*. De hecho, para justificar su desmesurada valorización bursátil, sería necesario que Tesla vendiera 20 millones de coches (es decir, un 25 por ciento del mercado mundial) cada año, infinitamente más que la cifra de 1,8 millones esperada en 2023. Pero el sector del automóvil es diferente: cuenta con decenas de protagonistas. Así, cuando veamos demasiados Tesla en la calle, quizá nos entren ganas de comprar otra marca, una que sea portadora de una historia, que tenga estilo, un diseño especial, encanto... En suma, la que nos sorprenda, lo cual no ocurrirá forzosamente en el caso de los futuros Tesla.

Tintín

Siempre que releo los libros de Tintín tengo la sensación de visitar un salón de los automóviles de colección más hermosos. Estoy deslumbrado, no sé dónde mirar, incapaz de decidirme entre las decenas y decenas de coches, a cuál más bello y realista, con los que Hergé llenó sus aventuras. Un festival de potentes berlinas, descapotables deportivos, *breaks* elegantes. Un desfile de camionetas, motos, grúas, torpedos, camiones, vehículos blindados... Todos magnificados por el talento y la minuciosidad del autor belga. Ningún otro cómic ha colocado tanto al coche en un lugar de honor, ninguno le ha conferido el estatuto de personaje central. Y apostaría de buen grado a que esto estimuló la vocación de mecánico y diseñador en miles de jóvenes lectores.

Los expertos en Tintín discuten sobre la cantidad concreta de modelos reproducidos en el conjunto de la obra. ¿Pueden ser 214, 208 o 198? No importa. El trabajo es magistral. De la primera recopilación, en 1929, a la última, en 1983, nos hace vivir en directo la gran revolución del mundo del automóvil. Unas marcas crecen, otras desaparecen. La crisis de la energía (¡ya!) sirve de trama en *Tintín en el país del oro negro*. El aumento exponencial del tráfico y los problemas de reciclaje de la chatarra (¡también!) aparecen en *Tintín en América*. Los atascos y la grosería incipiente del conductor moderno se denuncian en la escena final de *Stock de coque*... El abogado Charles-Henri de Choiseul Praslin, autor del libro de referencia *Tintín, Hergé y los coches* (Zendrera Zariquiey, 2007), escribe que, en los libros de Tintín, el automóvil es el protagonista más potente: «Un accesorio mecánico elevado, por la gracia del autor, a una dignidad —totalmente imaginaria— de instrumento del destino. Es el médium de la infancia que se desliza, de viñeta en viñeta, para mantener inmortales a los adultos. Con él, Hergé, después del seísmo de la guerra de 1914-1918, da testimonio a su manera [...] de que, a menudo, es necesaria un hada, en este caso muy moderna, para que los héroes escapen a la muerte que los amenaza constantemente».

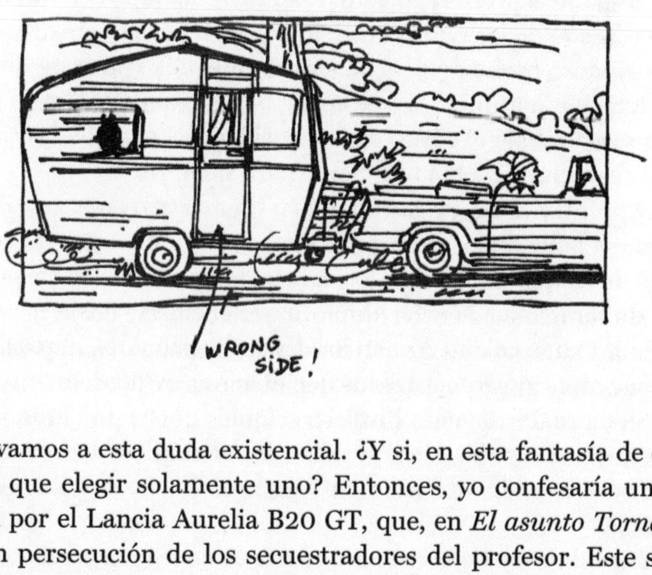

Volvamos a esta duda existencial. ¿Y si, en esta fantasía de coches, hubiera que elegir solamente uno? Entonces, yo confesaría un afecto especial por el Lancia Aurelia B20 GT, que, en *El asunto Tornasol*, se lanza en persecución de los secuestradores del profesor. Este saltarín cupé rojo intenso lo conduce el *signore* Arturo Benedetto Giovanni Giuseppe Pietro Arcangelo Cartofolli da Milano. Su elegancia, con su pajarita y sus guantes de conducir de piel, solamente la iguala su maestría al volante. «Pues os voy a demostrar que los coches y los conductores italianos son los mejores del mundo. *Avanti!* ¡En busca de Tornasol!» ¿De verdad son los italianos los mejores conductores del mundo? No soy yo el que lo ha dicho, sino Hergé, y era un entendido en conducción. La mecánica fue muy pronto una pasión devoradora para él, aunque tuvo que esperar a los 31 años, en 1938, para conseguir su primer coche, un potente y cómodo Opel Olympia Cabriolet Coach, que representará con mucho esmero en *El cetro de Ottokar*. Éste es uno de los modelos más conseguidos de la filial alemana de General Motors, descrito así por el dibujante: «¡Era un excelente cochecito que, en la época, llegaba fácilmente a los 140 km/h! Ultramoderno...». Otros dos deportivos propiedad de Hergé tuvieron el honor de figurar en sus dibujos: un divino Porsche 356 azul, discretamente bosquejado en la última viñeta de *Stock de coque*, y un Lancia Aprilia, calificado un día por el autor de «auténtico automóvil», que hace las delicias del emir Ben Kalish Ezab en *Tintín en el país del oro negro*. Uno de los biógrafos de Hergé, Benoît Peeters, confirma su pasión por la velocidad: «Le gustaba conducir muy deprisa, a veces por las pistas de velocidad o de rendimiento».

La maestría y el gusto por la velocidad aparecen también desde el primer volumen, *Tintín en el país de los Soviets*, en 1929. Incluso a ellos debe su aspecto el joven reportero. Conduce con autoridad un Amilcar, auténtico coche de carreras capaz de alcanzar los 115 km/h y después roba un ruidoso coche de policía. De repente, a la vuelta de un dibujo, una aceleración más intensa que las otras y he aquí que el pelo del amo de Milú se eriza bajo el efecto de la velocidad: ha nacido el famoso mechón que caracterizará al joven héroe para siempre.

Muy pronto, Hergé se convertirá en un maestro en el arte de poner en escena el baile de los coches. Es el padre de esta orquestación milimetrada de las persecuciones, los derrapes, las salidas de carretera, las vueltas de campana... Mucho antes de que el cine se pusiera a ello. Los tintinófilos lo han calculado: ¡en los diecisiete primeros libros hay veintidós accidentes violentos! De los que el héroe, evidentemente, sale indemne siempre. Ironía de la historia, el amigo plasta de Tintín y el capitán Haddock, el corredor de seguros Serafín Latón, no deja de ofrecerles un contrato, cuando ve claramente que son los peores kamikazes de la Tierra...

La reproducción de los coches, aparte de en los primeros volúmenes donde el trazo es vago, tiene lugar con un lujo de detalles inaudito. Hergé multiplica las fuentes, consulta la documentación técnica, se guarda las fotos de la prensa y hace muchas observaciones directas. Su objetivo es reproducir con una extrema fidelidad cualquier llanta o salpicadero. Pronto pide ayuda a colaboradores con talento, futuros dibujantes también famosos, Jacques Martin (*Alix*, *Lefranc*) y Bob De Moor. Este último, por ejemplo, fue enviado a Gran Bretaña durante diez días, en 1965, con la misión de preparar la actualización de *La isla negra*. Volvió con cajas de croquis y catálogos. La caravana de la marca Eccles que figura en el libro, enganchada a un simpático Triumph Herald 1200, procede directamente de esta manera de trabajar. Aunque con una transgresión: por necesidades de la ilustración, la puerta de la caravana está situada a la derecha, por lo tanto, del lado de la carretera, puesto que se circula por la izquierda. ¡Algo impensable y peligroso en la realidad!

El número de modelos dibujados a lo largo de los años por Hergé es espectacular. Era un estudio de creación por sí solo. Por otra parte, se sintió obligado a no reproducir casi nunca el mismo vehículo en dos aventuras diferentes. Pocas veces se salta esta regla: el Jeep está en *Tintín en el país del oro negro* y *Objetivo: la Luna*. El 2 CV aparece a la vez en *El asunto Tornasol* y en *Las joyas de la Castafiore*. Hay que decir que Tintín, a pesar de las largas horas pasadas al volante, nunca tuvo coche. Con dos excepciones: compra un Amilcar en *Tintín en el país de los Soviets* y un Ford T en *Tintín en el Congo*. La elección del modelo T no es inocente. Simboliza, para el dibujante belga, el coche mítico que abrió el camino a la industria automovilística moderna. Como observa su biógrafo Charles-Henri de Choiseul Praslin, «Hergé lo agasaja brillantemente al ofrecerle la cubierta de *Tintín en el Congo* y una representación donde manifiesta la alegría de vivir y del viaje, sin olvidar su carácter indestructible».

A propósito de Ford, Hergé tenía unas relaciones particulares con el exgigante de Detroit. Colaboró, en los años siguientes a 1930, en la *Revue Ford*, una lujosa revista a la que entregó numerosos dibujos. Quizá por eso la marca estadounidense ha sido ampliamente representada en las aventuras de Tintín. Sobre todo, el aterciopelado V8, presentado en numerosas versiones (taxi, descapotable, etc.), la grúa Matford (*El cangrejo de las pinzas de oro*), el Custom, el Zephir... En cambio, algunos de los modelos muy admirados por Hergé no están presentes o sólo aparecen de manera breve. Es el caso del Escarabajo, el DS y los Jaguar, ilustrados por el Mk I y el Mk X, menos famosos que los cupés XK y Type E. Pero en este libro quiero pedir a los fans de estas marcas que se tranquilicen: los exégetas no ven en estas elecciones ningún significado especial. Esto es lo contrario a otras decisiones de Hergé, llenas de sentido, como la de considerar a Mercedes como una marca que fue largo tiempo hostil en esta colección de cómics, exclusivamente utilizada por los enemigos de Tintín. Por ejemplo, podemos citar el Mercedes SK de la policía alemana al principio de *Tintín en el país de los Soviets*. Después, aparecerá el pesado y potente Mercedes 24/100/140 de la GPU, la terrorífica policía del Estado soviético, y también el 220 y el 300 de los agentes fronterizos que intentan secuestrar a Tornasol.

En realidad, ¿qué conductor se oculta detrás de la suntuosa limusina oficial del dictador Tapioca en *Tintín y los Pícaros*, en 1976? Se trata del cruce de un Mercedes 600, símbolo de la potencia económica de la República Federal de Alemania, y un Zil 114, alegoría de la burocracia soviética, inconsciente de su declive y de la futura caída del régimen. En su libro de referencia, Charles-Henri de Choiseul observa con mucho tino: «Este sincretismo automovilístico, entre el culto rendido por el capitalismo a una de sus principales creaciones y la religión secular del comunismo, expresa perfectamente el mensaje político que está claro en *Tintín y los Pícaros*. ¡En las últimas imágenes, el barrio es exactamente el mismo cuando el general Alcázar arrebata el poder al general Tapioca! ¡Estas dictaduras se enfrentan en apariencia, están igualadas y no hacen más que sustituirse una a la otra para un resultado idéntico!».

Hergé tenía otra regla visual muy particular —una «sintaxis del movimiento», dicen sus admiradores— para estigmatizar a los malvados: el sentido de la circulación. Cuando Tintín o un personaje de carácter ejemplar conducen, el vehículo se desplaza de izquierda a derecha, es decir, en el sentido de la lectura. Pero, cuando los bandidos están al volante, circulan de derecha a izquierda, en sentido contrario a la lectura. Esto produce espontáneamente en el lector la sensación de que la cosas no van como deberían. Los biógrafos de Hergé han descubierto otra regla: el auto, conducido por los personajes considerados buenos, debe verse de frente. «La parte anterior puede hacer pensar en una cara, los faros sugieren los ojos y la calandra, una sonrisa. En cambio, el coche de los malos se muestra, en la medida de lo posible, de espaldas. Esta posición expresa la fuga y la vileza.»

Así pues, los autos de Hergé «conducen a algo que no es antropomorfismo, pero que no está muy lejos».

A veces, me hago esta pregunta: ¿qué modelos colocaría hoy Hergé como estrellas si regresara con nosotros para hacer un último libro? Apuesto a que serían híbridos o eléctricos, generalmente conducidos por mujeres, menos agresivas y cabreadas con los peatones. ¿Y qué marcas usaría? Tengo alguna idea...

Toyota

Es el problema de los primeros de la clase, en cuanto creemos descubrir en ellos un pequeño fallo, nos echamos encima de ellos. Hablemos ahora de Toyota, que colecciona muchos éxitos en su trayectoria: primer fabricante mundial con 10,45 millones de vehículos vendidos en 2022, incluidos Daihatsu y su marca de lujo, Lexus; primero o segundo productor de coches *made in France*, según los años, gracias a su fábrica de Valenciennes (norte); líder en la mayoría de los premios de fiabilidad...

¡Ay! En el primer trimestre de 2023, el inquebrantable Corolla se dejó quitar la corona de coche más vendido del mundo por el insolente Tesla Model Y. Acto seguido, se empezó a escuchar que el gigante japonés, pionero de la motorización híbrida, se habría dormido en los laureles y podría perderse la mayor revolución jamás conocida por el automóvil desde su creación, el paso al vehículo eléctrico. En realidad, según el índice de preparación para la transición energética en Europa establecido por la ONG Transport & Environnement, Toyota obtiene sólo una nota de 35 sobre 100, cuando los mejores constructores consiguen 70. Mientras que los grandes fabricantes, de Renault a Volkswagen, pasando por Stellantis y Mercedes, han anunciado que ya no comercializarán motores de combustión en Europa a partir de 2030, el japonés parece querer esperar a 2035, fecha tope impuesta por la Unión Europea.

¿Es un síntoma de baja forma? Por supuesto que no... Como de costumbre con Toyota, hay que desconfiar del agua estancada, como puedo atestiguar tras haber compartido con la compañía cinco años llenos de pasión y enseñanzas. Estaba instalado en Bruselas para dirigir el lanzamiento del Yaris en Europa. Por lo tanto, no me sorprendí mucho cuando, de forma teatral, el grupo anunció en junio de 2023 la próxima llegada de una nueva generación de baterías ¡que alcanzarían en 2026 una autonomía de 1.000 kilómetros (¡la distancia entre París y Parma o entre Lyon y Roma!), 1.500 kilómetros unos años después y con recarga del 10 al 80 por ciento en diez minutos.

Nos enteramos entonces de que la oficina de proyectos trabajaba desde hacía varios años en las baterías de semiconductores, también llamadas «de electrólito sólido», que supuestamente ofrecían una densidad energética superior a las baterías de ion de litio utilizadas por casi todos los actores del mercado. El problema es que los electrólitos sólidos se dilatan y se contraen en las fases de carga y descarga. «Esto puede producir fisuras que dificultan los movimientos de los iones entre el cátodo y el ánodo», explicó Keiji Kaita, el jefe del centro de investigación y desarrollo para la neutralidad de carbono, durante la presentación del proyecto. Por tanto, los ingenieros tendrían que superar estas dificultades.

Este ascenso espectacular, que por supuesto hay que confirmar, ilustra una vez más la singularidad de la saga Toyota. La empresa se inició a finales del siglo XIX con Sakichi Toyoda, inventor genial que, para mejorar el rendimiento de su fábrica textil, diseñó una máquina de tejer capaz de detenerse automáticamente en caso de incidente. Como quien no quiere la cosa, formuló dos principios que modelarían al futuro Toyota, pero que también revolucionarían toda la industria: la posibilidad de detectar los problemas durante el proceso de fabricación, lo cual limita el riesgo de defectos, y la disminución del número de asalariados destinados a la vigilancia de la máquina, lo que reduce los costes. Su hijo Kiichiro Toyoda fue el que, en 1933, después de buscar inspiración en Europa y en Estados Unidos, propulsó la empresa familiar a otro universo. Se acabó la fabricación textil, el futuro era del automóvil. Después de unos prototipos y bastantes tanteos, por fin salió el primer coche de serie: se llamaba AA. De paso, como el nombre de Toyoda sonaba mal, se sustituyó por Toyota, después de una votación organizada en todo el archipiélago nipón. Hubo 27.000 respuestas. Una de las razones para transformar la «d» en «t» era que, en japonés, se necesitan ocho caracteres para escribir «Toyota». Ahora bien, este nombre da suerte y prosperidad. Finalmente, se produjeron dos mil ejemplares del AA.

Pero la Segunda Guerra Mundial acabó con todos los proyectos de Kiichiro Toyoda. En 1950, la Toyota Motor Corporation incluso estuvo en situación de intervención judicial. La salvaron en el último momento el gobierno japonés, que la acribilló a subvenciones, y el ejército estadounidense destinado a Corea, que le encargó miles de camionetas y jeeps bajo licencia. La firma arrancó en tromba y encadenó los bestsellers. Los primeros fueron los 4×4, conocidos como Land Cruiser a partir de 1960. que eran más baratos que los Land Rover, pero considerados igual de eficaces y más fiables, y que arrasaron gracias a la mecánica rústica e infatigable, los parachoques de camión, los pedales suficientemente separados para poder conducir con botas gruesas... Seguirá el compacto Corolla, que ya va por su duodécima generación y del que se han producido más de cincuenta millones de ejemplares en total, lo cual lo convierte en el modelo más vendido en la industria del automóvil. En 1967 sale al mercado el atractivo 2000 GT, que es una mezcla de un Jaguar Type E y un Ferrari 250 GTO. Como consagración, interpreta el papel de «James Bond *car*» en *Sólo se vive dos veces*. Después llegan el Celica cupé, inspirado en el Ford Mustang, el RAV4, antepasado de todos los SUV actuales, el revolucionario Prius, que abrió el camino a la hibridación eléctrica, el Yaris... y muchos otros más, todos marcados por el mantra de Toyota: fiabilidad, calidad de servicio y precio asequible.

Detrás de este éxito hay una forma de simplicidad aparente. Se podría decir de este fabricante que es «bueno en todos los sentidos». Nada de caprichos ni de crisis pasionales. Ahora bien, esta banalidad es engañosa, porque, desde la década de 1950, la firma nipona ha puesto en marcha una de las organizaciones más perfeccionadas y eficaces del planeta. Lo vi en acción cuando era director de Toyota Europa y es increíble. Comprendí hasta qué punto reinaba en la empresa la humildad y aprendí que el arte de escuchar y respetar al cliente debía estar por encima de todo. Me pasé horas en los aparcamientos para encontrarme con automovilistas anónimos y conocer sus opiniones. Además, me puse al volante de decenas de coches de la competencia para obtener la inspiración necesaria para la mejora de nuestros propios modelos. Lo esencial era abandonar la propia burbuja para ir a los lugares de la acción. Los dirigentes japoneses me enseñaron a atreverme a hacer cinco veces la misma pregunta, sin vergüenza, para estar seguro de haber comprendido todos los aspectos de un tema y así llegar al fondo de la cuestión.

Por lo tanto, no es sorprendente que el método Toyota se estudie en las escuelas de gestión del mundo entero, que sea objeto de estudio en decenas de libros y lo analicen generaciones de directivos. Se basa en el Toyota Production System (TPS), pensado para favorecer la producción a demanda. Este método se aplica al ritmo de los pedidos, en el momento adecuado. El TPS incluye también el *jidoka*, destinado a detectar los defectos durante la fabricación. Todos y cada uno de los asalariados están autorizados a detener el proceso en cuanto surge una disfunción. El principio es ir a la fuente del problema y encontrar rápidamente el origen para poder remediarlo. Esta manera de actuar, que busca la mejora continua, se denomina *kaizen*.

Resulta difícil resumir en unas líneas un concepto tan ambicioso como el TPS. Para comprender su esencia, recomiendo a menudo un artículo de la *Harvard Business Review* (*HBR*) escrito en 2008 (¡aún sigue de actualidad!) por tres universitarios autores de *Extreme Toyota: Radical Contradictions That Drive Success at the World's Best Manufacturer* (ed. John Wiley & Sons, 2010): «Ninguna empresa practica el taylorismo mejor que Toyota —explican—. Lo diferente es que considera a los empleados no sólo como pares de manos, sino también como trabajadores del saber que acumulan la sabiduría de la experiencia en las líneas de frente de la empresa. Toyota recoge ideas de todo el mundo y por todas partes: el taller, la oficina, el terreno.» Es una corporación, explican los tres autores, que estimula deliberadamente unos puntos de vista contradictorios y plantea a los empleados el reto de encontrar soluciones superando las diferencias en lugar de recurriendo a compromisos. Esta cultura de las tensiones genera ideas innovadoras.

«Los empleados deben utilizar un lenguaje simple cuando se comunican entre sí. Durante las presentaciones, resumen las informaciones, los objetivos, el análisis y los planes de acción en una sola hoja. Pero, al mismo tiempo, la dirección favorece una red compleja de redes sociales, porque quiere "que todo el mundo lo sepa todo".» Esta comunicación abierta también anima a hablar de los propios errores o dificultades. De esta manera, Toyota ha conseguido que su cultura sea muy tolerante respecto al fracaso.

«El número uno mundial del coche tiene una jerarquía estricta, pero da libertad para oponerse», explican los universitarios en su contribución a la *HBR*. «Expresar opiniones contrarias y no seguir ciegamente las órdenes de los jefes son comportamientos autorizados.» En cambio, cuando la dirección promueve a unos empleados, no los felicita. «Les dice: "Muy bien por su promoción, pero muchos otros estaban a punto también de ser seleccionados. No lo olvide cuando haga su trabajo". Se trata de inculcar la humildad a los asalariados recordando que su éxito se debe en parte a los esfuerzos de unos colegas también buenos.»

Por otra parte, numerosos objetivos asignados a los empleados son deliberadamente vagos, con el fin de permitirles orientar sus energías en varias direcciones y obligar a los especialistas a colaborar entre sí y salir de sus agujeros. Por ejemplo, hace mucho tiempo, el expresidente del grupo, Katsuaki Watanabe, declaró que el objetivo era fabricar un coche que purificara el aire, previniera los accidentes y llevara a la gente de un océano a otro llenando una sola vez el depósito. Así fue como el Prius, a pesar de los primeros fracasos, pudo seguir la trayectoria que se le conoce. Según Toyota, dicen los autores del artículo publicado por la *HBR*, hay que proponer retos locos y que parezcan inalcanzables, pero después avanzar con pequeños pasos. De esta manera, el toyotismo descompone un gran objetivo en numerosos retos controlables. Multiplica los experimentos y las iniciativas para superar las etapas más difíciles de cada uno de estos retos. Una ilustración de este recorrido original es la creación de la marca Lexus, que tuvo lugar en 1983 después del viaje del presidente de la época, Eiji Toyoda, a Los Ángeles. Para acogerlo con los honores adecuados, había sido necesario movilizar un Mercedes, por falta de modelo *premium* en la gama Toyota. ¡Menudo desaire, una afrenta! El *big boss* decidió de inmediato lanzar el proyecto F1 («F» de *flagship*, «nave insignia»). En la mira estaban las marcas alemanas de gama alta. ¡Seis años más tarde, salía al mercado el Lexus LS 400! Esto fue el inicio de un gran éxito comercial.

Lo más sorprendente de esta forma de gestión es su capacidad de adaptarse a los numerosos países extranjeros en los que está implantado Toyota, incluidos los más complicados de gestionar, como pueden ser los que tienen 258 variedades de quesos... Por ejemplo, la fábrica de Valenciennes, que ensambló 274.000 Yaris y Yaris Cross en 2023. Así pues, el grupo fundado por Kiichiro Toyoda consiguió vencer la «maldición del segmento B», según la cual sería imposible fabricar de una manera rentable un microcoche en Francia. Es cierto que los motores del Yaris Cross llegan de Polonia y los sistemas híbridos y la electrónica, de Japón. En total, la fábrica del norte sólo produce de un 10 a un 15 por ciento del valor añadido del vehículo. Pero seamos considerados, Toyota-Valenciennes se ha convertido en la primera fábrica de automóviles de Francia.

Trabant

La historia del Trabant es un caso de escuela de negocios. Sin duda, uno de los más convincentes para poner en evidencia la superioridad del modelo capitalista y liberal sobre su homólogo comunista. El Trabi, como lo llamaban con afecto los habitantes de la RDA (República Democrática Alemana), tuvo una larga trayectoria, puesto que se fabricaron cerca de tres millones de ejemplares entre 1957 y 1991. Con el paso de los años, salieron al mercado varias versiones. Pero, a diferencia de los automóviles comercializados al otro lado del telón de acero, nunca experimentó un progreso real. Al final de su vida, seguía siendo lo que era en el momento de su creación: un automóvil superado desde el punto de vista tecnológico. Esto no le impidió ser muy deseado, puesto que los clientes estaban dispuestos a esperar diez años para tener uno. ¡Prueba de que, en la Alemania del Este, los ciudadanos también tenían ganas de desplazarse libremente! Les bastaba con ser muy muy pacientes...

El Trabant nace de una decisión política tomada a mediados de la década de 1950. En esa época, los industriales europeos del automóvil están en pleno *boom* y multiplican los lanzamientos. Las familias empiezan a comprarse un coche, sobre todo para marcharse de vacaciones. En Francia, el Dauphine sucede al 4 CV, por ejemplo. En Italia, aparece el Fiat 600 en 1955, rápidamente seguido por el emblemático Fiat 500 en 1957. En Alemania Occidental, Volkswagen relanza la producción del Escarabajo, inventado por Ferdinand Porsche en 1938 con la bendición de Adolf Hitler, y tiene un gran éxito. Esto aguijonea al régimen de Berlín Este, que también quiere su «coche del pueblo». El Muro todavía no se ha construido y los alemanes orientales comparten las mismas aspiraciones de sus *alter ego* occidentales, con los que todavía se comunican con facilidad. Sólo que, en esta parte del país, la economía se ha sovietizado: todas las empresas se encuentran bajo el control total del Estado. La orden únicamente puede venir de arriba y llega en 1954. El Ministerio de Maquinaria establece las directrices. Pide que se inicie la fabricación de un pequeño coche de dos puertas, dotado (como el Escarabajo) de un par de asientos principales y otro par de asientos de pasajeros. Deberá ser ligero (unos 600 kilogramos) y de plástico, porque el país no tiene capacidad para producir los volúmenes de acero necesarios. El dirigismo obliga a que el precio se fije de antemano: 4.000 *ostmarks*. Éste es un precio irrisorio si se convierte a divisas occidentales.

Pero la RDA no parte de cero en este asunto, porque dispone en Zwickau, en el corazón de Sajonia, de una gran fábrica implantada antes de la guerra por el grupo Auto Union, el futuro Audi. La empresa, que se llama VEB Sachsenring Automobilwerk, se especializaba en la producción de coches pequeños para la marca DKW. A partir de 1948, empezó a ensamblar, esta vez para las marcas Zwickau y Sachsenring. La fábrica prepara con rapidez un prototipo, pero tiene muchos defectos y los ingenieros deben revisar su ejemplar completamente.

El primer coche, el P50, no sale de la fábrica hasta el 7 de noviembre de 1957, pero su producción en serie empieza realmente en agosto de 1958. Respeta, punto por punto, el plan de trabajo fijado por el Ministerio de Maquinaria cuatro años antes. Pero, para conseguirlo, los ingenieros recurren al sistema de «apáñatelas como puedas». Se resignan a hacer un chasis de acero, porque no consiguen unir los elementos de la carrocería a la madera, el material elegido inicialmente con el apoyo de las autoridades. En realidad, la carrocería es, como estaba previsto, de plástico: está compuesta de una audaz mezcla de resinas fenólicas y fibras de algodón. El Trabant se propulsa con un motor de dos tiempos de 500 centímetros cúbicos que desarrolla una potencia liliputiense de 18 CV. Está instalado en la parte delantera, contrariamente a lo que sucede en el Escarabajo, que tiene una tracción trasera. Además, el depósito de gasolina está situado encima del motor, lo cual permite que el carburante fluya de forma natural sin recurrir a una bomba. Por lo tanto, para llenarlo, ¡hay que levantar el capó! Una vez ensamblado, el coche no es ni largo (3,36 metros) ni pesado. Con un poco de impulso, puede alcanzar una velocidad máxima de 95 km/h. Pero hay que tener cuidado con los accidentes, porque algunos materiales utilizados desprenden gases tóxicos en caso de incendio.

Ahora es necesario encontrarle un nombre. Los dirigentes de la empresa son los que eligen la marca Trabant, que significa «satélite» en alemán. Sin duda en referencia a la conquista espacial que empieza: la Unión Soviética, el gran hermano comunista, acaba de poner en órbita el primer satélite artificial *Sputnik 1*.

El Trabant es de una calidad muy mediocre, por no decir más, pero no es caro. Su diseño sencillo y muy reconocible seduce a los alemanes orientales. A primera vista, no parece tan atrasado con respecto a algunos de sus rivales occidentales. Así que, por falta de alternativa, se quedan con este «coche de pobre». Mientras tanto, sus dirigentes se desplazan en grandes berlinas cómodas, las Volga procedentes de la Unión Soviética o Tatras importados de Checoslovaquia. ¡El comunismo no ha abolido todos los privilegios!

Imitando a sus colegas occidentales, los ingenieros de la RDA hacen evolucionar a su criatura poco a poco. Lanzan muy deprisa una versión Kombi que actúa como furgoneta e incluso un *break* bicolor un poco más lujoso, dotado de un techo que se abre. Sin embargo, se concentran en el motor, cuya potencia alcanza los 20 CV en 1960 y los 23 CV en octubre de 1962. En esta ocasión, se comercializa una nueva versión llamada P60. Con su chasis aligerado y su caja de cambios mejorada, ahora es capaz de pasar el límite de los 100 km/h. Su vida tiene una duración corta. En el mes de marzo de 1964, le sucede el P601, de líneas más redondeadas y superficies vidriadas mayores. Pero, en lo esencial, se trata del mismo coche presentado una vez más en varias versiones, una de ellas de uso estrictamente militar.

El P601 aguantaría veintiséis años. Durante este período, la demanda progresa más deprisa que la capacidad de producción. ¡Los plazos de entrega llegan a los quince años en la década de 1980! Los más astutos, y también los más ricos, no dudan en pagar un soborno para disfrutar de un plazo de entrega más corto... Por su parte, el mercado de piezas de recambio prospera: se estima que el 35 por ciento de las piezas fabricadas están destinadas a sustituir a las que son defectuosas. Entre los fabricantes occidentales, esta cifra no supera nunca el 10 por ciento.

Fatalista, la población de Alemania Oriental prefiere reír. Las bromas que fustigan al Trabi se multiplican. Por ejemplo: ¿cuándo alcanza un Trabi su velocidad máxima? ¡Cuando es remolcado!; ¿Cuántas personas se necesitan para fabricar un Trabi? Dos, una que dobla y la otra que pega; ¿Qué es un Trabi en la montaña? ¡Un milagro!

Estructuralmente ineficaz, incapaz de organizarse, la industria de Alemania Oriental se hunde. En Moscú, Gorbachov llega al poder y lanza la operación Perestroika (que significa «la reconstrucción») en 1985. Asimismo, en Berlín, el régimen de Erich Honecker se resiste a esta tentación de apertura, pero acepta la mano tendida de la República Federal de Alemania para realizar transferencias de tecnología. Incluso se firma un acuerdo para incorporar un motor del Volkswagen Polo, un cuatro cilindros de 1 litro, al Trabant en 1984. Una catástrofe: los numerosos cambios que hay que hacer en el coche no estaban previstos. El proyecto se abandona, lo cual indica una vez más las disfunciones del aparato industrial de Alemania Oriental.

Se acerca el final. Cuando en 1989 cae el Muro, las imágenes de los Trabant que pasan libremente al Oeste dan la vuelta al mundo. Se convierten en el símbolo de la libertad recuperada, un canto del cisne. Alemania se reunifica. Es cierto que todavía salen coches de las cadenas de Zwickau, pero se llenan de polvo en un gran aparcamiento al lado de la fábrica. La decisión histórica del canciller Helmut Kohl de convertir los *ostmarks* en marcos alemanes con una paridad de uno a uno ofrece a los alemanes del Este los medios de comprar por fin VW Golf y Opel Kadett fabricados en el Oeste. Entre éstos y el Trabant, ¡hay un abismo! La producción se interrumpe definitivamente en mayo de 1991. Pero hay una vida después de la muerte. En el Oeste, el coche se convierte en un objeto de culto. Algunos lo coleccionan, otros proponen transformarlo en un coche eléctrico. Se inaugura un museo del Trabi en el barrio de Checkpoint Charlie de Berlín. ¿Y qué queda ahora del Trabant? Nada en el aspecto tecnológico, pero mucho en el aspecto emocional. A su manera, escribió una de las páginas más extraordinarias de la historia del automóvil.

Twingo

El 5 de octubre de 1992, la multitud invade el Salón del Automóvil de París. Sobre todo, el estand de Renault, donde reina una pequeña novedad, el Twingo. La gente se abre paso a codazos, se pone de puntillas, quieren tocarlo. Su línea monovolumen, sus cuatro ruedas desplazadas a los extremos, su interior moderno, su asiento trasero corredizo, su habitabilidad récord..., todo se une para hacer de él la estrella de esta misa solemne del motor de explosión. Las ventas lo confirman: más de dos mil pedidos de compra firmados en una semana de exposición.

La maquinaria se lanza y ya no se detendrá. En treinta y un años de existencia, se venden 2,5 millones de ejemplares de este gracioso coche.

Sin embargo, este coche apodado «la rana», como se lo llama afectuosamente a causa de su calandra marcada por una ancha sonrisa enmarcada por dos faros en semiluna, siguió un proceso de creación caótico. Incluso estuvo a punto de no existir nunca. Quizá por eso, además de sus inmensas cualidades, es, en mi opinión, uno de los vehículos más atractivos de los últimos decenios. Simboliza la tenacidad de los equipos, el papel determinante de la intuición en la gestión de una empresa y el valor de un jefe, Raymond Lévy, que decidió ponerse en marcha a pesar de la hostilidad de una buena parte de sus colaboradores. Es simple, muchos en Billancourt no creían en el proyecto X06. Salvo, tal vez, la Confederación General del Trabajo (CGT), que luchaba internamente desde la década de 1980 para que Renault lanzara «un coche pequeño, simple, fiable y barato».

Todo había empezado (mal) en la década de 1970 con el estudio de un pequeño Renault popular, destinado a sustituir al R4 sin por ello competir con el R5. Su nombre: VBG, de *voiture bas de gamme* («coche de gama baja»). Nada emocionante. Decenas de prototipos salieron de las cajas... para volver a entrar en ellas muy deprisa, porque ninguno permitía vislumbrar rentabilidad. Lo mismo ocurrió en la década siguiente, porque los estudios se sucedieron en esos años. Sin embargo, dentro del lote, había una maqueta que llamó la atención de varios directivos. Tenía unas formas muy originales y un estilo disruptivo. Pero las finanzas decaídas de la Régie no permitieron ir más lejos, así que volvió al armario de los proyectos desechados. A un garaje, en realidad, situado cerca de Versalles, del que sólo dos personas tenían la llave, el director general y el responsable de diseño.

Y esto fue así hasta la llegada de Patrick Le Quément al frente del estilo de Renault en 1988. Muy deprisa, Raymond Lévy lo convirtió en uno de los pilares de la empresa y lo nombró director de diseño industrial y de calidad de Renault, directamente a cargo del presidente. Una manera de afirmar que el estilo era la prioridad y ya no había que contentarse, como se decía en la época, con «vestir al jorobado». Es decir, aceptar más mal que bien las elecciones técnicas aceptadas por la dirección de la ingeniería. Y, para que el mensaje quedara claro, Raymond Lévy había prohibido a todo el mundo que juzgara un diseño antes... que el responsable de diseño. El objetivo era liberar la creatividad y permitir avanzar sin ser criticado sin cesar por los servicios industriales o por marketing.

Se trataba de una auténtica revolución, cuyo primer beneficiado fue el futuro Twingo. Entre todos los proyectos aparcados, Patrick Le Quément identificó con rapidez el potencial de este pequeño coche insolente y simpático. Presentó la maqueta a Raymond Lévy, que dio el visto bueno para seguir adelante, contra la opinión general. Unos meses más tarde, en noviembre de 1988, se presentó de nuevo un proyecto más elaborado y con una personalidad definida. Pero obtuvo la misma reacción: al director general le gustaba, pero no a una parte de su plana mayor. En cuanto a las pruebas, muy desiguales, no eran demasiado tranquilizadoras. A una minoría le gustaba, pero la mayoría lo detestaba. Raymond Lévy siempre formaba parte de la primera categoría... Le Quément contaría más tarde que llegó con un pequeño croquis que mostraba el futuro radiante del Twingo con «un conductor muy sonriente y el coche también sonriente. Así fue como se presentó esta temática de la sonrisa y del coche un poco travieso». Cuando se destapó la maqueta, «ésta sonrió al presidente y el presidente sonrió a la maqueta». ¡Éxito! Bueno, provisionalmente... El director general renovó su acuerdo, con una condición importante: reducir el precio de coste del proyecto en un 20 por ciento con la esperanza de obtener alguna rentabilidad.

La misión se confió al director de compras de la época, Yves Dubreil, rodeado de un equipo que dependía directamente de la presidencia para acelerar las tomas de decisión. Y también para eludir al comité de dirección, del cual una parte se oponía más que nunca al proyecto. Al hombre no le temblaba la mano. Abandonó el principio de desarrollar una gama para concentrarse en un modelo único. ¿Por qué? Porque, tradicionalmente, un coche soporta una parte de los costes de diseño de las versiones *premium*: la caja y los chasis están calibrados para recibir motorizaciones y equipamientos más pesados. Por lo tanto, para simplificar su industrialización, el X06 debía tener un único motor, un mismo acabado y muy pocas opciones. Naturalmente, el equipo comercial se horrorizó ante esta elección iconoclasta y predijo un fracaso. Como respuesta, Yves Dubreil insistía: «Este proyecto de monovolumen es discordante. O bien la clientela lo acepta, o bien se asusta. En este último caso, un conjunto de opciones no será lo que tranquilice». En cambio, había que seducir a los enamorados del concepto ofreciéndoles de serie lo máximo por un precio razonable. El Twingo no fue pues un coche sencillo. Al contrario, estaba repleto de trucos y pequeños añadidos. Cuentakilómetros digital, cristales tintados, reposacabezas delantero... Por otra parte, cuando era necesario, Renault aceptaba las opciones más costosas. Por ejemplo, la instrumentación colocada en el centro del salpicadero se consideró determinante para dar distinción al coche, a pesar de su coste suplementario de 120 francos con respecto a una instalación clásica. Una decisión validada, en este caso, por el propio director general. Otro ejemplo que pone de manifiesto la obsesión por el detalle que mostraba el equipo: contra toda expectativa, el encendedor se instalaba de serie. «Costaba 1 franco», explicó Yves Dubreil en una entrevista. «Pero era un referente de falta de mezquindad. Si, todas las mañanas, el cliente que ve un agujero en su salpicadero recuerda que es un pobretón que no ha podido comprarse un encendedor, se infravalorará... Por lo tanto, ponerlo es rentable.»

Así fue como el Twingo, antes del fenómeno Dacia, inauguró el *design to cost*. Este método consiste en integrar el coste de producción en el propio diseño del vehículo y asociar de antemano a los proveedores. Pongo algunos ejemplos a continuación. La calefacción se estimaba en 257 francos en el proyecto X06, pero la Régie pidió a los fabricantes que pensaran en un sistema de 210 francos como máximo, y dos de ellos lo consiguieron. Para los asientos, nada de armazón, espuma y tejido; en su lugar, se usó un nuevo procedimiento, rápido y económico, basado en el moldeado. Sólo había cuatro colores de carrocería para elegir. Y se decidió también, para simplificar, prescindir del volante a la derecha y, por lo tanto, del mercado británico.

Con este tratamiento de choque, el presupuesto de desarrollo cumplió con los requisitos: 3.700 millones de francos, lo que es un buen resultado. En la época, había que calcular el doble. Por desgracia, el estilo exterior continuaba armando revuelo y siendo un aspecto controvertido en las pruebas. La mitad de las personas interrogadas criticaban su aspecto de juguete y poca seriedad. Lo rechazaban de «forma violenta», según Patrick Le Quément, que confiesa que aquel día se sintió «extremadamente solo». El veredicto de una prueba de mercado nunca había sido tan malo, repetían algunos miembros de la dirección a los que querían oírlos. El debate incluso se volvió freudiano a causa del capó muy corto, debido al concepto de monovolumen. Un capó pequeño significaba un motor pequeño. Y, por lo tanto, un coche poco viril, reservado al sector de las mujeres. El barco oscilaba de tal manera que Patrick Le Quément envió esta carta a Raymond Lévy: «El mayor riesgo para la empresa es no correr riesgos. Le pido que elija un diseño instintivo en lugar de un marketing extintivo». La respuesta del jefe fue: «Totalmente de acuerdo. Adelante». Y el 10 de julio de 1989, el diseño definitivo estaba decidido. Acto seguido, el proyecto X06 recibía el nombre de Twingo, fusión de «twist», «swing» y «tango».

Y así fue como, tres años más tarde, en el mes de octubre de 1992, el simpático coche apodado «la rana» hizo latir los corazones, estando listo para una carrera de éxitos. «Por una vez, en un proyecto —diría Patrick Le Quément— se puede decir que la emoción ha desempeñado un papel determinante.» Después del lanzamiento, se sucedieron cuatro generaciones de Twingo. Ahora también en una versión eléctrica, el más pequeño de los Renault resiste. Es nuestro *kei car*, esos minicoches que los japoneses privilegian en sus grandes ciudades.

U

Uber

El 3 de agosto de 2023, no hay fiesta hasta la madrugada. Desde que su fundador, Travis Kalanick, se hizo a un lado en 2017 a causa de una gestión considerada tóxica y de un gusto evidente por las bacanales, Uber está en horas bajas. Sin embargo, hay motivos para descorchar el champán: por primera vez desde su creación en 2010, el campeón del VTC (vehículo de transporte con conductor) pudo anunciar un beneficio neto trimestral: 394 millones de dólares. Nada espectacular, es cierto, pero fue sorpresa, de todos modos, comparada con los 31.500 millones de dólares de pérdidas acumulados en trece años. Pocas empresas han hecho esperar tanto tiempo a sus accionistas. Pero ¿podemos reprochar alguna cosa a Uber, convertido en el icono absoluto de las tecnologías disruptivas? La empresa que representa las nuevas movilidades. El símbolo, para lo mejor y para lo peor, de los cambios económicos y sociales inducidos por las aplicaciones móviles. El promotor de la *gig economy* («economía bajo demanda»), en que el asalariado es sustituido por un trabajador independiente. ¿Cuántas empresas en la historia han transformado en tan poco tiempo sectores enteros de los negocios? ¿Cuántas han entrado tan deprisa en el lenguaje común?

«Uberizar» es un verbo conceptualizado por primera vez en 2014 por Maurice Lévy, el presidente de Publicis, en una entrevista al *Fi-*

nancial Times: «Todo el mundo empieza a temer que lo ubericen. Es la idea de despertar de repente y descubrir que su actividad histórica ha desaparecido...». El principio de la plataforma digital es poner en relación directa a un proveedor y un cliente. Esto ha hecho uberizables una cantidad considerable de actividades. El transporte, la entrega rápida de compras, la informática, el diseño, el bricolaje, las citas amorosas.

La epopeya de Uber empezó en París, en diciembre de 2008, de forma muy prosaica. Una fría noche de nieve, Travis Kalanick y su socio Garrett Camp caminaban por la calle sin encontrar un taxi. Un castigo entonces compartido por millones de ciudadanos en el mundo entero, sobre todo en los países desarrollados, donde los conductores estaban organizados en poderosas corporaciones dispuestas a bloquear las calles. También se les atribuía una gran influencia electoral. Con esta presión, era imposible iniciar la menor reforma del sector y aumentar el número de licencias. Leo divertido este artículo de *Le Monde* del... 5 de diciembre de 1949: «Los representantes del sindicato de conductores de taxi parisinos han sido recibidos esta mañana en el Ministerio de Trabajo [...]. Se les ha asegurado que próximamente se emitiría una orden para limitar a 10.000 el número de taxis autorizados a circular por el departamento del Sena (París y alrededor de ochenta municipios cercanos, [nota de la redacción]). Antes de la guerra, este número era de 14.000». ¿Y, en diciembre de 2008, el día que el futuro fundador de Uber se helaba los pies en las aceras nevadas? A duras penas había 18.500 licencias en la ciudad. Éste era el panorama en el que Travis Kalanick dejó caer de repente una bomba de racimo.

A su regreso a California, se puso a trabajar y concretó su brillante idea parisina: crear una plataforma capaz de geolocalizar y relacionar a clientes y conductores independientes. No le costó mucho tiempo. En 2010, en San Francisco, UberCab, después acortado a Uber, embarca al primer pasajero. El servicio se lanza al año siguiente en París. Se convierte en el héroe del desplazamiento fácil y barato, gracias al cual, a cualquier hora del día y de la noche, mediante breves indicaciones en el smartphone, nos recoge un elegante coche negro, muy limpio, que ofrece una botella de agua y caramelos de regalo. ¡Qué revancha sobre los arrogantes conductores de taxi! En 2015 ya funciona en 253 ciudades de 51 países. La empresa está valorada en ese momento en 41.000 millones de dólares. En el año 2019 entra en bolsa y su capitalización supera los 80.000 millones de dólares. Hoy, Uber realiza una media de 25 millones de trayectos al día en el mundo. Más de 5 millones de conductores y repartidores trabajan en la empresa. Es un líder incontestable, a la cabeza de los principales mercados: el 74 por ciento de los VTC estadounidenses, por ejemplo. Sus ramificaciones lo asemejan a una hidra: transporte de paquetes, entrega de comidas con Uber Eats, alquiler de bicicletas, reservas de avión, viajes en barco, trayectos en helicóptero o en globo... La antigua *start-up* pone uno a uno los ladrillos de una superaplicación capaz de reunir todas las formas de movilidad. Su ambición parece ilimitada, resumida en esta declaración de su director general, Dara Khosrowshahi, en agosto de 2023: «La rentabilidad no es un fin en sí mismo, sino un medio de llevar a cabo nuestra misión, de construir una empresa que marcará a las futuras generaciones».

Este avance al son de los cañones no deja de producir alteraciones sociales y polémicas. El campeón del VTC ha pasado progresivamente de ser liberador a ser dominador. Una sensación apoyada por la publicación de los «Uber Files», en 2022, que muestran que el fundador de la empresa estaba dispuesto a cualquier cosa para imponer su negocio en todo el planeta, como el Darth Vader de un nuevo mundo ultraflexible. «La combinación de los megadatos, los algoritmos y los efectos de redes nos transforma en aniquiladores involuntarios de los asalariados», dice el empresario del mundo digital e investigador en ciencias cognitivas Bruno Teboul. «Un mundo donde proveedores y clientes se evalúan de forma permanente, donde cada uno se convierte en su Gran Hermano.» A mediados de la década de 2010, la opinión pública empezó a volverse contra Uber, y los municipios le declararon la guerra. El gigante californiano se vio obligado, a menudo por la vía de la justicia, a reconocer ciertos derechos a sus conductores, a pagar importantes multas o a indemnizar a los taxis por «competencia desleal». Fue lo que ocurrió en Nueva York, Londres, Ginebra, París, Lyon, Roma, Milán, Barcelona...

¿Estas desventuras pueden comprometer su futuro? Probablemente, no. Primero, porque la nueva dirección valoró los daños mediáticos causados por el cinismo de los directivos de la primera etapa. Después, porque todas las diversificaciones emprendidas deberían permitir compensar una eventual disminución de la rentabilidad de la actividad de VTC. Justo por no haber seguido este camino, su gran competidor en Estados Unidos, Lyft, tuvo que anunciar una pérdida neta de 1.200 millones de dólares en 2022 y despidos masivos. Para terminar, existe una última razón que refuerza a Uber y que debería hacer reflexionar a Europa sobre sus propias debilidades: esta empresa puede financiar su desarrollo a marchas forzadas gracias al ecosistema propio de Silicon Valley. Allí, los inversores son capaces de inyectar miles de millones de dólares sin flaquear cuando están convencidos del carácter disruptivo de una *start-up* y de su potencial. El objetivo es conquistar una posición inexpugnable y desanimar a los rivales. La empresa soporta perder dinero durante años, lo cual no es un problema, mientras su crecimiento se mantenga y sus accionistas puedan esperar revender un día sus participaciones con grandes plusvalías. Este contexto provoca luchas titánicas entre jóvenes empresas con mucha financiación, y sólo sobreviven las que tienen los bolsillos más profundos. ¡Ay de las que flojeen! En 2016, la plataforma belga de entrega de comidas Take Eat Easy se desplomó cuando sus accionistas cerraron bruscamente la chequera. Preveían que los competidores Uber Eats y Deliveroo invertirían sumas descomunales para conquistar el mercado. Una parada obligada o casi. Así, apoyado por una financiación a largo plazo, Uber debilitó una tras otra a las numerosas empresas de VTC europeas.

En cambio, y ésta fue una increíble sorpresa, el gigante californiano no consiguió eliminar a los taxis tradicionales. Incluso les dio una nueva juventud al forzarlos a adaptarse. El mejor ejemplo es la compañía francesa G7, que se consideraba perdida cuando llegaron los VTC. Sin embargo, con el tiempo se replanteó por completo, adoptó la geolocalización, por supuesto, y optó por mejorar su oferta. La paradoja es que G7 se valora hoy por la calidad de su servicio y el estilo de sus conductores, mientras que las prestaciones de Uber se han degradado. Ésta es la prueba de que la competencia a menudo es buena...

V

Vehículo conceptual

Cuando llegué a Renault, en julio de 2020, pedí de inmediato que me enseñaran los proyectos en los que trabajaban los equipos de diseño en el Technocentre de Guyancourt. Me llamó la atención una maqueta naranja fluorescente que se parecía mucho a un Renault 5, un poco apartada de las otras. Mis interlocutores me explicaron que se trataba de una base de trabajo para preparar el regreso del modelo emblemático de la marca lanzado en la década de 1970. Pero mis predecesores habían descartado la idea. Les dije enseguida a los que estaban presentes aquel día que había que revisar esa decisión y poner en el mercado un Renault 5 «completamente eléctrico» que tuviera exactamente aquella forma. Este prototipo era, en realidad, un *show car*, un vehículo conceptual, cuya principal característica es ser bastante similar a la versión que la gente podrá comprar. Una variante de vehículo conceptual cuyo diseño es decididamente más futurista.

Soy muy fan de los vehículos conceptuales, porque siempre dicen mucho de la empresa que los presenta. Son herramientas de comunicación expuestas en salones o en salas de exposición y venta que permiten a un fabricante de automóviles comunicar al público sus ambiciones y sus sueños. Es algo así como la diferencia entre la alta costura y la ropa de confección. La primera está encarnada por modelos con unas medidas fuera de lo común, que llevan prendas bellas, pero nada prácticas; la segunda son las prendas que usamos los demás todos los días.

La historia de los vehículos conceptuales empezó en Estados Unidos en 1938 con el Buick Y-Job. Este modelo pretendía ser un precursor de los coches que iban a llegar al mercado en la década de 1950. Después, en 1939, General Motors decidió apadrinar la exposición itinerante «Futurama». Su vocación era imaginar los modelos del futuro. Los vehículos conceptuales presentados se hicieron famosos, porque tenían forma de naves espaciales o de cohetes. En Europa se adoptó rápidamente esta práctica. Italia, tierra de diseño, abrió la vía en 1952. Alfa Romeo pidió a dos empresas de diseñadores famosas, Touring y Bertone, que realizaran carrocerías aerodinámicas llamadas «de baja resistencia». Touring diseñó el C52 Disco Volante, mientras que Bertone presentó varios vehículos conceptuales con la marca BAT (Berlina Aerodinamica Tecnica). Para diseñarlos, el florentino Franco Scaglione se inspiró en el famoso Batmovil, que apareció en los dibujos animados en 1939. El BAT 5, presentado en el Salón del Automóvil de Turín de 1953, causó sensación con sus dobles tomas de aire delanteras que permitían reducir la zona frontal del coche, sus ruedas cubiertas, su parabrisas curvado y sus alas traseras que le daban un aspecto de murciélago.

A partir de la década de 1960, numerosas creaciones marcaron la historia del automóvil. A continuación, elijo cuatro de entre muchas que podría citar: el Toyota Publica Sports, un pequeño cupé dotado de un sorprendente techo corredizo en el Salón del Automóvil de Tokio en 1962; el BMW Turbo, inspirado en los aviones de caza y presentado con motivo de los Juegos Olímpicos de Múnich, en 1972; el increíble Ferrari 512 S Modulo Concept, con aspecto de platillo volante, mostrado en el Salón del Automóvil de Ginebra en 1970. ¡Eran diseños tan logrados que todavía parecen anunciar el futuro! Y, más recientemente, en 2016, el Mercedes-Maybach Vision 6, un descapotable de 6 metros de largo cuya apariencia hace pensar en un yate a la vez moderno y retro, propulsado por cuatro motores eléctricos, que causó sensación durante el concurso de elegancia de los coches de colección en Pebble Beach, California.

En este campo, Renault juega en igualdad de condiciones con la competencia. El departamento de diseño, dirigido sucesivamente por Patrick Le Quément y, desde 2009, por Laurens van den Acker, presentó varios vehículos conceptuales que no sólo entraron en la historia del grupo, sino en la de los vehículos conceptuales. Algunos ejemplos son el temible descapotable Laguna en 1990; el Renault Scenic en 1991, convertido en Megane Scenic en el mercado; el Argos en 1994, un descapotable de formas muy puras, parecidas a las del famoso Audi TT que salió justo después, en 1995; el impresionante Renault Initiale en 1995, que, con su motor Fórmula 1, permitía esperar el nacimiento del primer coche de lujo a la francesa; el Twizy Z. E. Concept que se presentó en 2009, una creación realmente audaz que relanzó a la empresa con un nuevo espíritu a la salida de la crisis de 2008; el Alpine A100-50 en 2012, la señal de partida que iniciaba el arranque de la marca deportiva, etc.

Un fabricante de automóviles necesita demostrar que sabe hacer objetos deseables y atractivos. Porque la sangre que corre por nuestras venas son los productos, y la creatividad es nuestro motor.

Vehículo eléctrico

Tesla no lo ha inventado todo. A finales del siglo XIX, los primeros coches diseñados por el ingeniero alemán Carl Benz ya eran eléctricos. En el intervalo, el motor de combustión y el rey petróleo tomaron el poder y reinaron incondicionalmente. Esta larga secuencia termina y no habrá vuelta atrás. Sean cuales sean las dificultades encontradas en el camino de la transición energética, los industriales del automóvil se han unido para dar el paso a la energía descarbonizada. Todos invierten masivamente para acudir a la cita fijada en 2035: a partir de esta fecha, ya no se fabricará ningún coche de combustión en Europa.

Una evidencia es lo que nos obliga a ello, la electricidad reduce la contaminación y mejora la calidad del aire. En las grandes ciudades, el humo y el ruido de los coches se han convertido en un auténtico problema que se solucionará progresivamente. El bienestar y la salud de los habitantes están claramente en juego. Si todo el mundo se pone de acuerdo para reducir la huella de carbono del automóvil, la energía eléctrica es la solución. Me adhiero por completo a esta lucha ecológica, que es fuente de progreso. Sólo la innovación permitirá desarrollar coches eléctricos competitivos a buen precio.

Como ha ocurrido anteriormente en la historia industrial, el automóvil se dispone a desempeñar el papel que siempre ha tenido: democratizar y hacer fiable una nueva tecnología. Los avances realizados los aprovecharán otras industrias. Por ejemplo, los trabajos con las baterías comportarán una mejora de las pilas que utilizamos en la vida cotidiana.

Este cambio sin precedentes hacia la electrificación constituye una auténtica revolución industrial, pero plantea al menos tres preguntas:

¿El precio de los coches va a bajar?

La respuesta es sí, pero quizá no tanto como se pueda soñar. De aquí a 2030, los precios de los automóviles eléctricos deberían bajar progresivamente y nivelarse con los de los modelos de combustible, impulsados hacia arriba por las nuevas normas que se les imponen. Lo que frena el descenso, por el momento, es el coste de las baterías. Su valor de 7.000 u 8.000 euros tiene mucho peso en el precio de coste. Es difícil, e incluso imposible, vender un coche a 15.000 euros en estas condiciones. Por supuesto, estos precios sin duda bajarán gracias a las fábricas gigantescas desplegadas en Europa. Deberían ver la luz unas cuarenta de aquí a

2030, cuatro de ellas en Francia, representando el doble de la capacidad con respecto a 2021. Pero el aumento de los volúmenes producidos no será suficiente. Bajo la presión de la demanda mundial, sobre todo la china, los metales (litio, cobalto, manganeso, níquel) utilizados en las baterías seguirán siendo caros. Una situación comparable a la de la agricultura: la fruta ecológica siempre será más costosa de producir, porque requiere más trabajo en su elaboración. Por tanto, la transición ecológica se traducirá en un alza de los precios en todos los sectores del consumo. En compensación, lo que el comprador pagará de más al adquirir un coche eléctrico lo recuperará después: la electricidad no es tan cara como la gasolina (un 33 por ciento menos durante toda la vida de un vehículo) y los gastos de mantenimiento son el doble de baratos.

¿La red de infraestructuras de recarga se desarrollará con la suficiente rapidez?

Es un reto importante. Los fabricantes están dispuestos a vender postes de recarga a los particulares, pero no son los más adecuados para ocuparse de las instalaciones a lo largo de las carreteras. Los poderes públicos serán quienes deban implicarse para orquestar y acelerar el despliegue de los postes de recarga. En China, nadie se plantea este problema ya que la red se pone en marcha de manera coordinada y rápida. Es la ventaja de una economía hiperadministrada...

¿Cuál será el lugar del hidrógeno en este nuevo dispositivo?

Esta tecnología es muy interesante, pero bastante cara. A diferencia de la electricidad, que llega a todas partes, el hidrógeno requiere la puesta en marcha de equipamientos específicos. Por esta razón, su papel debería ser marginal en el conjunto energético de la movilidad. Actualmente, parece más adecuado para los vehículos grandes, sobre todo los autobuses de los transportes públicos, que pasan por puntos fijos de manera regular.

Es demasiado pronto para saber quién saldrá ganando en la batalla que se anuncia. Si optamos por la electricidad, entramos en un mundo nuevo que dependerá mucho del trabajo de los centros de investigación y de los científicos. Ellos son los que tienen las llaves de nuestro futuro.

Viajes

Pocas palabras me gustan tanto como ésta. El viaje es a la vez venerable —desciende en línea recta del latín *via*— y de una modernidad total. Se adapta a las épocas y sigue las revoluciones tecnológicas. Está lleno de promesas y hace tanto por la cultura como muchos libros. Es como una caja de fantasías, porque cada uno de nosotros ponemos allí lo que nos gusta. Para algunos, el viaje alrededor de su habitación es la mayor felicidad. Para otros, un viaje no se concibe sin miles de aventuras.

La carretera fue su terreno de juego principal durante siglos y el mar también, en cierta medida. Era un arte reservado a una minoría: comerciantes, guerreros, aventureros... El ferrocarril, y después el avión, lo hicieron accesible a un gran número de personas. Pero el coche es el que se ha instalado en nuestra vida cotidiana para viajar. En Francia, según las últimas estadísticas del Ministerio de Transportes, el 50 por ciento de los viajes se realizan a una distancia inferior a 200 kilómetros, el 30 por ciento entre 200 y 500 kilómetros, y el 20 por ciento a más de 500 kilómetros. El automóvil se atribuye casi las tres cuartas partes de los viajes, lejos por delante del tren (14 por ciento) y el avión (2,5 por ciento). Aparte de los motivos profesionales, los franceses viajan en total y de media durante 32 días al año y recorren 6.600 kilómetros.

En realidad, ¿cuándo se convierte en viaje un simple desplazamiento? Es un asunto muy personal. Sin embargo, la Administración lo ha codificado. Según el INSEE (Instituto Nacional de Estadística y Estudios Económicos francés), un desplazamiento es digno de llamarse «viaje» a partir de una noche pasada fuera del domicilio habitual. Lo cual habría hecho reír a nuestros antepasados, para los que el menor desplazamiento adquiría características de expedición e implicaba largas jornadas de ausencia. Recordemos que los departamentos franceses, creados en 1790, se organizaron para que la capital de cada uno fuera accesible desde cualquier punto de la circunscripción en menos de un día a caballo. Lo cual, en el peor de los casos, obligaba a dormir en el lugar para marcharse a casa al día siguiente por la mañana. Esto era un progreso considerable para la época.

El avión trastornó el ritmo del viaje al permitir llegar muy lejos con mucha rapidez. Pero sólo el coche hace posible este largo recorrido, que parte del sueño para llegar a la realidad. El viaje empieza a menudo en la elección del coche. En el concesionario, en el salón del automóvil o delante del configurador online de las opciones del automóvil. Cada modelo construye nuestro imaginario: al volante de un Alfa Romeo, nos proyectamos en las carreteras onduladas de la Toscana; al instalarnos en un Land Rover, atravesamos paisajes de dunas.

¿Quién no se ha imaginado nunca al volante, de camino hacia el trabajo, el fin de semana o las vacaciones, anticipando los miles de kilómetros compartidos con su futuro coche? Un largo viaje, puesto que los franceses conservan su vehículo una media de 9,8 años, dos años más que en 2006.

Antaño, el viaje se preparaba a conciencia: presión de los neumáticos, desgaste de los frenos, nivel del aceite... Hoy, los problemas mecánicos casi han desaparecido y se puede improvisar. Excepto, quizá, algunos días de salidas masivas o de tormentas de nieve. Y excepto, a veces, cuando se conduce un coche eléctrico. Éste aporta un poco de chispa al viaje. Hay que prever los mejores itinerarios en función de la autonomía, prever las etapas para recargar, relajar un poco el pie derecho si el nivel de la batería desciende demasiado deprisa... En todos los casos, como dice este gran escritor, «la rapidez excesiva de los medios de transporte le quita todo el encanto a la ruta: nos vemos arrastrados como en un remolino, sin tener tiempo de ver nada. Si llegamos enseguida, quizá es mejor quedarse en casa. Para mí, el placer del viaje está en ir, no en llegar». ¿Quién escribió estas líneas? Théophile Gautier. ¿Cuándo? ¡En 1859!

Volante

Algunos conductores empiezan a preocuparse o a alegrarse, según cada uno, por la desaparición programada del volante. No se equivocan. Los futuros coches autónomos no le dejarán mucho hueco. Aparcamientos estrechos, atascos en acordeón, largos trayectos por la autopista..., la inteligencia artificial se va a ocupar de todo y nosotros podremos dedicarnos a otra cosa hasta el día en que el volante quizá desaparecerá por completo. ¡Esto será un seísmo! Porque ningún accesorio simboliza mejor que él la conducción y el placer que ésta proporciona. Ninguno establece un vínculo tan directo entre nosotros, el coche y la carretera.

La historia de este círculo casi perfecto no es lineal. Lo inventó en 1894 el francés Alfred Vacheron con motivo de la carrera París-Ruan, en lugar de los sistemas de manivelas y palancas que existían entonces. Representaba un gran avance, pero su manipulación requería brazos de operario de mudanzas. Para reducir el esfuerzo, se aumentó el diámetro y la transmisión a medida que los coches incrementaban su peso. A finales de la década de 1940, el volante se parecía a un inmenso aro. La moda quiso que se asociara a un círculo interior que servía de claxon. El Ford Vedette estrenó el sistema en Francia, en 1949, seguido por el Simca Aronde, el Renault Frégate, el Peugeot 403... Para conseguir diámetros más razonables, se necesitó la ayuda de la dirección asistida. Ahora bien, esta formidable innovación fue, durante mucho tiempo, un privilegio que se difundió con lentitud. La primera patente de la dirección asistida fue registrada en 1932 y el primer coche equipado, el Chrysler Imperial, en 1951. Y tardó una quincena de años en colocarse de serie en casi todos los modelos. Pero se puede decir que trastornó la manera de sujetar el volante y los movimientos que la acompañaban. Con la dirección asistida, ya no era necesario agarrarse al volante como al timón de un barco con un viento de fuerza 8. Permite una conducción indolente, relajada, con los antebrazos descuidadamente apoyados en la portezuela e incluso colgando hacia el exterior. La posición de las manos dice mucho de la personalidad del conductor. Guay, provocador, aplicado, nervioso... Las mujeres, mucho más prudentes y mejores conductoras (las estadísticas lo demuestran), aplican lo que se aprende en la autoescuela: las manos en posición a las 10.10 h o a las 9.15 h. Los «tíos», por su parte, demuestran su dominio del tema sujetando el volante, en la medida de lo posible, con una sola mano. Incluso con tres dedos. Con la dirección asistida, desaparece la posición un poco «chulita»: asiento muy hacia atrás, conductor casi tumbado haciendo sus maniobras a velocidad lenta y girando el volante con la mano plana.

Con el final del volante, muchos hombres tendrán la sensación de perder uno de sus tótems. Uno más, después de la palanca de cambio de marchas, eliminada por la progresión rápida de los cambios automáticos, debida en gran medida al auge de los vehículos eléctricos e híbridos. La palanca de cambios, afirmación de una cierta virilidad, nos dirán naturalmente los psicólogos, era muy útil para mantener la compostura y expresar una forma de soberanía doméstica.

Más que nunca, los hombres al volante —perdón, sin volante— se parecerán a la descripción que hizo la novelista Christiane Collange en 1981: «Solos en sus coches, con los dedos en la nariz, los hombres pueden imaginarse lo que harían si fueran héroes. Pero no lo son». También podríamos parodiarla amablemente: «Solas en sus coches, con el pincel de maquillaje en la mano, las mujeres...».

Un día, ya no se dirá: «¿Quién quiere coger el volante?».

W

Waze

Soy fan de Waze. Sin esta aplicación, me habría perdido mil veces durante mis desplazamientos o mis estancias en el extranjero. Nunca habría llegado a la hora, con la cabeza alta, a mis citas en lugares inhóspitos. Siento un afecto especial por la versión francesa, porque permite elegir entre más de quince voces de asistencia. Entre ellas, los acentos del norte, el de Toulouse, el provenzal... No me canso de pasar de uno a otro, tengo la sensación de aprender un poco de cada territorio y de cada tipo de humor. La bromita, por ejemplo, que acoge al conductor francés que ha seleccionado la voz «gato»: *Pourquoi les chats n'aiment pas l'eau? Parce que dans l'eau minet râle. Allez, suivez ma patte!...*[7] A su lado, el Waze italiano es casi triste, con solamente tres voces diferentes.

Detrás de esta ligereza aparente, se oculta una temible máquina de guerra. En quince años, Waze se ha convertido en la referencia absoluta de las aplicaciones de navegación, utilizada gratuitamente por 140 millones de automovilistas en el mundo, 20 millones de ellos en Francia, que es su tercer mercado después de Estados Unidos y Brasil. Este éxito

7. «¿Por qué a los gatos no les gusta el agua? Porque en el agua el gato gime.» Juega con el sonido de «*dans l'eau minet râle*» (que significa «en el agua el gato gime»), que suena igual que «*l'eau minérale*» (que significa «agua mineral»). *(N. de la T.)*

es fascinante, porque se ha construido sin tener necesidad de contratar a ejércitos de cartógrafos. El trabajo titánico de recogida y actualización en tiempo real de la información es obra de una comunidad de voluntarios, entusiastas y totalmente entregados a la causa Waze. Los millones de datos que transmiten a cada instante son tratados por un algoritmo complejo que evalúa el mejor trayecto posible según los criterios elegidos por el conductor: el más corto, el más rápido, el más verde, etc. Este principio colaborativo es único en el negocio. La revista *Capital* lo resumió hace unos años con este título: «Cómo Waze maneja millones gracias a ti». Bien visto.

La historia empezó en 2006 en Tel Aviv, donde todavía se encuentra la sede de la empresa, cuando Ehud Shabtai, joven licenciado en Filosofía e Informática, se cansó de que lo cazaran los radares en las vías rápidas. El GPS, muy caro en la época, que le acababa de regalar su compañera, no le era de gran ayuda. Entonces se puso a modificarlo para que los usuarios pudieran indicarse unos a otros la posición de los radares. En dos semanas, tenía identificadas casi todas las cajas de radar de Israel... A cambio, todos los que habían colaborado en la operación recibían una alerta en su GPS cuando se acercaban a uno. El pequeño genio de la programación acababa de inventar la aplicación que iba a revolucionar nuestra manera de conducir.

El negocio se volvió serio en 2008, cuando se unieron a Shabtai dos de sus amigos, ingenieros y empresarios, con una gran experiencia en una incubadora militar de *start-ups*. Basándose en los desplazamientos de sus primeros usuarios, el pequeño equipo preparó un algoritmo capaz de trazar automáticamente las rutas en un mapa virgen. Después, para completar este mapa que servía de base, Waze lo apostó todo por el trabajo colaborativo. ¡Y a escala planetaria! Se puso en marcha un sistema de juego con gratificaciones y regalos (un iPad, por ejemplo) para incitar a un máximo de automovilistas a enriquecer de forma permanente la base de datos. Empezó a llover la información: retenciones, atascos, accidentes, estado de las carreteras, tiendas, precio de los carburantes en las gasolineras, presencia de policías... Los miembros de la gran familia Waze son prolíficos y, además, se corrigen entre ellos. Es imposible contar mentiras, pues serían desmentidas de inmediato por un montón de usuarios. ¡Es mágico! La aplicación, descargada de la tarea de buscar información, puede concentrarse en los aspectos técnicos y comerciales. En efecto, del flujo de datos aportados por los que contribuyen, denominados Wazers, muchos se utilizan para vender publicidad muy dirigida y, por lo tanto, muy lucrativa. Así es como la firma israelí gana dinero.

Su talento consiste también en mantener el interés de millones de voluntarios. Los más comprometidos confiesan que trabajan al menos diez horas a la semana por su «Iglesia», e incluso hasta quince horas durante las vacaciones. No refunfuñan ante las tareas más ingratas, como la identificación de peajes en las autopistas. Estos apasionados se reclutan entre los entusiastas del coche, por supuesto, pero también entre los aficionados al código abierto. Existe una forma de autogestión entre ellos, pero ninguna anarquía. La organización está sólidamente jerarquizada en seis niveles, del principiante al campeón. Sólo los de mayor nivel pueden desbloquear y modificar los mapas de los grandes ejes, como las autopistas. ¡Una prerrogativa que ni siquiera tienen la mayoría de los asalariados de Waze!

Para motivar a las tropas a cultivar el espíritu de grupo, la aplicación organiza regularmente actos locales llamados *meetups*. Es la ocasión de conocerse y trabajar en temas específicos. Por ejemplo, el tratamiento de una ciudad mal cubierta o la gestión de crisis. Es algo serio. Cada dos años, se invita a los mejores colaboradores mundiales a un *megameetup* en Tel Aviv.

Esta pasión devoradora podría haberse apagado en 2013, cuando Google compró la aplicación. Trabajar de voluntario en una *start-up*, incluso en una muy rentable, está bien. Pero ¿hacerlo para una multinacional con beneficios extraordinarios? Muchos pioneros quisieron dar por terminada su colaboración. Al final, la mayoría se quedaron, después de que el gigante de Mountain View se comprometiera a no tocar ninguno de los principios fundadores. ¡Y, hasta ahora, la promesa se ha cumplido! Waze y Google siguen siendo dos empresas independientes. La primera ha conservado su propio mapa y no utiliza ningún dato de Google Maps, aparte de sus imágenes de satélite. En cuanto a la segunda, se contenta con picotear de vez en cuando la información proporcionada por Waze. No mucho más.

Con el paso de los años, es sorprendente ver cómo Waze el filibustero se ha convertido casi en una institución. Por ejemplo, ha intentado evitar las molestias provocadas por lo que se llama «el efecto

Waze»: para impedir los atascos, la aplicación recomienda un itinerario alternativo en el que, como consecuencia, concurre mucha gente. Por lo tanto, el problema se desplaza a las pequeñas vías, poco acostumbradas a soportar tanto tráfico. La empresa, largo tiempo acusada de arrogancia, se ha puesto en contacto con las asociaciones de vecinos afectados y con los municipios para intentar limitar estos excesos. También ha firmado acuerdos con oficinas regionales de turismo para ayudarlas a reducir las aglomeraciones estivales en los parques nacionales, las calas o los pueblecitos con encanto. Cuando el indicador se acerca al tope, la aplicación alerta a los conductores y propone la visita a lugares alternativos, recomienda aparcar y tomar una lanzadera, etc. Es una buena idea.

Hay otro signo que no engaña sobre el progreso de Waze. Por primera vez se ha integrado directamente en el sistema multimedia de un coche. Y esto ocurre en Renault, lo cual me hace sentir muy orgulloso y feliz. El conductor ya no tiene necesidad de utilizar su smartphone, dispone de acceso a toda la información en la pantalla vertical del salpicadero, a la altura de los ojos. El Austral y el Megane E-Tech inauguran esta funcionalidad exclusiva. El resto de la gama vendrá después.

A este ritmo, ¿la aplicación corre el riesgo de perder su alma?, se preguntan algunos de sus fieles. No hay problema, responden desde la sede de Tel Aviv, su éxito se basa en la comunidad de usuarios, no se puede hacer nada contra ella. Una anécdota reciente lo demuestra: la policía británica colocó falsos radares para incitar a los automovilistas a reducir la velocidad. Los Wazers necesitaron diez minutos para descubrir el engaño y eliminarlos del mapa. ¡Son demasiado fuertes!

Wolfsburgo

¡Bienvenido a la *Volkswagen Town*! En Wolfsburgo, una ciudad aislada del centro de Alemania, la mayoría de los 125.000 habitantes trabajan directa o indirectamente para el gigante alemán del automóvil. La sede de la empresa ocupa 8 hectáreas. Es una ciudad dentro de la ciudad: 45.000 asalariados trabajan en la sede social, en la fábrica gigantesca, una de las más grandes del mundo, o en el parque temático dedicado al coche, Autostadt, abierto en el año 2000. Este parque de atracciones acoge a más de dos millones de visitantes al año, lo cual lo convierte en uno de los lugares turísticos más visitados de Alemania. Esto demuestra, si es que acaso hiciera falta, el amor de este pueblo por su marca.

Son muchos los que incluso aprovechan la posibilidad que se les ofrece de recibir allí su Golf, su Passat o su Tiguan y de regresar a casa con él. Para poner la guinda a ese momento solemne, se alojan en el Ritz-Carlton, un hotel de cinco estrellas situado en el centro de la localidad. Este hotel ofrece además una vista insuperable de las chimeneas de la fábrica de la década de 1930.

Sin embargo, no es el lugar más divertido del planeta del automóvil. ¡En Wolfsburgo también se trabaja y se duerme! Pasé allí tres años cuando me nombraron director de marketing del grupo Volkswagen en 2009. Por fortuna, mi trabajo me permitía escapar muy a menudo... Pero es un lugar donde se respira el automóvil.

Para mi gran sorpresa, no era el único italiano de la ciudad, ni por asomo. Mis compatriotas y sus descendientes son omnipresentes en Wolfsburgo. En la fábrica de Volkswagen, en las instancias sindicales o en los comercios. Incluso hay un barrio llamado «Little Italy». ¡Igual que en Nueva York!

Es una presencia que le debemos, en primer lugar, al Tercer Reich. A finales de la década de 1930, cuando Adolf Hitler decidió construir una fábrica de automóviles para producir el coche del pueblo, el que se convertiría en el Escarabajo, eligió un lugar alejado de todo. La idea era proteger al máximo este equipamiento estratégico teniendo en mente los conflictos que amenazaban con estallar. A petición del dictador, la nueva ciudad que rodeaba la fábrica recibió el nombre de *Stadt des Kdf-Wagens* («ciudad del coche *Kraft dürch Freude*» [«la fuerza de la alegría»]), en referencia al nombre que llevaba una de las organizaciones del partido nazi. El problema fue que los diseñadores del proyecto tenían una tremenda carencia de mano de obra en aquel lugar. Entonces Hitler se dirigió a Mussolini para pedirle que le mandara obreros, lo que su aliado se apresuró a hacer. Como agradecimiento, el Führer le regaló el edificio neoclásico de la Embajada de Italia situado en el parque de Tiergarten, en Berlín.

Pese a todo, la producción de coches no tuvo tiempo de empezar. Con la guerra, la joven fábrica se dedicó de inmediato a la fabricación de material militar y municiones. Entre 1940 y 1945, los únicos coches producidos fueron los VW82 Kübelwagen («coches cubo»), destinados al ejército alemán, esos que se ven en las películas de la guerra. Cuando volvió la paz, la empresa pasó a la tutela británica. Los bombardeos habían destruido dos tercios de las instalaciones, y el comandante británico Ivan Hirtz fue el encargado de ponerlas en marcha. Nada era sencillo en el caos de la Alemania de posguerra, pero Hirtz cumplió con la tarea de maravilla. En la Navidad de 1945, salieron de los talleres 55 coches Type 1. Al mismo tiempo, se cambió el nombre de la ciudad y pasó a llamarse Wolfsburgo, la denominación de un pueblecito cercano. Volkswagen levantó el vuelo, estimulado por el *boom* económico de la reconstrucción. Entre 1945 y 1955, se produjeron un millón de Escarabajos. Para enfrentarse a este crecimiento, llegaron regularmente nuevas oleadas de mano de obra inmigrante a la ciudad. La fábrica se convirtió en una especie de punto de encuentro de ciudadanos del mundo. Sin embargo, en agosto de 1961 una nueva sacudida de la historia detuvo su impulso. La Guerra Fría comportó la aparición repentina entre las dos Alemanias de una frontera infranqueable que pasaba justo al lado de Wolfsburgo, que quedó al Oeste. Numerosos asalariados que vivían en el Este quedaron atrapados.

Heinrich Nordhoff, el jefe de VW, se vio obligado a buscar mano de obra con urgencia. Los tiempos habían cambiado, pero los mecanismos de respuesta seguían siendo los mismos: la solución llegó una vez más de Italia. Nordhoff era católico, así que se le ocurrió la idea de pedir a su importador transalpino que movilizara a Acción Católica para que mandara más de 2.000 italianos con sus familias a Wolfsburgo. Llegaron a Alemania, procedentes de regiones muy pobres como Calabria, Sicilia o el Véneto, en invierno de 1962. Hacía un frío polar y se les impuso un toque de queda después de las seis de la tarde, pero consiguieron integrarse. En 2012, organicé el jubileo de la comunidad italiana de Wolfsburgo para celebrar el cincuenta aniversario de aquel episodio. Un agradecimiento justo: Volkswagen les debe mucho.

X

XM

Siento un afecto especial por Citroën, una marca innovadora que siempre tuvo el valor de hacer las cosas un poco diferentes aunque se arriesgara a fracasar. Para mí, el XM representa lo mejor que Francia puede producir en el automóvil... y, por desgracia, lo peor. Este bonito coche fue un sorprendente embrollo, supuestamente con un futuro brillante por delante. Debía permitir a la marca de las espigas crear un vínculo entre el espíritu del DS, perdido a pesar de sus cualidades, con el CX. Pero todo salió mal y fue un auténtico melodrama.

La historia empieza con alegría a finales de la década de 1980 con el proyecto de un modelo de gama alta y vanguardista. Se le conceden muchos medios para llevarlo a cabo. La oficina de diseño interna entra en competición con el estudio Bertone. Este último gana, aunque su diseñador, dice un desagradable rumor, ha diseñado el coche con mucha prisa. Bajo el capó no se escatima y la versión más alta dispone de seis cilindros PRV de 170 CV. El objetivo es acabar con la submotorización crónica de los modelos azul, blanco y rojo. En cuanto a las cualidades viarias, Citroën retoma su tradición de audacia e innovación. Con suspensión hidractiva gestionada electrónicamente, reglaje deportivo o confort, dirección con asistencia variable, etc. ¿Cuál es el resultado? ¡Se da justo en el blanco! Durante su lanzamiento, en la primavera de 1989, la acogida es entusiasta. Con la comodidad de una cabina de tren de lujo, agarre en carretera imperial, diseño entusiasta... La «M» de XM no es inocente: evoca al SM, del que el recién llegado retoma ciertos códigos estilísticos, como la ventanilla trasera reducida o la parte delantera afilada. El habitáculo está plagado de invenciones que recuerdan a los mejores momentos de la marca: un código digital situado detrás de la palanca de cambios, para arrancar; un cristal trasero fijo que aísla de las corrientes de aire cuando el maletero está abierto; un ordenador con teclado infrarrojo en los asientos traseros (sólo en algunas versiones, no hay que exagerar)...

Todo esto produce un efecto chovinista, los franceses están orgullosos de este prestigio recuperado. Las listas de pedidos son largas y El XM es elegido como coche del año. El director de Citroën, en un plató de televisión, se emociona y afirma que la alta gama francesa no tiene nada que envidiar a la alemana. Y, entonces, ¡catapum! Sale a la carretera. La fiabilidad del XM resulta una calamidad: fugas diversas, recalentamiento del motor, fusibles que saltan, limpiaparabrisas con problemas, electrónica de suspensión caprichosa..., todo son dificultades. Durante las pruebas realizadas a la prensa, unos modelos se averían. Evidentemente, la red está desbordada y la dirección se deshace en excusas, pero el mal ya está hecho. Las correcciones aportadas con rapidez y el retorno a una cierta normalidad no harán olvidar este inicio caótico. La explicación de esta precipitación es la siguiente: una rivalidad fratricida. En la familia PSA, Peugeot preparaba por su lado el 605. Para superarlo, Citroën adelantó varios meses la salida de su novedad, aunque para ello tuviera que sacrificar los últimos avances.

Las consecuencias fueron graves. Sólo se vendieron 333.000 ejemplares del XM (aunque un 30 por ciento más que el clásico 605), frente al millón de ventas del CX, el modelo de Citroën que lo precedió. Y el sueño de rivalizar con las prestigiosas berlinas alemanas se fue al garete por mucho tiempo. Una lástima, porque era uno de los últimos intentos de la industria francesa de luchar contra los alemanes con fórmulas diferentes. Después del XM, todos los fabricantes franceses fracasaron al enfrentarse al segmento de gama alta, tanto con los modelos más tradicionales, como el 605 y el 508 de Peugeot o el Safrane y el Talisman de Renault, como con coches más audaces, como el Avantime y el Vel Satis de Renault. En cuanto a Citroën, su audacia creativa desapareció progresivamente, víctima de la voluntad del grupo PSA de utilizar los mismos componentes en todos sus modelos. ¡Una lástima para los enamorados de la marca!

Z

Z, generación

Dicen que las nuevas generaciones abandonarán el automóvil. No estoy tan seguro de esto. De hecho, no lo creo. Los factores materiales son las principales causas que retrasan su llegada al mercado. En primer lugar, sus estudios a menudo son más largos. Después, se casan e incluso tienen hijos. Pero, sobre todo, el precio de los coches se ha puesto por las nubes. El presupuesto anual de un automóvil se ha multiplicado por tres en quince años, ha pasado de 3.500 a 10.000 euros. Los seguros son muy caros, llueven las multas... Como el poder adquisitivo no ha seguido la misma tendencia, son muchos los que renuncian provisionalmente a esta compra.

Sin embargo, el número de personas que tienen carnet de conducir a los 25 años no desciende en la misma proporción y se acerca al 80 por ciento. Esto contradice lo que dicen los ecologistas. En París, en Berlín o en Estocolmo, se puede prescindir del coche, pero no en Carcasona o en Varese. No creo en el desamor de los jóvenes. Una señal de esto: la serie de Netflix dedicada a la Fórmula 1 ha arrasado una y otra vez. El éxito de la competición de Fórmula 4 organizada en el circuito de Le Mans por el *youtuber* Squeezie es otro indicio. Nosotros, los fabricantes, somos los encargados de hacer productos tan vanguardistas o sorprendentes a los ojos de las nuevas generaciones como sus ordenadores o sus smartphones. Tenemos que hacerlos soñar.

Inventemos productos increíbles y baratos, y los jóvenes volverán hacia nosotros.

Zagato, Ugo

Tener un Maserati o un Aston Martin haría las delicias del común de los mortales. Pero, para un puñado de estetas muy (muy) ricos, se necesita más: su bólido debe estar firmado con una «Z», que significa «Zagato», el nombre de uno de los carroceros independientes de más talento del mundo, pionero en este arte típicamente italiano que consiste en embellecer y sublimar los coches de lujo. Forma parte de una gran familia que cuenta con Bertone, Pininfarina, Ghia, Anderloni (inventor del concepto Touring)... Entre ellos, Ugo Zagato siempre tocó una música particular. De entrada, por su gusto por las series pequeñas, que rozan la artesanía de prestigio. Después, por la influencia que la industria aeronáutica tuvo en él. Hasta los 28 años, en 1919, trabaja para la Officine Aeronautiche Pomilio, en las alas y la cola de los biplanos de la época. Una vez terminada la guerra, la empresa despide a sus trabajadores en masa. Zagato abre entonces su primer taller de carrocería automovilística, cerca de Milán, con la intención de aplicar los principios aprendidos en el contacto con los aviones: ligereza, aerodinamismo, rapidez. Partiendo de cero en el coche, puede cambiar los hábitos de la época, todavía muy inspirados en las técnicas de los carruajes tirados a caballo. Con su trabajo llueven las innovaciones: estructuras con perfiles de acero en lugar de madera, numerosos elementos de aleación de aluminio, ensamblajes con ribetes, centro de gravedad situado muy abajo, etc. Fiat y después Alfa Romeo recurren a su talento. Sus coches brillan en las carreras, sobre todo en las Mille Miglia (Mil Millas), famosa carrera de resistencia entre Roma y Brescia. En la edición de 1928, gana un Alfa 1500 Sport. En la de 1929, un modelo 1750. Consiguen buenas puntuaciones también el Fiat Topolino y el Balilla, ahora marcados con la famosa «Z». En el año 1938, 36 coches en la salida llevan la firma del maestro.

Después de la guerra, Ugo Zagato transforma modelos Fiat, Aston Martin, Lancia, Jaguar... Más tarde, vendrán Maserati y Porsche. Con destellos como el Fiat 1400 Panoramica, cuyos cristales invaden la carrocería para aumentar la luminosidad del habitáculo. O el Maserati A6G 54 en 1954, el Aston Martin DB4 GTZ en 1960 y tantos otros monstruos sagrados, cuyo nivel está hoy en lo más alto. En algunos de ellos, se observa el techo de doble resalte, guiño al origen aeronáutico de la marca. Cuando Ugo Zagato fallece en 1968, su hijo toma el relevo. Le seguirá su nieto, todavía al mando de la empresa familiar en la actualidad. Después de un paréntesis menos inspirado, en la década de 1970, el taller vuelve a sus fundamentos. Deleita a los ricos aficionados con personalizaciones fenomenales realizadas en coches ya de por sí fenomenales... El Raptor, por ejemplo, en 1996: con un motor V12 Lamborghini y habitáculo rodeado de cristal, o el Porsche Carrera GT V10 610 CV. El modelo más aclamado del catálogo es el Aston Martin DBS, sobre una base de Superleggera, que sale en 2020. Su capó largo como un día sin conducir oculta un V12 de 760 CV. Sólo se producen diecinueve ejemplares. Una pequeña coquetería de marketing: este monumento se entregaba al comprar un segundo Aston Martin Zagato, el DB4 GT Continuation, sublime réplica del modelo de 1959. Su precio global es de 7 millones de euros. ¿Algo descabellado? Quizá. ¿Inolvidable? Sin duda. Estos modelos exclusivos son muy buscados. ¿Tiene sentido esta desmesura? La pregunta es legítima, pero esta manera de superar los límites sin cesar se observa también en la alta costura, en la Fórmula 1 y en otras disciplinas excepcionales. La excelencia favorece la búsqueda de las innovaciones y muchas de ellas se encuentran más tarde en los coches de la gente común y corriente.

Agradecimientos

Este libro no habría salido a la luz sin la contribución editorial esencial de Rémy Dessarts. Puede estar seguro de mi gratitud.

También doy las gracias a los que han participado en el trabajo de escritura y de investigación: François Genthial, Patrick Meney y Victor Demiaux.

A las personalidades del mundo del automóvil que firman un artículo: Jean Alesi, expiloto de F1; Oliver Blume, presidente de Volkswagen AG; Luc Chatel, presidente de la Plataforma del Automóvil de Francia (PFA); Stefano Domenicali, director general de la Fórmula 1; Luc Donckerwolke, presidente de Hyundai Motor Group; Jim Farley, director general de Ford; Jacky Ickx, expiloto; Jean-Michel Jarre, compositor; Maurice Lévy, expresidente de Publicis; Frédéric Mazzella, presidente fundador de BlaBlaCar; Florent Menegaux, presidente del grupo Michelin; Richard Mille, fundador de Richard Mille; Michèle Mouton, expiloto de *rally*; Sundar Pichai, director ejecutivo de Google; Wolfgang Porsche, presidente del consejo de vigilancia de Porsche; Jean Todt, enviado especial del secretario general de la ONU; y a Makoto Uchida, ex director general de Nissan.

A mis colegas de Renault, que han aportado su experiencia y sus contribuciones: Nicolas Fremau, Ahmed Ketfi-Cherif y Antoine Vignon. Y a Gilles Le Borgne, Thierry Charvet, Denis Le Vot, Laurens van den Acker, Luc Julia, Jean-Philippe Bahuaud, Robert Lassartesses, Virginie Sauvet-Goichon, Patrick Bastard y Catherine Gros.

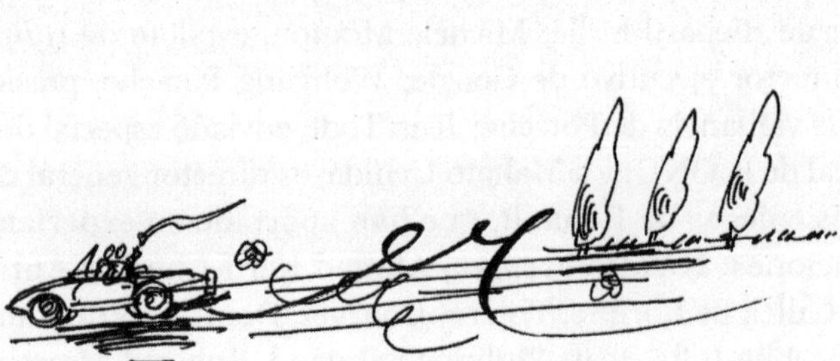